KB266749

"하나뿐인 지구" 지구촌 경제재 물 환경치유

수질공학의 응용과 해설[1]

셀프업 19

실무지침 가이드 북 | 수질 공학도 / 기사 / 기술사
설계시공 엔지니어 전문서

"하나뿐인 지구" 지구촌 경제재 물 환경치유

수질공학의 응용과 해설 [1]

조용덕 · 이상화

　왜 녹색성장인가? 녹색성장 왜 가야만 하는가? 환경문제는 환경의 문제가 아니라 인간의 문제이다. 인간은 이미 그 길을 가고있고 또 가야만하는 것이 녹색성장이다. 지구촌 환경문제가 현실적인 위협으로 등장하면서 환경과 에너지 문제, 물 문제가 국가의 미래를 결정하는 새로운 녹색성장 패러다임으로 부각되고 있다. 녹색성장은 환경오염을 줄이고 경제를 살리는 지속가능한 성장패턴이며, 환경과 경제간의 악순환 구조를 선순환 구조로 전환하는 계기가 될 것이다. 기존의 경제 우선정책이 경제적으로 한계점에 도달한 것은 지구촌 국가와 사회의 잘못된 좌표설정으로 모든 시스템 오작동의 산물이자 결과물이라고 표현해도 결코 지나친 표현은 아닐 것이다. 이제 환경문제는 환경자체만의 문제가 아니다. 환경을 모르고는 사업도 정치도 외교도 불가능할 뿐만 아니라 과학도 철학도 정치도 혼자서는 환경문제, 에너지 문제, 물 문제를 해결할 수 없게 되었다. 앞으로 에너지 문제는 자원재생형 에너지인 태양력과 풍력, 수력으로 대체될 것이며 또한 그렇게 가고 있고, 그렇게 가야만 하는 것이 오늘의 현실이다.

물 문제는 오늘날 지구촌 최대의 현안 중 하나로 떠오르고 있다. 기후변화와 환경오염에 의한 "물 부족" 문제 즉, 용수난에 부닥뜨린 세계 각국은 앞다퉈 수원확보 경쟁에 돌입하였으며, 일부 지역에선 이미 분쟁으로 비화되고 있어 전면전으로 확산될 우려마저 높다. 물이 무한한 천연재가 아니라 희소한 경제재이기 때문에 이러한 "물 전쟁시대"가 도래 하였다고 해도 과언이 아닐 것이다. 따라서 수자원의 개발은 종래의 방법을 탈피한 보다 적극적이고 현실적인 개발의 방안이 모색되어야 할 것이다.

본서는 이와 같은 사회적 요구에 부응하고자 수자원확보에 도움이 되도록 편집하였다. 물 환경보전을 위한 수원지, 상하수도, 오폐수처리 설계시공의 다양한 이론들을 산업현장 실무에 직접 적용하는 것을 목표로 수질공학도 및 수처리 설계시공 엔지니어, 수질환경 기사, 수질관리 기술사, 상하수도 기술사, 현장 환경기술인을 위한 핵심적인 지식을 배울 수 있는 내용으로 구성하였다. 무엇보다 이론과 현장실무를 연관시켜 해석하기 위하여 지금까지 쌓아온 실무경험과 강의노트, 수강노트, 수험노트, 참고 자료철 등의 자료를 사용하여 현실적인 실무에 도움이 되고자 노력하였다. 단지 아쉬운 점은 이러한 참고자료를 기초로 정리함에 있어서 참고문헌의 누락부분이 없지 않다.

　이 책은 총 15장으로 구성되어 있으며, 제1장에서는 물의 특성을 제2장에서는 물과 관련된 수질관리 지표를 언급하였다. 3장은 수자원의 수질관리 방안을 제시하였으며, 제4장부터 제14장은 수처리 기본계획을 바탕으로 수리학적 설계, 물리화학적 처리, 생물학적 처리, 슬러지 처리, 고도처리 방법을 소개하였다. 제15장은 환경적으로 건전하고 지속가능한 기업의 경영 순서로 구성되어 있다.

　그동안 이 책을 펴냄에 있어, 많은 격려와 조언을 해 주신 모든 분들게 진심으로 감사드린다. 출판을 맡아주신 한국학술정보(주) 사장님을 비롯한 임직원 여러분께 심심한 감사의 뜻을 전하며, 앞으로 이 책의 내용이 보다 충실해질 수 있도록 독자 여러분의 지도와 편달이 있으시기를 바란다.

조용덕, 이상화 씀

수질공학의 응용과 해설[1]

PART 3

수자원 수질관리 / 131

PART 4

수처리 기본계획 / 205

PART 5
수처리시설의 수리학적 설계 / 291

수질공학의 응용과 해설[2]

PART 10

호기성 부착성장 생물학적 처리 / 367

PART 11

혐기성 처리 / 395

PART 12

생물학적 하이브리드 공법 / 431

PART 13

고도처리 / 449

물의 특성

1.1 지구상의 물

물은 지구상에 가장 풍부하게 존재하는 물질중의 하나로 지구표면의 3/4을 덮고 있다. 전 수량의 97%는 바다에 있으며 인간생존에 직접 영향을 주는 강이나 호수는 1%로써 대부분의 경우 이용하기 어렵다. 그러나 물은 순환경로를 통하여 끊임없이 새로워 질수 있으며 생명현상에 있어서 필수적이다. 사람은 체중의 65%가 물로 되어 있으며 인간의 최초 생활도 물에서부터 시작하였다.

물은 인간의 생리현상을 유지하고 각종 산업 및 문화생활을 하는 데 있어서 필요불가결한 요소이다. 따라서 인류역사의 수자원은 매우 일정한 관계를 가지고 있으며 인류문화가 발달하면서 인간은 식량생산과 목축을 위한 관계용수를 풍부하게 얻을 수 있는 곳을 찾아 정착하였다. 중국 고대문화는 양자강, 이집트의 고대문화는 나일강, 그리스 문화는 유프라테스강에 각각 의존하여 이루어진 것이다.

인류문명의 발달과 더불어 세계 각국에서는 도시지역에 급수시설을 설치하고 풍부한 하천수, 호소수 및 지하수 등을 정수처리하여 안전하게 물을 공급하고 있으며 우물물 등 자연수에 의존하던 농촌에서도 간이급수 시설을 설치하여 사용하고 있다. 그러나 근래에 와서는 지구환경여건의 변화에 따른 물이용 가능량의 부족에 따라 세계 여러 곳에서 물 기근현상이 나타나고 있으며 또한 날이 갈수록 인구의 증가 및 산업의 발달에 따른 용수의 수요증대로 인해 물부족 문제가 점점 더 심각하게 대두되고 있다. 우리나라 강수량은 연평균 1,274mm로서 세계 평균의 1.3배 정도이나 인구밀도기 높아서 인구 1인당 강수량은 세계평균의 1/10에 불과하므로 물 부족국가에 속한다(국립환경과학원, 2008). 더구나 강수량은 계절적 편차가 심하여 6~9월에 약 2/3가 편중되어 있다. 이와 같은 강수량의 극심한 계절적 불균형은 하천의 하상계수(최대유량과 최소유량의 비)가 300~500으로써 유럽의 10~30보다 20~30 배가 더 커서 수자원관리에 많은 주의가 요구된다(표 1.1).

표 1.1 국내외 주요하천의 하상계수

국내하천	하상계수	외국하천	하상계수
한강 (인동교지점)	580(170)[*]	세느강(프랑스)	34
낙동강 (진동지점)	360(180)[*]	라인강(독일)	16
금강 (공주지점)	540(300)[*]	미조리강(미국)	75
영산강 (나주지점)	330(170)[*]	대정천(일본)	110

[*] 다목적댐에 의한 유량조절후의 하상계수

지구상의 수자원량(그림 1.1)과 우리나라 수자원량(그림 1.2)의 현황은 다음과 같다.

- ▶ 세계 연평균 강수량 : 973mm
- ▶ 세계 1인당 강수량 : 26,800㎥/년
- ▶ 지구상의 수자원량 : 13억8천5백만㎢

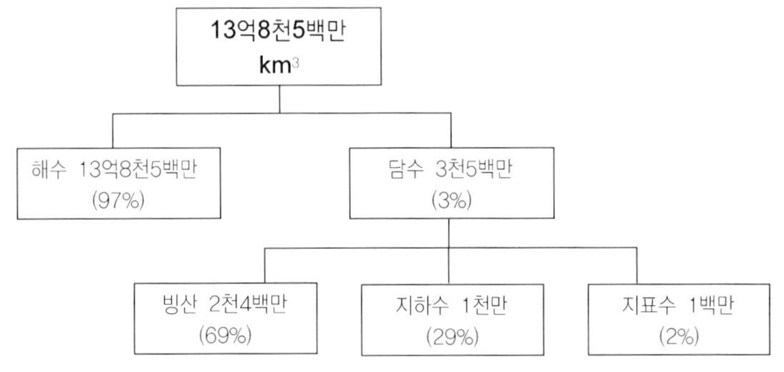

그림 1.1. 지구상의 수자원량.

- ▶ 우리나라 연평균 강수량 : 1,274mm(세계 평균의 1.3배)
- ▶ 우리나라 1인당 강수량 : 2,900㎥/년 (세계의 11%)
- ▶ 우리나라의 수자원량 : 1,267억㎥

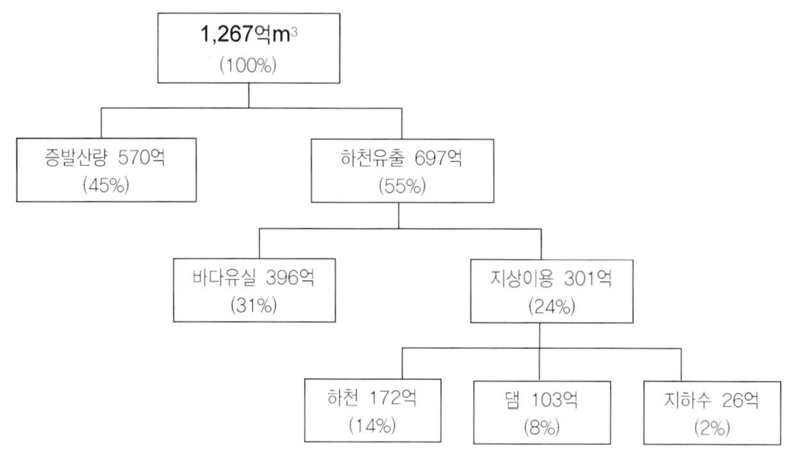

그림 1.2. 우리나라의 수자원량.

　　우리나라의 수자원량을 보면 연간 총 1,267억톤이나 증발, 지하침투,
바다로의 유실등을 제외하면 실제로 이용하는 양은 약 300억톤으로 24%
에 불과하다. 그러나 국민 1인당 물 사용량은 선진국에 비해 상대적으로
많은 편이다(표 1.2~1.5).

표 1.2 우리나라 용수이용 현황

구 분	이용량(억톤)	이용률(%)
생 활 용 수	62	21
공 업 용 수	26	9
농 업 용 수	149	49
유 지 용 수	64	21
계	301	100

표 1.3 국가별 1인당 물 사용량(l/인, 일)

프랑스	영국	일본	이탈리아	한국	호주	미국
281	323	357	383	395	480	585

표 1.4 세계 1인당 물이용 가능량 추이

연　도	1950	1990	2025
1인당 물이용 가능량(톤)	50,068톤	28,662톤	24,795톤
1년당 평균 증감율(%)	−	−1.1	−0.4

표 1.5 우리나라 1인당 물이용 가능량 추이

연　도	1950	1995	2025
1인당 물이용 가능량(톤)	3,247톤	1,472톤	1,258톤
1년당 평균 증감율(%)	−	−1.2	−0.5

　용수의 수요와 공급(표 1.6) 측면에서 볼 때 장래예측 물 부족은 다음과 같다. 급격한 물 수요의 증가로 94년 말 우리나라 물 공급능력은 연간 324억톤으로 수요량 301억톤에 비해 약 23억톤이 잉여량으로 용수예비비율은 약 7.7% 여유가 있었다.

　그러나 2000년대에는 국민 생활수준 향상과 도시화 및 산업화의 진전으로 용수수요가 2011년의 경우 367억톤으로 증가할 것으로 전망되어 물 부족이 예상된다.

표 1.6 우리나라 물 수요와 공급예측

구 분	1994	2001	2011
용수수요	301	337	367
용수공급	324	344	347
과 부족	23	7	−20
예비율	7.7	2.1	−5.5

'물 부족'이 지구촌 최대의 현안 중 하나로 떠오르고 있다. 용수난에 부닥뜨린 세계 각국은 앞다퉈 수원확보경쟁에 들어갔다. 일부 지역에선 이미 분쟁으로 비화되고 있으며 전면전으로 확산될 우려마저 높다.

물이 무한한 천연재가 아니라 희소한 경제재로 자리바꿈한 것이다. 선진국은 이같은 물의 가치를 재인식, 적정한 가격으로 물을 거래하는 시장제도를 도입하고 있다.

21세기가 '물 전쟁시대'이거나 적어도 '물 거래시대'로 예고되는 것도 이 때문이다. 브르스 배빗 미국 내무장관은 "21세기에 들어서면 미국에선 물 거래가 본격화할 것"이라며 본격적인 물 시장 시대의 도래를 예견한 바 있다.

그는 또 시민 뿐 아니라 국가차원에서 물 절약에 공동으로 나서고, 저축한 물을 시장에 내다 파는 등 경제적 관점에서 물 문제에 접근하게 될 것으로 보고 있다. 법적 관할권 다툼으로 야기된 현재의 물 분쟁이 새로운 전기를 맞게 된다는 것이다. 따라서 수자원의 개발은 종래의 방법을 탈피한 보다 적극적이고 현실적인 개발의 방안이 모색 되어야 할 것이다. 그 대안으로 다음과 같이 제안하고자 한다.

① 댐 건설에 의한 저수 및 유량조정

② 여유 있는 수원으로부터 취수 또는 도수

③ 하구부에 방조제를 건설하여 해수의 혼입을 방지

④ 수위를 조정하여 유효이용 수량을 증대

⑤ 한번 사용한 물을 회수하여 재이용

⑥ 표류수를 지하저류

⑦ 해수를 담수화하여 사용하는 등의 수자원 개발이 요구된다.

1.2 물의 순환(Hhydrologic cycle)

물의 순환은 대양에서 물의 증발로 시작된다. 증발로 인한 수증기는 구름이 형성되어 강수(Precipitation)의 형태로 지상에 떨어진다. 강수의 상당 부분은 토양 속에 저축되나 증발(Evaporation), 증산(Transpiration)에 의해 대기 중으로 되돌아간다. 또한, 일부분은 토양속으로 더 깊숙이 침투하여 지하수(Groundwater)가 되어 바다에 이른다. 이러한 지구상의 과정을 물의 순환이라 한다.

이 관계를 물수지 방정식으로 표시하면 다음과 같다.

$$강수량(P) \rightleftarrows 유출량(R) + 증발산량(E) + 침투량(C) + 저유량(S)$$

물은 바다, 호소, 하천뿐만 아니라 건조해 보이는 토양표면으로부터도 증발하고 또 식물의 표면에서도 증산(增散)한다. 대기가 수증기로 포화되면 수증기는 응축되어 눈과 비가되어 내린다.

이들은 하천, 호소, 지하수 혹은 빙하로 되고 중력의 법칙에 따라서 바다로 유입된다. 그림 1.3은 지구상의 자연계에 있어서의 물의 순환을 도식적으로 나타낸 것이다.

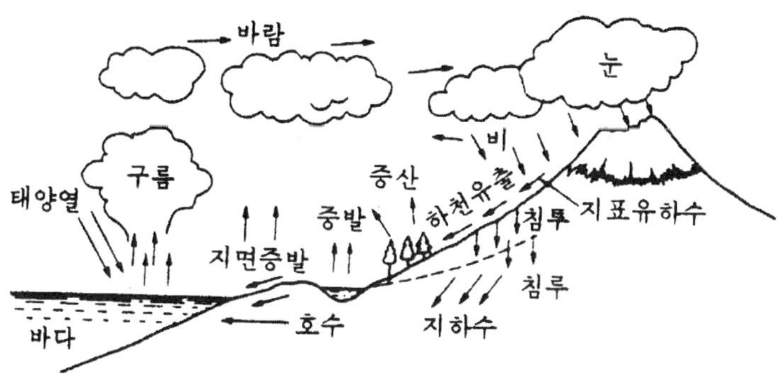

그림 1.3. 자연계에 있어서 물의 순환.

1.3 ## 물 분자의 구조

물 분자는 두 개의 수소원자와 한 개의 산소원자가 공유결합의 형태로 결합하면서 만들어진다. 공유결합이란 수소와 산소원자가 전자를 서로 하나씩 내놓고 이 두 전자를 함께 공유하는 방식으로 각자 원자내의 안정한 전자궤도를 이루는 결합이다. 이런 결합으로 물 분자는 수소와 산소가 서로 104.5°정도의 각을 이루고 있는 구조를 만든다. 그런데 문제는 수소와 산소의 원자핵이 전자를 끌어 당기는 정도(전기음성도)가 서로 차이가 나는 것이다. 이로 인해 공유 전자쌍이 한쪽(물의 경우는 산소)으로 치우치면서 물 분자 내에는 전자분포의 분극이 일어나며, 이에 따라 극성을 갖게 된 물 분자들 사이에 편재화된+, -전하들 간의 강한 수소결합이 형성되는 것이다.

비스듬한 각을 이루고 있는 물 분자가 수소 결합을 하면서 만들어내는 얼음은 대개 6각형 구조를 기본으로 하며, 따라서 얼음 내부에는 자연스럽게 빈 공간이 많이 생기게 된다. 바로 이런 빈 공간에 메탄기체가 들어가 자리를 잡으면서 만들어진 물질이 요즈음 미래의 에너지원으로 각광받고있는 얼음메탄(메탄수화물)이다.

빈공간이 많은 얼음의 구조 때문에 일단 얼음이 녹기 시작할 때 얼음 내부의 비어있던 공간을 물 분자가 침투해 들어가면서 오히려 물의 밀도가 얼음보다 커질수 있다. 이러한 물 분자구조의 특성 때문에 4℃에서 물의 밀도가 최대값을 가지게 되는 특이한 현상은 물속에 사는 수중 생물들에게 있어서 생존의 필수요건이 된다. 그러나 온도가 상승하게 되면 물 분자의 운동에너지가 증가하여 밀도는 감소하게 된다.

그림 1.4는 물분자의 화학적 구조로써 같은 방향의 수소원자 쪽에는 (+) 전하, 산소원자 쪽에는 (-) 전하의 특성 때문에 꺽어진 $H-O-H$ 결합각을 만들어 낸다.

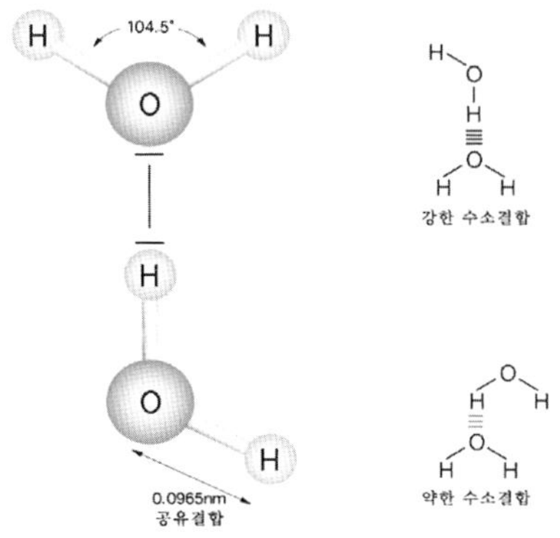

그림 1.4. 물분자의 구조.

그림 1.5는 고체상태에서 물의 결정구조를 나타낸다.

액체 상태에서 물분자는 특별한 규칙에 의하지 않고 자유롭게 빈 공간을 채우며 존재하는데 반해, 물이 얼면서 다음과 같은 육각구조를 이루면서 오히려 더 많은 공간을 차지하게 되므로 물이 얼면 부피가 증가하게 된다.

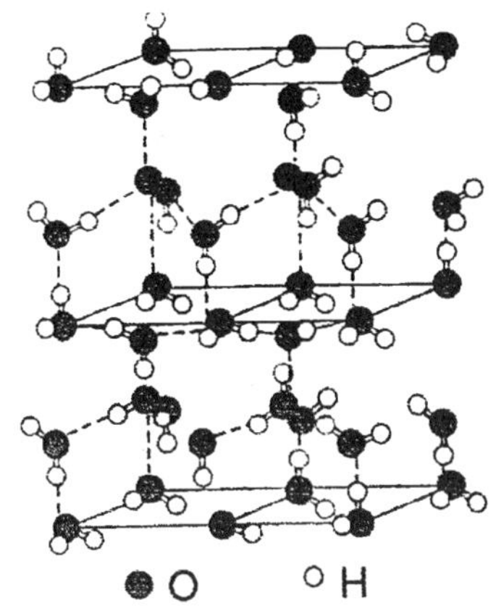

그림 1.5. 고체상태의 물 분자구조.

물의 결정구조에 관한 많은 연구가 있었지만 크게 두가지 이론이 대표적이다.

첫째, 물이 얼음과 비슷한 결정구조를 이루고 있으며, 얼음결정 형태의 빈틈을 개별 물 분자가 메우기 때문에 물의 밀도는 오히려 증가하고 얼음의 경우 모든 물 분자가 수소결합 형태로 결정구조를 이루고 있어서 오히려 빈 공간이 많은 구조를 이루게 되는 것이다.

둘째, 물이 단독으로 존재하지 않고 물 분자간에 서로 적당한 크기의 중합체(Cluster)를 이루고 있다는 이론이다.

물 분자가 단일 물 분자로 존재하는 것이 아니라 중합체의 형태로 움직이고 있다는 견해가 최근에 널리 주목받고 있다.

어찌되었든 액체상태의 물은 결정체 구조 혹은 중합체를 이루고 있다 할지라도 그 구조 형태는 단지 1조 분의 1초 내에 존재한다는 것이다. 얼음 속에서 물의 구조 수명이 약 1/100000 초였던 것과 비교하면 매우 짧은 것이다. 결론적으로 물의 구조는 매우 순간적으로 존재하며 1조 분의 1초 간격으로 끊임없이 바뀌지만 거시적으로 보면 평형상태가 이루어져 마치 일정한 구조를 형성하는 것처럼 보이게 되는 것이다.

1.4 얼음의 구조

얼음 결정은 수소결합에 의해 연결된 물분자로 구성되어 있다. 수소결합은 각 물분자의 수소원자와 다른 분자의 산소원자 사이의 인력에 의해 형성되며 각 분자는 자기를 둘러싼 4면체 꼭지점의 위치에 해당하는 4개의 인접 분자와 결합을 형성한다. 4면체가 정렬하여 물분자들이 주름진 6각 고리를 형성하게 되며, 분자 수준에서의 이러한 6각 모양이 얼음 결정의 6각 대칭성을 야기한다.

그림 1.6에서 중심분자의 O–H결합은 인접한 4분자 중의 2개의 비결합전자쌍을 향하고 있어 그들과 두 개의 O–H····O 수소결합을 만든다. 또 중심 분자가 가진 두 개의 비결합전자쌍은 각각 나머지 두 개의 인접분자의 O–H 결합을 향해서 O–H····O 수소결합을 형성한다. 이 배열에서는 공간이 많고 또 분자간의 응집력이 강한 격자가 가능하다.

수증기는 0℃ 이하의 온도에서 지상에서는 서리가 되고 구름에서는 눈송이(각각이 얼음 결정임)가 된다. 0℃ 이하에서 액체상태의 물은 강빙(江水)·해빙(海水)·우박 혹은 가정의 냉장고에서 얻을 수 있는 얼음이 된다. 얼음은 다수의 결정이 조밀하게 모여서 이루어지는데, 물에서 성장하는 결정은 수증기에서 성장한 것과는 달리 결정면을 형성하지 않기 때문에 쉽게 구별할 수 없다.

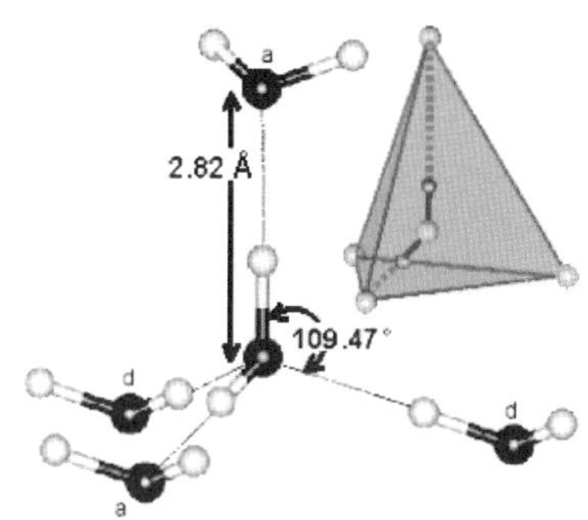

그림 1.6. 얼음에 있어서 물분자의 **4**배위도.

물에서 형성되는 얼음표본의 전형적인 크기는 1~20㎜ 정도인데 오래된 빙하를 이루는 결정은 장기간 지속된 재결정화의 결과로 지름이 50㎝에 이르는 것도 있다.

1g의 얼음을 녹이기 위해서는 79.7㎈의 열량, 즉 용융(溶融) 숨은열이 필요한데 이는 대부분의 다른 물질에 비하면 큰 양이어서 냉매나 흡열재로서 유용하게 사용된다. 녹는 얼음은 0℃를 유지한다. 물의 밀도가 0.9998g/㎤인데 반해 얼음의 밀도는 0.919g/㎤이다. 따라서 같은 질량의 물이 0℃에서 차지하는 부피보다 9% 더 차지한다. 이는 송수관이 얼면 파열하는 것과 얼음이 자기 부피의 약 1/10을 수면 위에 노출한 채 물 위에 뜨는 사실을 잘 설명해준다. 물이 얼 때 부피가 증가하므로 얼음의 녹는점은 압력에 따라 감소하게 된다. 압력이 1기압 증가할 때마다 녹는점이 0.0075℃ 감소한다. 얼음 위에서 스케이트를 타는 것이나 동결(凍結)된 도로 위에서 자동차가 미끄러지는 것에서 알 수 있듯이 얼음 표면에서 미끄럼 마찰이 작은 것은 미끄러지는 물체가 압력을 가하는 곳에서 일어나는 용융과 그로 인한 윤활작용 때문이다.

얼음 안에 고정된 물 분자는 전혀 움직이지 못할 것 같지만 사실은 그렇지가 않다. 얼음 속에서 물분자는 약1/100,000초 간격으로 회전하거나 이동하고 있다.

이것은 얼음결정의 빈틈으로 물 분자가 채워지는 식으로 얼음 속에서도 물 분자가 이동하는 것이다. 실제로 얼음 속에서 프로톤(H^+)이나 전자 이동이 액체인 물보다 더 빠르다는 것은 잘 알려져 있다.

특히 눈 녹은 물에서 전자와 프로톤의 이동이 빨라진다.

눈이 녹은 물은 생리활성을 높여주는 것으로 알려져 있으며, 또한 플랑크톤의 증식을 높이고, 작물의 수확량, 닭의 산란과 병아리 성장속도, 암소의 젖 생산량에 영향을 미치는 것으로 알려져있다.

눈 녹은 물에서 탈 수소효율(Dehydrognase)의 활성이 증가하는 것은 육각수 비율이 높아서 구조가 치밀해진 것의 영향이라고 생각된다. 탈 수소효소가 작용하기 위해서 프로톤(H^+)의 이동이 빨라져야 할 필요가 있다. 이는 얼음 속에서 프로톤의 이동이 액체인 물보다 더 빠른 것과 일치하는 현상이라 볼 수 있다.

물속에서 프로톤은 하이드로늄(H_3O^+)의 상태로 존재하는데, 물속에서 프로톤의 이동은 실제로는 인접한 물 분자간 릴레이 방식으로 전달되는 것이다. 그렇기 때문에 얼음에서 프로톤의 이동이 물 보다 빠르며, 구조가 치밀한 눈 녹은 물에서의 프로톤 이동이 구조가 느슨한 물에서 보다 빠르게 된다.

1.5 물 분자의 수소결합

극성을 가진 물 분자의 전하를 띤 부분이 인접한 분자의 반대전하 부위와 결합을 형성한다(그림 1.7). 물 분자 하 나는 다수의 물 분자와 수소결합을 할 수 있으며 이들의 결합상태는 계속 변화하는데, 사람의 체온인 섭씨 37℃에서는 약 15%의 물 분자가 4개의 인접 물 분자와 수소결합에 참여한다.

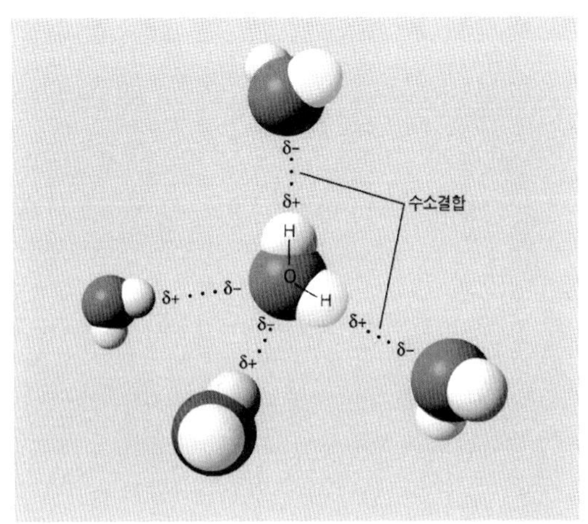

그림 1.7. 물 분자의 수소결합.

물의 분자구조를 형성하는 수소와 산소 원소들은 각각 공유결합으로 이루어진 분자형태(H_2, O_2)로 존재하는데, 물 분자(H_2O)에서 원자들간 결합 역시 공유결합이다.

수소는 한 개의 전자를 가지고 있으며 두 개의 수소원자가 결합하여 한 개의 수소분자를 이루고 있다. 산소의 경우도 두 개의 전자가 부족하므로 각자 두 개의 전자를 공유하여 2중결합을 형성하고 있을 것으로 볼 수 있지만, 실제로는 수소분자처럼 단일결합의 형태를 유지하고 있다(그림 1.8).

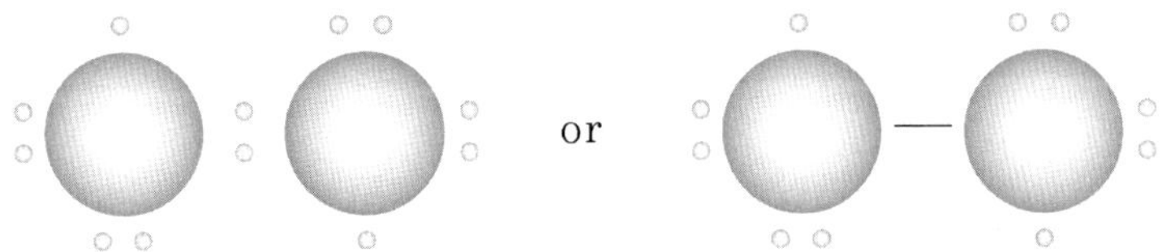

그림 1.8. 산소의 단일결합.

따라서, 각 산소 원자는 두 개의 결합하지 않은 전자를 한 개씩 가지고 있으며, 이것 때문에 산소분자는 액체, 기체, 고체 모든 상태에서 자석에 끌리는 성질을 가지게 된다. 이 성질은 금속과 금속염에서는 흔히 발견되지만 기체의 경우에는 매우 드문 경우이다(산소는 단일결합을 하고 있으면서 이중결합에 가깝다).

이것으로 수소와 산소 각 분자상태에서는 전자들의 분포로 인하여 양전하와 음전하의 불균일한 분포가 생기기 때문에 수소와 산소가 접근하여 물을 형성할 때도 일정한 방향으로 결합하게 된다. 이때 생기는 물분자를 극성분자라고 부르는데 이유는 양전하와 음전하가 한 중심 주위에 균일하게 분포되어 있지 않고 비대칭적으로 분포하여 양극과 음극을 만들기 때문이다(그림 1.9).

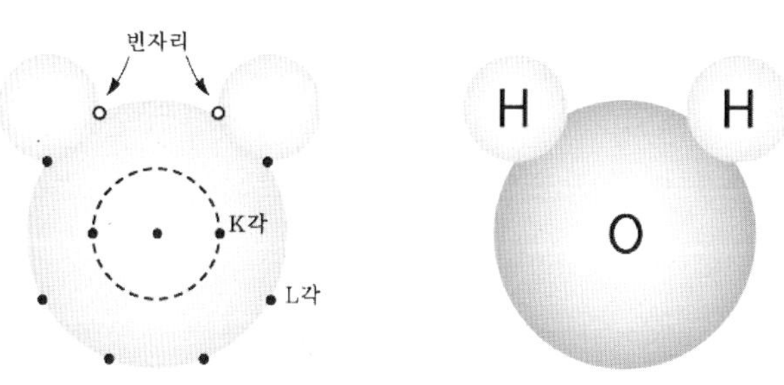

그림 1.9. 산소의 최외각 전자분포.

두 수소원자들이 차지하는 평형위치는 산소원자 핵으로 부터 0.95Å 떨어져 있고 두 개의 O—H 단일결합들 사이의 각도는 104.5°이다(그림 1.10).

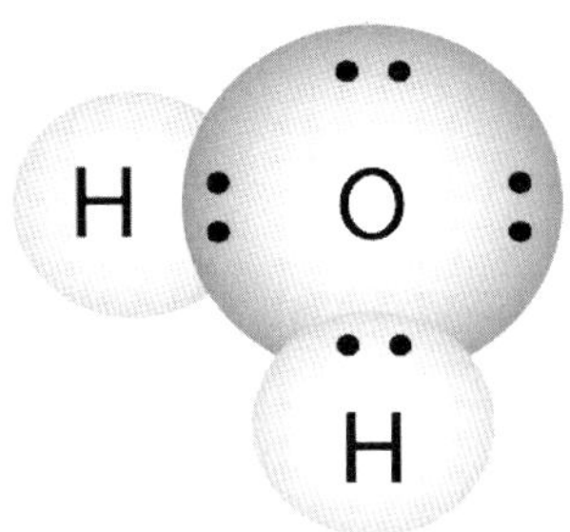

그림 1.10. 물 분자의 결합각도.

분자간 수소결합의 형태로 존재하는 극성 물 분자의 특징을 요약하면 다음과 같다.

첫째. 물의 녹는점과 끓는 점

분자들 사이에 작용하는 인력을 끊어주기 위해서는 에너지가 필요하므로 분자간의 인력이 강할수록 녹는점과 끓는점은 높아진다.

물은 수소결합으로 인해 분자간의 인력이 매우 강하므로 분자량이 비슷한 다른 물질에 비해 녹는점과 끓는점이 높고, 융해열과 기화열이 크다.

둘째, 물의 용해성

물은 부분적인 전하를 띤 극성물질이므로 이온성 물질과 극성물질을 잘 녹인다. 물에는 약간의 산소와 이산화탄소가 녹아 있어 수중에서도 생물이 살 수 있다. 물은 소금, 아미노산 등 많은 물질을 용해시키므로 인체에 다양한 영양소와 무기염류를 공급할 수 있다.

- 세탁할 때 물을 사용한다.
- 대기 오염물질이 빗물에 녹아 내린다.
- 생물체가 필요로 하는 각종 영양물질을 녹일 수 있다.

셋째, 물의 비열

비열은 물질 1g을 1℃ 높이는데 필요한 열량으로써 비열이 큰 물질은 온도 변화가 작다

물의 비열은 4.2J/g - ℃로써, 다른 물질에 비해 크다, 다른 액체와 비교해 쉽게 가열되지도 않고 빠르게 식지도 않는다.

- 바닷가에서 낮에는 해풍이, 밤에는 육풍이 분다.
- 지구는 다른 행성에 비해 표면의 기온 차이가 작다.
- 외부 기온이 급격히 변화되어도 생물의 체온은 일정하게 유지된다.

넷째, 물의 표면장력

액체 표면에 있는 분자들은 분자 사이의 인력에 의해서 액체 내부로 끌리기 때문에 액체는 가능한 한 표면적을 작게 하려는 경향을 나타내는데 이러한 성질을 표면장력이라고 한다. 표면장력은 분자간의 인력이 클수록 크다.

물은 분자간의 인력이 매우 크므로 다른 액체에 비해 표면장력이 크다.

- 소금쟁이가 물위에 떠서 돌아다닌다.
- 풀잎에 맺힌 이슬방울이 공 모양을 하고 있다.
- 물 표면과 나란하게 돌멩이를 던지면 수면 위로 돌이 통통 튀어나간다.

다섯째, 얼음과 물의 밀도

물이 얼음으로 될 때에는 물분자들이 수소결합에 의해 빈 공간이 많은 육각형 모양의 구조를 이루게 된다. 따라서 물이 얼면 부피가 늘어나고 밀도는 작아지게 된다.

물은 4℃에서 부피가 작고 밀도가 가장 크다.

- 빙하가 바닷물 위에 떠 있다.

- 겨울철에 호수나 강의 물은 표면부터 언다.
- 겨울철 유리병에 보관한 물이 얼면 병이 깨진다.

1.6 육각수

인간은 누구나 깨끗한 물을 마시고자 하는 기본욕구를 가지고 있으며 동·서양을 막론하고 좋은 물이 건강, 장수의 필수적이라는데 인식을 같이하고 있다. 흔히 좋은 물이라면 생수 또는 약수를 연상한다. 유리탄산과 철분은 물의 신선미와 맛을 내므로 이들 물질이 많이 들어 있는 생수 또는 약수는 좋은 물이라고 생각할 수도 있다. 그러나 음용수로서 철분은 약간(0.3ppm 이하)만 있으면 충분하고 맛을 내는데는 그 6배 이상의 철분이 있어야 한다고 한다. 어느 성분이 어느 정도 포함되어 있는 것이 가장 좋은 물인지 정확한 성분과 기준에 관한 자료는 아직 없다. 좋은 물은 함유하고 있는 각종 성분뿐만 아니라 결합구조와도 관련이 있다고 한다. 자연에 존재하는 물은 5각형, 6각형고리 또는 사슬모양의 분자결합이 존재하는데 그중 6각형 고리모양의 물이 가장 좋은 물로서 생체분자에 직접 붙어서 생체분자를 보호한다는 것이다. 이 6각형의 구조로 된 물은 과일속에 많이 들어 있으며 물을 냉각시킬수록 많이 생겨난다고 한다.

좋은 물이란 물의 사용 용도에 따라 차이가 있으며 획일적으로 정의하기는 어려울 것이다 음용수로 사용할 것이냐 공업용수로 쓸 것이냐, 농업용수로 쓸 것이냐에 따라 엄밀한 의미의 좋은 물은 다소 차이가 있을 수 있다. 그러나, 기본적으로 좋은 물이란 깨끗한 물, 맑은 물 즉 다른 이물질이 포함되지 않은 순수한 물로서 존재할 때 일 것이다.

옛부터 첫새벽에 길은 우물물은 「정화수」라고 하여 최고의 물로서 취급하였다. 현대적 의미에서 보면 아무것도 오염되지 아니한 가장 깨끗한 천연의 물을 의미하는지도 모른다. 어떻든 좋은 물이란 자연 그대로의 오염되지 아니한 물을 말할 것이다.

이러한 물의 분자는 두 개의 수소원자와 산소원자의 두 쌍의 전자가 정사면체의 꼭지점을 이루고 있기 때문에 4개의 수소결합이 가능하다. 이 수소결합의 세기는 수소결합을 하는 3개의 원자간의 각도가 매우 중요한데, 3개의 원자가 일직선으로 배열되었을 때 수소결합의 세기는 가장 강하다. 이러한 것을 토대로 물의 모형을 조립하여 보면 물 분자가 5개 혹은 6개가 수소결합으로 연결 될 때 가장 자연스러운 안정된 구조를 형성하는 것을 알 수 있다.

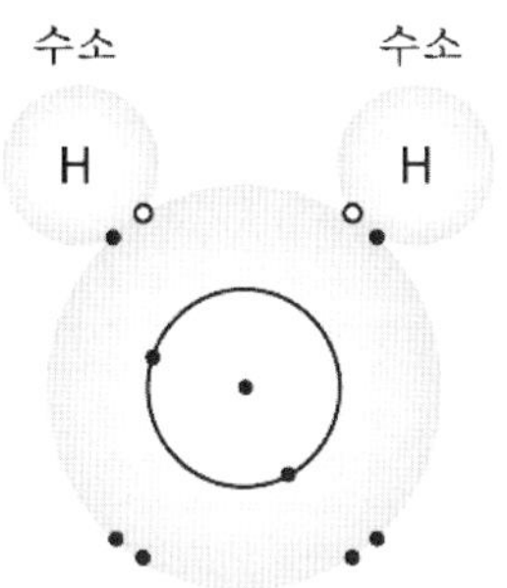

그림 1.11. 산소원자의 비결합 전자쌍.

그림 1.11에서 H－O－H의 각도는 일반적으로 104.5°이지만 전기분해,

원적외선 , 자석 등에 의해 이 각도는 조금씩 변할 수 있으며 이 각도의 변화에 따라 물의 구조가 달라지는 것이다. 보통의 물은 리니어 형태 또는 5각수, 6각수가 혼합된 상태로 존재한다. 저온일수록 6각수의 비율이 높아져서 10℃에서 22%, 0℃에서 26%와 냉각상태인 영하 40℃에서는 거의 100%가 6각수 형태의 물로 존재하게 된다. 과 냉각상태란 물이 영하에서도 얼지 않는 물을 말하는 것으로써 이 상태의 물은 불안정하여 아주 작은 충격에도 급작스럽게 얼어 버린다.

물이 수소결합에 의해 5각수와 6각수의 혼합상태로 존재한다고 볼 때 5각수는 분자량이 90.6, 6각수는 108로 큰 분자량을 지닌 형태로 활동하게 된다고 한다. 물의 어는점과 끓는점이 매우 높은 이유, 물의 비열과 표면장력이 높은 이유도 물 분자가 단독으로 존재하는 것이 아니라 수소결합에 의해 5각수나 6각수 같이 하나의 큰 분자로 활동하기 때문이다.

물의 밀도도 4℃에서 최대가 되는 이유도 6각수가 5각수 보다 더 부피가 크기 때문에 밀도가 낮은 상태가 된다. 저온이 될수록 6각수의 비율이 높아지므로 밀도가 낮고 어느 정도 온도까지는(약 4℃ 정도) 온도가 높아질수록 5각수의 비율이 높아져서 밀도가 높아진다. 하지만 4℃가 넘어가면 물 분자간의 에너지가 높아져서 분자간의 거리가 커지기 때문에 밀도는 다시 낮아진다.

물이 전체적으로 수소결합으로 연결되어 있으면 물의 어는점과 끓는점은 지금보다 훨씬 높아야 한다. 물이 0℃에서 얼고 100℃에서 끓는 것은 물과 물 사이에 수소결합이 어느 정도 끊어져서 적당한 크기로 존재하고 있다고 생각할 수 있으며, 실제로 물은 0℃ 근처에서 약 10%, 100℃ 근처에서 20%가 수소결합이 끊겨져서 자유롭게 활동하고 있다.

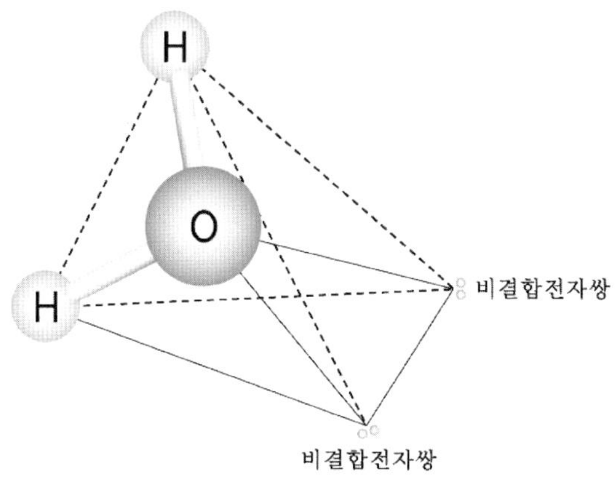

그림 1.12. 물 분자의 비결합전자쌍.

　물이 5각수와 6각수를 이루고 있지만 물이 4개의 수소결합을 할 수 있다는 것을 고려하면 물 분자는 3차원적으로 더 많은 수소결합을 형성할 수 있게 된다. 이렇게 물 분자들이 3차원적으로 서로 연결된다면 물은 전체가 수소결합으로 연결되어야 할 것이다.

　얼음이 전체적으로 수소결합으로 연결되어 있는 반면에 물은 수소결합이 어느 정도 끊어져서 활동하고 있다. 이렇게 물이 전체적으로 연결되어 있지 않고 6각수 이론에서처럼 5각수 혹은 6각수의 중합체를 이루는 것은 열역학 제 2법칙의 엔트로의(무질서도) 개념에 근거해서 자연계에서 일어나는 모든 사건은 정렬되기 보다는 무질서한 상태로 나아가려는 경향을 나타내 주기 때문이다.

　물이 수소결합에 의하여 규칙적으로 정렬되려고 하는 것과 물 분자들이 서로 자유롭게 움직이려는 엔트로피 법칙은 서로 충돌한다. 그래서 이러한 두 경향이 서로 경쟁한다고 가정하면 물이 5각형 구조와 6각형 구조를 이루는 적절한 분포에서 동역학적 평형이 이루어 진다고 볼 수 있을 것이다.

1.7.1 밀도(Density)

밀도(Density)란 단위체적당 질량으로서 비질량(Specicfic mass)이라고 한다. 어떤 물체의 질량을 m, 무게를 W, 중력가속도를 g, 체적을 V, 밀도를 ρ 라 하면

$$\rho = \frac{m}{V}$$

이때 밀도 ρ 의 차원(Dimension)은 [MLT]계로 표시하면 그 단위는 [g/㎤], [kg/㎥], [t/㎥] 등이 된다. 표준 대기압(1atm) 하에서의 물의 밀도는 $4℃$ 에서 최대이며 그 값은 1g/㎤이다. 그러나 $4℃$ 온도를 기준으로 온도가 증가하거나 감소함에 따라 그 밀도 값은 감소되며 압력이 증가할 때 그 값은 크게 증가된다.

1.7.2 단위 중량(Specific weight)

단위중량(Specific weight)이란 단위체적당 무게로서 비중량이라고도 한다. 즉, 단위 중량을 γ 라 하면,

$$\gamma = \frac{W}{V} = \frac{mg}{V} = \rho g$$

여기서, 단위중량 γ의 차원은[FLT]계로 표시하면 그 단위는 $[g_f/\text{cm}^3]$, $[kg_f/\text{m}^3]$, $[t_f/\text{m}^3]$ 등이 된다. 순수한 상태일 경우 1atm하에서 그 단위중량은 $1g_f/\text{cm}^3(=1kg_f/\ell=1t_f/\text{m}^3)$이며, 온도의 변화와 함께 다소 무게가 변화한다. 바닷물의 단위중량은 $1.025g_f/\text{cm}^3$, 수은(Hg)의 단위중량은 $13.6g_f/\text{cm}^3$이다.

단위중량은 밀도에 따라 변하고 밀도는 온도에 따라 변하므로 단위중량은 결국 온도에 따라 변하게 된다. 단위중량은 4℃에서 최대이며, 순수한 물인 경우 $w=1g/\text{cm}^3=1t/\text{m}^3$ 이다.

1.7.3 비중(Specific gravity)

비중(Specific gravity)이란 4℃에서의 순수한 물(純水)의 체적과 동일한 체적의 질량비 또는 무게비를 말한다. 따라서 비중(S)은 물의 밀도 혹은 단위중량에 대한 어떤 물체의 밀도 혹은 단위중량의 비로 표시된다.

$$비중 = \frac{물체의\ 단위중량}{물의\ 단위중량} = \frac{물체의\ 밀도}{물의\ 밀도}$$

$$S = \frac{W}{W_o} = \frac{\rho}{\rho_o} = \frac{\gamma}{\gamma_o}$$

여기서, 하첨자 0는 물에 대한 수치값을 나타내 준다.

1.7.4 점성(Viscosity)

운동을 하고 있는 유체의 내부에 속도의 차가 있을 경우 그 사이에 존

재하는 유체입자들은 이 상대속도에 저항하여 유체의 흐름을 균일한 속
도로 만들려고 흐르는 유체의 수직면에 따라 마찰저항이 발생하기 때문
이다. 이 마찰저항을 전단응력(Shear stress) 혹은 내부마찰이라 하며, 이와
같은 작용을 생기게 하는 유체의 성질을 점성(Viscosity)이라 한다.

유체의 점성은 면의 양측에 상대운동이 시작될 때에 생기는 것으로 정
지하고 있는 유체나 운동을 하고 있는 물체의 내부에는 작용하지 않는다.
내부 마찰력의 크기는 접촉면의 면적과 이 면의 수직인 y방향의 유속의
변화율$\left(\dfrac{dv}{dy}\right)$의 곱에 비례하는 것으로 단위면적당의 이 힘을 τ라 하면

$$\tau \propto \left(\frac{dv}{dy}\right) \text{에서 } \tau = \left(\frac{dv}{dy}\right)$$

여기서, 비례상수 μ를 점성계수라고 한다(그림 1.13).

μ의 값을 CGS단위로 표시하면 이단위는 g/cm·s가 되는데 이를
Poise[P]라 한다. 또한 점성계수 μ를 밀도 ρ로 나눈 값을 동점성계수
(Kinematic viscosity)라고 하며 이것을 ν로 나타낸다.

$$\nu = \frac{\mu}{\rho}$$

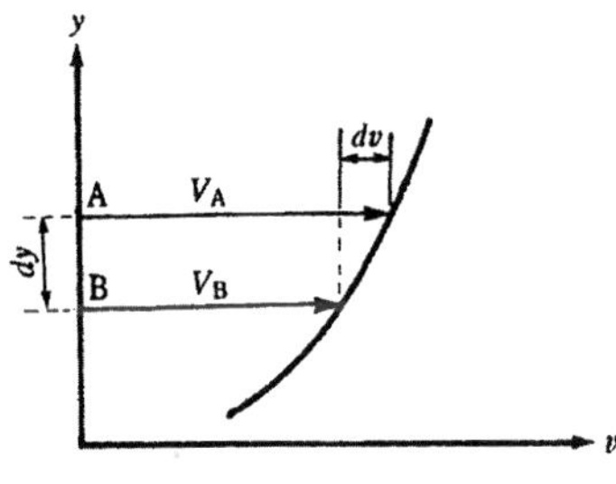

그림 1.13. 유체의 점성.

1.7.5 압축성과 탄성

일반적으로 물체에 외력을 가하면 변형하고 이 외력을 제거하면 원상
태로 돌아오는 성질을 탄성(Elasticity)이라 한다.

물에 있어서도 압력을 가하면 탄성체와 같이 약간이나마 체적이 수축
하고, 이 압력을 제거하면 다시 원래의 상태로 돌아간다. 이것을 물의 압
축성(Compressibilit)이라 한다. 그러나 물의 압축성은 극히 작으므로 일반
직으로는 비압축성이리 기정해도 큰 무리는 없다.

(1) 체적탄성계수(Bulk modulus of elasticity, E_b)

Hook의 법칙에 의하여 $E = \dfrac{응력도}{변형도}$ 이므로

$$E = \frac{\Delta P}{\dfrac{\Delta V}{V}} = \frac{1}{C}$$

여기서, ΔP : 압력의 변화량$(P_2 - P_1)$

ΔV : 체적의 변화량$(V_2 - V_1)$

V : 초기의 체적

C : 압축률

(2) 압축률(Modulus of compressibility)

$$C = \frac{\dfrac{\Delta V}{V}}{\Delta P}$$

물의 압축률은 가하는 압력의 크기나 온도에 따라 다소 차이가 있지만 10℃일 때 1기압당 압축률이 $\dfrac{4}{100,000} \sim \dfrac{5}{100,000}$ ㎠/kg 이다.

1.7.6 표면장력(Surface tension)

물질 내에 서로 인접하고 있는 분자들은 서로 잡아당겨 엉키려는 힘을 가지고 있는데 이 힘을 응집력(Cohesion)이라고 하며 유체가 고체표면에 부착하고 있는 것과 같이 서로 다른 분자들 사이에 작용하는 힘을 부착력(Adhesion, adhesive force)이라고 한다. 액체의 입자는 응집력에 의하여 서로 잡아당겨 그 표면적을 최소화하려는 힘이 작용된다. 이 힘을 표면장력이라고 하며, 그 단위는 dyn/㎝, g_f/㎝로 표시된다.

표 1.7 온도에 따른 물의 표면장력(T)

온도[℃]	0	5	10	15	20	25	30
T[dyn/㎝]	75.64	74.92	74.22	73.49	72.75	71.93	71.18

물방울에 작용하는 표면장력(Surface tension)은 다음과 같다.

$$\mathrm{P} \cdot \frac{\pi D^2}{4} = \mathrm{T} \cdot \pi \mathrm{D}$$

$$\therefore \ \mathrm{T} = \frac{PD}{4}$$

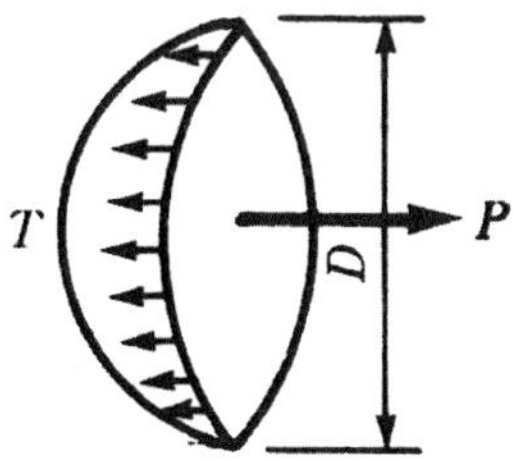

그림 1.14. 물 방울의 표면장력.

1.7.7 모세관 현상(Capillary phenomenon)

대부분의 액체는 고체면에 접하면 부착하려는 부착력(Adhesion)이 있다. 물과 관벽 사이의 부착력과 물분자 사이의 응집력 때문에 수직으로 세운 가는 관 속으로 물이 올라온다. 이와 같은 현상을 모세관 현상이라 한다.

모세관을 연직으로 세운 경우 물과 수은의 상승 및 하강은 다음과 같다.

$$w \cdot h \cdot \frac{\pi d^2}{4} = \mathrm{T} \cos \theta \cdot \pi d$$

$$\therefore \ h = \frac{4 T \cos\theta}{wd}$$

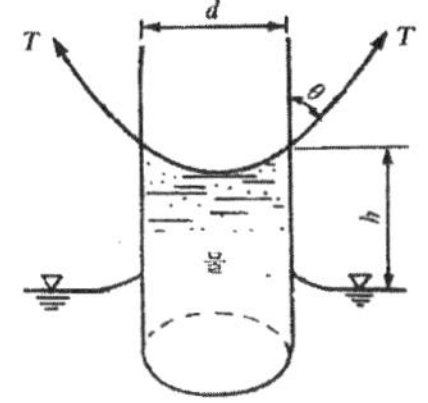
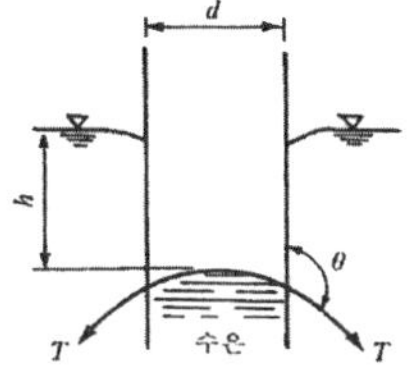

그림 1.15. 관내의 물과 수은의 모세관 상승 및 하강.

 차원과 단위

1.8.1 차원(Dimension)

길이, 시간, 질량, 힘, 가속도, 면적, 체적, 점성계수 등의 물리량들은 길이(L), 질량(M), 시간(T)의 공통된 기본량을 포함하고 있는데, 이러한 L, M, T의 기본단위로 표시하는 것이 차원이다.

- LMT계

  길이를 [L], 질량을 [M], 시간을 [T]로 표시한다.

- LFT계

  길이를 [L], 힘을 [F], 시간을 [T]로 표시한다.

- LMT계와 LFT계의 상호변환

  Newton의 운동법칙에서

$$F = m \cdot a$$

$$[F] = [M][LT^{-2}] = [MLT^{-2}]$$

표 1.8 수리학에서 취급하는 주요 물리량의 차원

물리량	MLT계	FLT계	물리량	MLT계	FLT계
길이	$[L]$	$[L]$	질량	$[M]$	$[FL^{-1}T^2]$
면적	$[L^2]$	$[L^2]$	힘	$[MLT^{-2}]$	$[F]$
체적	$[L^3]$	$[L^3]$	밀도	$[ML^{-3}]$	$[FL^{-4}T^2]$
시간	$[T]$	$[T]$	운동량, 역적	$[MLT^{-1}]$	$[FT]$
속도	$[LT^{-1}]$	$[LT^{-1}]$	비중량	$[ML^{-2}T^{-2}]$	$[FL^{-3}]$
각속도	$[T^{-1}]$	$[T^{-1}]$	점성계수	$[ML^{-1}T^{-1}]$	$[FL^{-2}T]$
가속도	$[LT^{-2}]$	$[LT^{-2}]$	표면장력	$[MT^{-2}]$	$[FL^{-1}]$
각가속도	$[T^{-2}]$	$[T^{-2}]$	압력강도	$[ML^{-1}T^{-2}]$	$[FL^{-2}]$
유량	$[L^3T^{-1}]$	$[L^3T^{-1}]$	일, 에너지	ML^2T^{-2}	$[FL]$
동점성계수	$[L^2T^{-1}]$	$[L^2T^{-1}]$	동력	$[ML^2T^{-3}]$	$[FLT^{-1}]$

1.8.2 단위(Unit)

물리량의 크기를 나타낼 때 일정한 기준이 되는 크기를 정해두고 그 기준량의 비로써 나타낸다. 이때, 이 기준치가 단위이다.

(1) 미터 단위제(Metric unit system)

- 절대 단위계(Absolute unit system , CGS 단위계)
  - LMT계의 단위이다.
  - 길이를 cm, 질량을 g, 시간을 sec로 표시한다.
- 공학 단위계(Technical unit system , MKS 단위계)
  - 수리학을 포함한 대부분의 공학에서 사용하고 있으며 LFT계의 단위이다.
  - 길이를 m, 힘을 kg · 중, 시간을 sec로 표시한다.

(2) 영국 단위제(British unit system)

영국에서 처음 사용되어 현재까지 많은 나라에서 사용되고 있지만 우리나라에서는 이 단위를 사용하지 않고 미터 단위제를 사용하고 있다.

(3) SI 단위제(Systeme International d'Units)

최근에 각양의 단위제도를 통일하기 위해 만들어졌으며 미국, 일본 등 많은 나라에서 이 제도로 단위를 통일시켜 나가고 있고, 한국공업규격도 이 단위제를 채택하고 있다. SI단위제는 미터 단위제에 속하나 질량을 kg, 길이를 m, 시간을 sec로 표시하는 LMT계의 단위를 사용한다.

- 힘의 기본단위를 Newton(N)으로 표시한다.

  $1N = 1kg \cdot m/sec^2$

- 미터제 공학단위계의 힘과의 관계

  $1kg \cdot 중 = 1kg \times 9.8m/sec^2 = 9.8kg \cdot m/sec^2 = 9.8N$

표 1.9 SI 기본 단위

SI 기본 단위 (7개)			SI 유도 단위 (12개 중 일부만 편집됨)		
물리적 양	단위 명칭	단위기호	물리적 양	단위명칭	단위기호
물질량	몰(Mole)	mol or M	힘(Force)	뉴턴(Newton)	N
질량	킬로그램(kg)	kg	에너지 (열량)	줄(Joule)	J
길이	미터(Meter)	m	동력(일률)	와트(Watt)	W
시간	초(Sccond)	sec or s	압력	파스칼(Pascal)	pa
온도	절대온도(Kelvin)	K			
광도	칼테라(Candela)	cd			
전류	암페어(Ampere)	A			

표 1.10 10의 정수승배(整數乘倍)를 나타내는 접두어

양	접두어	기호	양	접두어	기호
10^{18}	에크사	E	10^{-1}	데시	d
10^{15}	페타	P	10^{-2}	센티	c
10^{12}	테라	T	10^{-3}	밀리	m
10^{9}	기가	G	10^{-6}	마이크로	μ
10^{6}	메가	M	10^{-9}	나노	n
10^{3}	킬로	k	10^{-12}	피고	p
10^{2}	헥토	h	10^{-15}	헴토	f
10	데카	da	10^{-18}	아토	a

표 1.11 그리스문자

대문자	소문자	읽기	주요용도
A	α	알파	각도, 계수
B	β	베타	각도, 계수
Γ	γ	감마	각도, 비중, 도전율, 계수
Δ	δ	델타	미소량, 밀도, 손실각
E	ε	엡실론	유전율, 자연로그이 밑, 편차
Z	ζ	지타	
H	η	이타	효율
Θ	θ	시타	각도, 위상차, 시상수, 온도
I	ι	요타(이오타)	
K	κ	카파	상수, 계수
Λ	λ	람다	파장, 역률
M	μ	뮤	투자율
N	ν	뉴	진동수
Ξ	ξ	크사이	
O	o	오미크론	
Π	π	파이	원주율
P	ρ	로	저항율, 밀도
Σ	σ	시그마	유전율, 밀도
T	τ	타우	시상수, 토크

대문자	소문자	읽기	주요용도
Υ	υ	우프실론	
Φ	$\varnothing, \phi$	파이(피)	자속, 전위, 위상
$\times$	χ	가이(키)	자화율
ψ	ψ	프사이(프시)	전속, 위상차, 각속도
Ω	ω	오메가	각속도, 입체각

1.8.3 농도표시

(1) 몰 농도/노르말 농도

- 몰 농도(Molarity, mol / L)

$$\mathrm{M}\left(\frac{mol}{L}\right) = \frac{용질\,(mol)}{용액\,(L)}$$

- 노르말 농도(Normality, equivalent / L)

$$\mathrm{N}\left(\frac{eq_{uiv}}{L}\right) = \frac{용질\,(g당량)}{용액\,(L)}$$

$$\mathrm{meq/L} = \frac{용질\,(mg당량)}{용액\,(L)}$$

- 희석(Dilution): 진한 용액에 물을 가함으로써 묽은 용액을 만들 수 있다. 용액을 희석하기 위해 용매를 가하여도 용질의 몰(Mol) 수에는 변함이 없으므로 다음의 관계식이 성립된다.

$$\mathrm{M}_{(처음)}\mathrm{V}_{(처음)} = \mathrm{M}_{(최종)}\mathrm{V}_{(최종)}$$

$$M \xleftrightarrow{\ 가수\ } N \qquad M \xleftrightarrow{\ 용액\ 밀도\ } m \qquad N \xleftrightarrow{\ 10^3\ } meq/L$$

$$N \xleftrightarrow{\ 10^3\ } epm$$

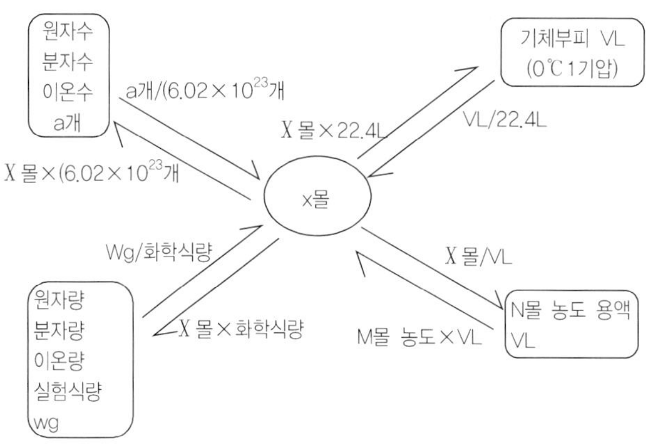

그림 1.16. 몰에 따른 화학식량 관계.

(2) 분율/백분율/천분율/백만 분율/1억 분율/ 10억 분율

- 분율(Fraction): 오염물질의 농도를 표시하는데 있어 분율이 많이 사용되고 있는데 분율은 부피 분율, 몰 분율, 질량 분율로 나눌 수 있다.

- 백분율(%, Parts per hundred): 백분율(%)은 따로 표시가 없는 한 액체 일때는 중량 백분율로 표시한다

- 천분율(ppt, Parts per thousand): ppt($^0/_{00}$)은 따로 표시가 없는 한 액체 일때는 중량(g/kg) 으로 표시한다.

- 백만 분율(ppm, Parts per million): ppm은 따로 표시가 없는 한 액체 일때는 중량 대 중량(mg/kg ≒ mg/L)으로 표시한다.

- 1억 분율(pphm, Parts per hundred billion): pphm는 따로 표시가 없는 한 액체 일때는 중량 대 중량으로 표시한다.

- 10억 분율(ppb, Parts per billion): ppb는 따로 표시가 없는 한 액체 일때는 중량 대 중량(μg/kg)으로 표시한다.

$$\% \xrightleftharpoons{10^4} ppm \qquad ppm \xrightleftharpoons{10^3} ppb \qquad ppt \xrightleftharpoons{10^5} pphm$$

$$1\% = 10\text{ppt} = 10^4\text{ppm} = 10^6\text{pphm} = 10^7\text{ppb}$$

1.9 참고문헌

김가현(2000), 상하수도 기술사, 도서출판 세진사, 66~72.

건교부(1997), 우리나라의 물 수요 전망과 개발계획, 물 문제 국제동향과 우리
  의 대책, 한국물학술단체 연합회.

국립환경과학원(2008), 수자원 현황과 전망.

박영태(1996), 수리·수문학 해설, 청운문화사, 2~9, 306.

신현국 외 1인(1998), 환경과학총론, 동화기술, 249~257.

안용근 외 1인(2005), 일반화학, 효일, 117~141.

이승원 외 1인(2007), 수질환경기사·산업기사, 성안당, 3~13.

팽종인(1999), 수질관리, 신광문화사, 18~39.

환경부(2007), 수질관리 교육용.

환경부(1997), 수질관리 법정교육용.

환경부(1997), 환경통계연감.

환경처(1994), 수질환경정책자료집.

Hanaeus J. *et al.* (1997). A study of a urine separation system in an ecological
  village in Northem Sweden. *Wet*. Sci. & Tech, 35, 9, 153.

http://cafe.daum.net/sunkimmt/5068/151.

http://cafe.daum.net/studychem/DwQ 1/9076.

http://cafe.daum.net/xymarketing/J1Dr/67.

1.10 연습문제

1.1 다음 용어의 정의를 설명하시오.

1) 강수량	8) 물의 용해성
2) 하상계수	9) 물의 비열
3) 물의 순환	10) 표면장력
4) 물 분자의 구조	11) 밀도
5) 얼음의 구조	12) 점성
6) 수소결합	13) 모세관현상
7) 끓는점과 녹는점	14) 육각수

1.2 "물 부족" 이 지구촌 최대의 현안 중 하나로 떠오르고 있다. 용수난에 부닥뜨린 세계각국은 앞다퉈 수자원확보 경쟁에 들어갔다. 일부 지역에선 이미 분쟁으로 비화되고 있으며 전면전으로 확산될 우려마저 높다. 수자원 확보방안에 대하여 기술하라.

1.3 우리나라 강수량은 연평균 1,274mm로서 세계 평균의 1.3배 정도이다. 그러나 UN에서 우리나라를 물부족 국가로 지정 하였다. 그 근본적인 이유는 무엇인가?

1.4 예부터 첫새벽에 길은 우물물은 「정화수」라고 하여 최고의 물로서 취급하였
    다. 현대적 의미에서 보면 아무것도 오염되지 아니한 가장 깨끗한 천연의 물
    을 의미하는지도 모른다. 어떻든 좋은 물이란 자연 그대로의 오염되지 아니
    한 물을 말할 것이다. 이러한 자연수의 특징을 요약하라.

1.5 물의 순환은 대양에서 물의 증발로 시작된다. 증발로 인한 수증기는 구름이
    형성되어 강수(Precipitation)의 형태로 지상에 떨어지며. 강수의 상당부분은
    토양 속에 저축되나 증발(Evaporation), 증산(Transpiration)에 의해 대기 중
    으로 되돌아간다. 또한, 일부분은 토양속으로 더 깊숙이 침투하여 지하수
    (Groundwater)가 되어 바다에 이른다. 우리나라 수자원량의 현황을 설명하라.

수질관리지표

2.1 물리적 지표

2.1.1 탁도(Turbidity)

탁도(濁度: Turbidity)는 물의 탁한 정도를 나타내는 것으로 백토 1㎎이 증류수 1ℓ에 포함되어 있을 때의 탁도를 1도(또는 1ppm)로 한다. 즉, 탁도는 빛의 통과에 대한 저항도로서 표준단위로는 1㎎/ℓ 규사(SiO_2) 용액이 나타내는 탁한 정도를 탁도로 하기로 한다.

물의 혼탁은 토사나 부유물질(SS)의 혼입, 용존물질의 화학적 변화에 의한 것이나, 점토질토양이 대부분이므로 점토인 백도토를 표준으로 사용하는 것이다. 지하수에서 천정호는 강우의 침수가 혼탁의 원인이고 심정호는 세사를 흡입하므로 탁하게 된다.

또 정수시설이 있는 수도의 경우는 탁도가 높으면 침전에 다량의 황산알루미늄이 다량 소요되고 여과지의 여과지속시간이 단축되므로 가능한

한 탁도는 낮을수록 좋다. 완속여과지에서도 탁도 30도 이하가 아니면 폐색이 빨리 일어나므로 15도 이하로 하는 것이 좋다. 급속여과지의 유입수는 탁도가 5도 이하가 아니면 폐색이 빨라지고 경우에 따라서 여과수가 혼탁하게 될 수 있다.

약품침전시 탁도가 너무 낮으면 양호한 플럭형성이 어렵고 반대로 너무 높아 1000도를 넘을 경우는 약품처리가 곤란하게 된다.

수도수의 탁도기준은 우리나라와 일본에서는 2도 이하이며 미국은 5도 이히로 규정하고 있다.

물이 혼탁되어 있으면 세균이 탁질의 피막에 싸여서 염소소독하여도 죽지 않는 경우도 있으므로 탁도가 높은 물은 주의해야 한다.

탁도의 측정은 Nephelometric 기구에 의해 측정되며 수처리 과정에서 고탁도의 영향은 다음과 같다.

㉮ 수처리 과정에서 화학적 응집제의 소요량이 증가된다.

㉯ 수처리 여과지의 여과 지속시간이 단축된다.

㉰ 염소 소독시 약품 소요량을 증가시킨다.

2.1.2 색도(Colour)

색도(色度, Colour)는 색의 정도를 표시하는 것으로 백금 1㎎을 포함한 색도 표준액을 증류수 1ℓ 중에 용해시켰을 때의 색상을 1도라 한다. 물은 원래 무색이지만 수층이 깊으면 빛의 분산으로 푸른색으로 보인다. 그러므로 물의 색도가 높으면 수층이 두꺼운 것으로 볼 수 있다. 원수착색의 최대원인은 부패질에 의한 것으로 식물의 부패분해로 생기는 Humine질이란 콜로이드로 착색된다.

Humine질은 황갈색으로 색도표준액도 이와 비슷한 색깔을 나타낸다. 이와같이 콜로이드질인 식물성 또는 유기성 압축물에서 기인되는 색도를 진색도(True colour)라고 부르고 철분은 때때로 Humin 철염(Ferrmic humate)으로서 높은 색도를 나타낸다. 자연색도는 원래 물속에서 음대전된 콜로이드 입자로서 존재하여 보통 알루미늄 또는 철과 같은 3가 금속 이온을 가진 염을 첨가하는 응집방법으로 쉽게 제거될 수 있다.

지표수는 유색 부유물로 인해 색도가 높은 것처럼 여겨질 수가 있으나 실제와는 다르다. 적색 점토양지대를 유출되어 나오는 강물은 홍수가 있을 때 특히 높은 색도를 띄운다. 이와같이 부유물질에 기인하는 색도를 외양색도(Apparent colour)라 한다. 지표수는 직물공장, 염색작업과 제지산업의 펄프제조 공정에서 나오는 유색폐수로 인해 높은 색도를 나타낼 때도 있다.

물의 색도를 측정하는 색도표준액은 백금－코발트법으로 염화 백금산칼륨(K_2PtCl_6) 2.49g (Pt 1.00g)을 염산으로 용해시켜 물을 가한 전량을 1ℓ로 하여 이 표준액 $1m\ell$ 를 가했을 때의 빛을 색도 1도라 하는데 색도표준액 $1m\ell/\ell = Pt1mg$, $Co0.496mg/\ell =$ 색도 1도가 된다. 이는 Pt－Co액의 천연수의 황색이나 갈색계통의 빛과 비슷하므로 이 액이 사용되고 있다.

우리나라 수도수의 기준은 5도 이하인데 사실 자연물질에서 유리되는 색도물질은 독성이나 유해성을 가졌다기보다는 미관이나 기분상의 문제로서 소비자에게 혐오감을 줄 수 있기 때문에 규정한 것으로 볼 수 있다.

탁도가 높은 하천수는 색도가 높아 보이지만 거름종이로 제거하면 색도가 거의 제거되는 경우도 많다. 색도가 5도 이하면 완속여과로 대부분 제거되고 급속여과에서는 황산알루미늄으로 응집침전시킨 경우에 거의 제거된다. 색도를 측정하기 위해서는 다음과 같은 점의 영향을 고려하여야 한다.

㉮ 색도가 높은 물은 일반적으로 유기물의 함량이 높게 나타난다.

㉯ 급수 전에 철, 망간이 함유될 경우 색도가 높게 나타난다.

㉰ 하수의 색은 이동 시간에 따라 회색 → 검회색 → 흑색(부패)으로 변하는데 이러한 색의 변화는 금속성 황화합물에 기인하는 것으로서 황화합물이 혐기성상태에서 폐수내의 금속과 반응할 경우 이러한 색을 띠게 된다.

2.1.3 고형물(Solids)

총 고형물(Total Solids)은 수중에 존재하는 용해성 고형물의 총량을 의미하는 것으로 시료를 $105 \sim 110\,^\circ\mathrm{C}$ 에서 2시간 가열 증발했을 때 남는 물질, 즉 물속에 함유되어 있는 이물질 전체를 말하며, 이를 증발잔류물질이라고도 한다.

SS는 Suspended Solids 약자로, 무기물과 유기물을 함유하는 고형물질에서 0.1μ 이상의 입자로 구성되고 물의 탁도(Turbidity)를 유발하므로 현탁물질 이라고도 한다. 부유물질은 탁도를 유발하는 원인물질로서 현탁물질로도 호칭되고 있다.

시료를 세공이 약 0.1μ 인 여과지를 사용하여 거를때 여과되지 않는 부분이 SS이다. 이 여과되지 않는 부분을 105℃에서 약 2시간 잘 건조시킨 후에 건조질량을 측정한다. 이 건조시킨 부유물질을 다시 550℃에서 약 15～20분간 태운 후에 남은 물질이 바로 작열 잔류부유물질이고 그 감량이 휘발성 부유물질이다. 유기물은 고온에서 타므로 휘발성부유물질은 대체로 유기물질이며 타고 남은 잔유물질은 무기물질이다.

증발잔유물(Total solids)과 작열잔유물(Total fixed solids)은 시류를 여과지로 거르지 않고 그냥 증발시키고 작열시킨 결과치이다. 따라서 부유물질과는 다른 성질을 갖는다.

즉, 증발 및 강열잔유물은 부유물질과 그 보다 크기가 작은 고형물도 포함한다. 증발 잔류유물과 부유물질과의 차이를 용존고형물(Dissolved solids)이라고 하고 용존고형물은 다시 휘발성분과 잔유성분으로 나눈다 (그림 2.1).

$$
\begin{array}{ccc}
TS & \to & VS + FS \\
\downarrow & \downarrow & \downarrow \\
TSS & \to VSS \to & FSS \\
+ & + & + \\
TDS & \to & VDS + FDS
\end{array}
$$

TS : Total Solids(총 고형물)
VS : Volatile Solids(휘발성 고형물)
FS : Fixed Solids(강열잔류 고형물)
TSS : Total Suspended Solids(총 부유물질)
VSS : Volatile Suspended Solids(휘발성 부유물)
FSS : Fixed Suspended Solids(강열잔류 부유물)
TDS : Total Dissolved Solids(총용존 고형물질)
VDS : Volatile Dissolved Solids(휘발성 용존고형물)
FDS : Fixed Dissolved Solids(강열잔류 용존고형물)

그림 2.1. 고형물성분간의 관계.

용존상태의 고형물질은 콜로이드(Colloid)와 이온(Ion)을 포함 하는데, 콜로이드는 크기가 1nm∼1㎛의 범위로써 육안으로 식별이 불가능한 초미립자가 분산 또는 현탁액으로 존재하는 상태(그림 2.2)를 말하며, 이러한 콜로이드는 물과의 친화력에 따라 친수성과 소수성으로 분류된다(표 2.1).

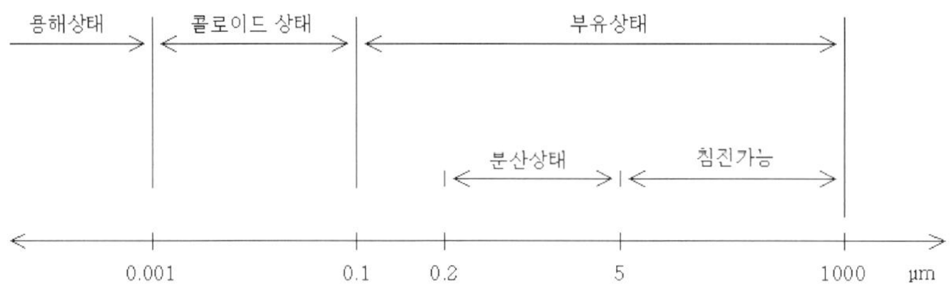

그림 2.2. 부유물질의 분포상태.

표 2.1 콜로이드 분산상태

소수성 Colloid	친수성 Colloid	회합성 Colloid
• 물과 반발하는 성질을 가지고 있다 • 물 속에 현탁상태(서스펜션)로 존재한다 • 매우 작은 입자로 존재한다 • 염에 대하여 민감하다 • 소량의 염을 첨가하여도 결침전된다 • 점토, 섬유, 작은 금 입자	• 물과 강하게 반응하는 성질을 가지고 있다. • 물속에서 유탁상태(에멀젼)로 존재한다 • 매우 큰 분자 또는 이온상태로 존재한다 • 염에 대하여 큰 영향을 받지 않는다 • 다량의 염을 첨가하여야만 응결 침전되다 • 단백질, 합성된 고단위 중합체 등	• 물 속에 녹아 작은 분자, 이온으로 존재한다 • 미세 용해성 입자들이 응결 부유 입자를 형성 • 회합성 콜로이드 형성하는 대표적인 물질은 비누와 세정제이다.

또한 휘발성 부유고형물(VSS)을 BOD와 COD측면에서 볼 때, ICOD는 VSS와 동일한 유기물을 상이한 단위로 표시하게 된다. VSS는 물질 그 자체량으로서, ICOD는 VSS를 산화시키는데 필요한 산소량을 나타낸다.

BOD 및 COD시험에서 시료를 여과시켜 여과지를 통과한 BOD와 COD를 용해성(Soluble)이라하며 원래의 시료로부터 얻은 BOD와 COD값에서 용해성 BOD와 COD를 빼면 바로 휘발성 부유물에 대한 BOD와 COD가 된다.

즉, 휘발성 부유물에 의한 BOD와 COD를 불용성(Insoluble)이라고 하며 이를 IBOD와 ICOD로 표시하고 용해성BOD와 COD를 SBOD 및 SCOD 로 표시하면 다음 관계가 성립된다.

$$BOD = IBOD + SBOD$$

$$COD = ICOD + SCOD$$

또한 최종 BOD를 BOD_μ, 5일 BOD를 BOD_5로 표시하고 COD내 생물학적 분해가능한(Biodegradable) COD를 BDCOD, 분해불가능한(Non-Biodegradable) COD를 NBDCOD라고 한다.

$$COD = BDCOD + NBDCOD$$

$$BDCOD = BOD_\mu = K \times BOD_5$$

$$NBDCOD = COD - BOD_\mu$$

다시 같은 개념으로

$$ICOD = BDICOD + NBDICOD$$

$$BDICOD = IBOD_\mu = K \times IBOD_5$$

$$NBDICOD = ICOD - IBOD_\mu$$

상기 식에서 K는 상수로서 $BOD_5 = 0.67BOD_\mu = 1.5BOD_5$의 의미이다.

$$ICOD \ : \ NBDICOD = VSS \ : \ NBDVSS$$

$$\therefore \ NBDVSS = VSS \times \frac{NBDICOD}{ICOD}$$

(예제) 어느 공장폐수의 시료를 분석한 결과 다음과 같다.

$$총\ COD = 427\,mg/\ell, \qquad SCOD = 180\,mg/\ell$$

$$BOD_5 = 234\,mg/\ell, \qquad SBOD_5 = 107\,mg/\ell$$

$$TSS = 192\,mg/\ell, \qquad VSS = 159\,mg/\ell$$

$$K = 1.5\left(\frac{BOD_\mu}{BOD_5}\right)$$

위 자료를 참조하여 다음 항목을 계산하시오.

① ICOD   ② $IBOD_5$

③ FSS   ④ $BOD\mu$

⑤ $SBOD\mu$ ⑥ NBDICOD

⑦ NBDCOD   ⑧ NBDSS

상기 항목을 계산하면

① $ICOD = COD - SCOD = 427 - 180 = 247\,mg/\ell$

② $IBOD_5 = BOD_5 - SBOD_5 = 234 - 107 = 127\,mg/\ell$

③ $FSS = TSS - VSS = 192 - 159 = 33\,mg/\ell$

④ $BOD\mu = K \times BOD_5 = 1.5 \times 234 = 351\,mg/\ell$

⑤ $SBOD\mu = K \times SBOD_5 = 1.5 \times 107 = 160\,mg/\ell$

⑥ $NBDICOD = ICOD - IBOD\mu$

$IBOD\mu = 1.5 \times IBOD_5 = 1.5 \times 127 = 191\,mg/\ell$

∴ $NBDICOD = 247 - 191 = 56\,mg/\ell$

⑦ $NBDCOD = COD - BOD\mu = 427 - 351 = 76\,mg/\ell$

⑧ NBDSS = FSS + NBDVSS

$$\text{NBDVSS} = \text{VSS} \times \frac{NBDICOD}{ICOD} = 159 \times \frac{56}{247} = 36\,\text{mg}/\ell$$

$$\therefore \ \text{NBDSS} = 33 + 36 = 69\,\text{mg}/\ell$$

2.1.4 침전물 산소요구량(SOD, Sediment Oxygen Demand)

SOD는 하천에 침강된 저니층의 유기 퇴적층에 의한 산소요구량으로 유기물질의 분해와 저서(低漆) 수중생물의 호흡 및 환원성 물질의 산화로 발생하게 된다.

단위는 저니(저질)의 단위 면적당 산소 소비량으로(g/㎡ · day)로 나타낸다.

2.1.5 수온(Water temperature)

온도는 "Degree of hotness" 즉 더운 정도를 말하는 것으로 더운 정도를 수치로 표시한 것이다.

일정한 눈금을 배열시킨 유리제 수은 막대 온도계 등을 사용하여 온도의 변화에 따라 수온을 측정할 수 있는데, 측정단위는 Farenheit(F: 화씨)와 Celsius(℃: 섭씨)의 방법이 있다.

하수나 폐수 등은 일반적으로 수온이 높다. 그 이유는 배출원에서 더운 물을 사용하기 때문이고 오염이 심하면 빙점도 낮아진다.

2.1.6 냄새(Odor)

유입 폐수와 하수등 필요한 경우 측정되는 사항이다. 가정에서 유출되는 하수는 불쾌한 곰팡이 냄새(Musty odor)가 발생되는 것이 일반적이며, 만일 다른 냄새가 난다면 공장폐수나 혼합된 폐수가 존재할 가능성이 높다.

달걀 썩은 냄새(Rotten egg odor)는 혐기성상태에서 유기물질이 부패되어 발생된 부패취의 대표적인 황화수소(H_2S)의 독특한 향이다. 물론 호기성상태(Aerobic condition)라면 이와 같은 냄새는 감지하기 곤란하다. 수중에서 냄새가 날 수 있는 원인을 요약하면 다음과 같다.

- 수중 유기물의 분해
- 용존 무기물의 특이취
- 미생물 자체의 냄새
- 기타 약품의 투입

2.2 화학적 지표

2.2.1 용존 산소(DO, Dissolved Oxygen)

수중에 용존되어 있는 산소량을 말한다. 이 때 용존 산소의 농도(mg/L)는 평형상태의 농도가 아니라 산소의 용해도에 의해서 제한된 상태의 농도를 나타낸다.

　수중에는 대기 중으로부터 전달된 산소, 조류의 광합성에 의한 산소, 미생물 또는 유기물 등으로 구성되어 있는 결합상태의 산소가 있다.

　대기 중에는 체적으로 질소가 79%, 산소가 21%로 조성되어 있다. 대기 중의 산소는 Ficks 법칙에 의하여 물속으로 분산흡수(分散吸收)된다. 물속에 들어온 산소는 기체의 분압에 의해서 어느 정도까지 녹게 된다. 이 때 물속에 녹아있는 산소를 용존산소라 하고, 공기를 물속에 주입시키는 것을 포기(Aeration)라 한다.

　헨리(Henry)의 법칙에 의하면 기체의 용해도가 크지 않는 범위에서는 일정한 온도에서 일정량의 기체에 용해되는 기체의 중량은 그 기체의 압력(공기와 같은 혼합 기체인 경우는 분압)에 비례한다. 그러므로 산소분압을 높이면 용해되는 산소의 양은 증가한다.

　용존산소의 양은 수온이나 기압, 다른 용질의 영향을 받아 수온의 상승과 더불어 감소하며 대기중의 산소분압에 비례하여 증가한다. 또한 수온의 급격한 상승 및 조류의 번식이 심한 경우에 과포화로 될 수도 있으나 순수(純水)상태에서 20℃, 1기압하에서 포화용존산소량은 약 9ppm이다.

　하천 상류에서는 거의 포화에 가까운 용존산소가 함유되어 있으나 하수나 공장폐수 등의 오염, 유기 부패성물질 및 기타 환원물질에 의해 BOD나 COD가 증가하고 DO는 감소된다.

　따라서 DO는 유기물질의 오염정도를 나타낸다고 할 수 있다. 또 어패류나 하천의 자정작용에 관계하는 호기성 미생물 등은 용존산소로 호흡하고 있으므로 용존산소가 감소하면 어패류는 사멸하게 된다. 오염된 물은 용존산소를 소비하게 되고, 용존산소가 부족하면 혐기성분해가 진행되어 부패하게된다. DO가 2ppm 이상이면 악취의 발생은 없으며 4ppm 이

상이면 청정이 유지되고 보통 물고기의 생존에 필요한 DO농도는 4ppm
이상이다. 포화 용존산소량에 대한 물속의 용존산소량의 백분율을 산소포
화도라 한다(표 2.2). 산소의 용해도가 증가되는 조건은 다음과 같다.

- 기압이 높을 때 증가한다.
- 수온이 낮을수록 증가한다.
- 염분 또는 불순물의 농도가 낮을수록 증가한다.
- 기포가 작을수록 증가한다.
- 혼화작용이 있을 때 증가한다.

표 2.2 온도와 포화 용존산소량

온도	포화 용존 산소량(기압 **760mmHg**), 산소 **20.9%** 상태)
0℃	14.15(mg/ℓ)
4℃	12.70(mg/ℓ)
10℃	10.92(mg/ℓ)
15℃	9.76(mg/ℓ)
20℃	8.84(mg/ℓ)
25℃	8.11(mg/ℓ)
30℃	7.53(mg/ℓ)

2.2.2 수소이온농도 지수(pH)

수용액에서의 수소이온농도는 $H_2O \rightleftarrows H^+ + OH^-$ 의 평형상태인 물에
산이나 염기를 넣으면 H^+ 나 OH^- 가 증가하여 평형이동이 일어난다(공통
이온효과). 같은 온도에서 평형상수의 일종인 물의 이온곱 상수 K_w 는 일
정하다. 수용액에는 H^+ 과 OH^- 이 항상 공존하여, 25℃에서

$$K_w = [H^+] \cdot [OH^-] = 1.0 \times 10^{-14} \text{이다.}$$

$$[H^+] = \frac{K_w}{[OH^-]} \qquad [OH^-] = \frac{K_w}{[H^+]}$$

$[H^+] > [OH^-]$이면 수용액은 산성을 띠며, $[H^+] < [OH^-]$이면 염기성을 띤다. 수소이온 농도지수(pH)는 수용액 속에 있는 수소이온 농도를 간단히 표시하기 위해 만든 새로운 척도로, $[H^+]$의 상용로그의 역수로 표시한다.

$$pH = -\log[H+] = \log\frac{1}{[H^+]}$$

$$[H^+] = 10^{-a} \rightarrow pH = a$$

$$[H^+] = b \times 10^{-a} \rightarrow pH = a - \log b$$

염기성 세기도$[OH^-]$를 직접 비교하는 것보다 수산화 이온농도의 역수의 상용 로그값을 pOH라 하여 비교하면 편리하다.

$$pOH = -\log[OH^-]$$

$25\,^{\circ}\mathrm{C}$ 수용액에서는 항상 $pH + pOH = 14$이다.

pH에 따라 용액의 액성이 구분된다.

$[H^+]$	$10^0\,M$	$10^{-7}M$	$10^{-14}M$
pH	0	7	14
	산성 커짐	중성	염기성 커짐

$$\text{산성 용액} \quad [H^+] > 10^{-7}M > [OH^-] \rightarrow pH < 7$$

$$\text{중성 용액} \quad [H^+] = 10^{-7}M = [OH^-] \rightarrow pH = 7$$

$$\text{염기성 용액 } [H^+] < 10^{-7}M < [OH^-] \rightarrow pH > 7$$

순수한 물은 중성이나 자연수는 염류, 유리탄산 또는 광산이나 유기산이 함유되어 pH의 변동이 일어난다. 따라서 수중에서 pH변화는 중요한 의미를 갖고 있으며, pH 변화는 이물질의 유입에 기인한다고 생각할 수 있다. 기타 조류의 번식이 왕성하여 수중의 DO와 CO_2의 농도변화로 pH가 변화될 수도 있다.

2.2.3 생물화학적 산소요구량(BOD, Biochemical Oxygen Demand)

BOD는 Biochemical Oxygen Demand의 약자로써 생물화학적 산소요구량이다. 즉 어떠한 유기물을 미생물에 의하여 호기성(好氣性) 상태에서 분해 안정화 시키는데 요구되는 산소량을 보통 ppm 단위로 표시하는 것이며 BOD가 높으면 유기물의 오염도가 높음을 의미한다.

BOD는 폐수내의 유기물질의 종류를 일일이 분석하지 않고 호기성 미생물로 합성 또는 산화시키는데 필요한 산소량을 측정하면 유기물의 양을 간접적으로 측정 가능하게 된다. 폐수내에 존재하는 유기물의 종류는 대단히 많으며 각 유기물의 농도를 일일이 구하는 것은 대단히 어렵다. 또한 유기물질이 수계에 유입되면 수계에 서식하는 미생물은 용존산소(DO)를 결핍시키므로 유입된 유기물의 양이나 종류보다는 오히려 용존산소를 결핍시키는 잠재능력의 평가가 중요하게 된다. 실험실에서는 관습적으로 20℃에서 5일간 시료(Sample)를 배양했을 때 소모된 산소량을 측정하는데 그 값을 5일 BOD 또는 BOD_5라고 하며 통상 BOD라고 부른다. BOD 측정 실험 결과를 그래프로 나타내면 그림 2.3과 같이 된다. 즉, 유기물이 미생물에 의해서 분해 섭취되므로 산소소비량은 시간에 따라 증가된다.

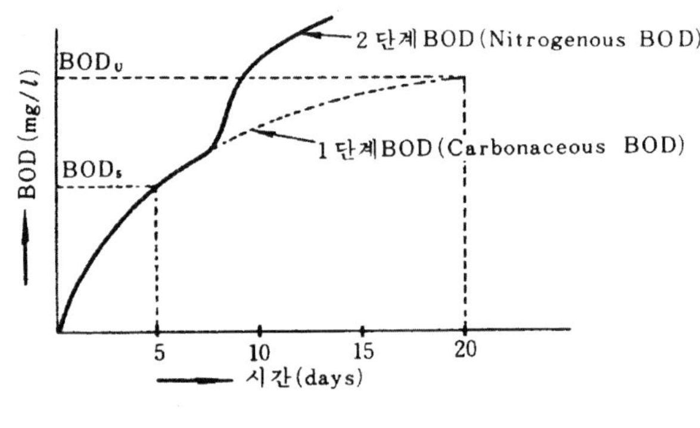

그림 2.3. NBOD 및 CBOD 곡선.

그림 2.3의 산소소비 누적곡선식은 $y = L_a(1 - 10^{-K_1 \cdot t})$로 표시할 수 있고 여기서 K_1은 산소제거상수 혹은 탈산소계수(Deoxygenation constant), L_a는 최종 산소 소모량, 즉 최종 BOD(Ultimate BOD, BODμ) 이며 t는 일(Day)로 표시한 시간이다. 도시하수인 경우 t가 20일 정도 되면 y 값이 L_a와 거의 같게 되므로 BOD$_{20}$을 BODμ로 사용한다. 대체적으로 일반적인 도시하수 최종 BOD(BODμ) 값은 5일 BOD(BOD$_5$)의 1.5배이며 K_1은 온도에 따른 보정이 필요한데 다음식과 같다.

$$K_1(t\,^\circ\!C) = K_1(20\,^\circ\!C) \times 1.047^{t-20}$$

여기서, $K_1(t\,^\circ\!C)$: $t\,^\circ\!C$에서 탈산소계수(Day^{-1})

　　　　$K_1(20\,^\circ\!C)$: $20\,^\circ\!C$에서 탈산소계수(Day^{-1})

　　　　1.047 : 온도보정계수

t : ℃(섭씨온도)

y : t시간 동안 소비된 BOD

K_1은 유기물질의 종류에 따라서도 변한다.

그림 2.3에서 보면 7~10일후에는 탄소화합물에 의한 BOD 이외에 질소화합물의 산화 즉 질산화(Nitrification)가 발생하는데 이를 질소(Nitrogenous) BOD라고 하며 혹은 NOD(Nitrogenous Oxygen Demand)라고 부른다. 그러므로 BOD_5 시험에서 BOD 병내에 질산화를 일으키는 미생물이 존재하면 탄소화합물에 의한 BOD 측정시 높게 나타난다. 도시하수와 같이 BOD가 높은 경우에는 질산화가 잘 일어나지 않으나 처리된 폐수에서는 질산화가 일어나는 경우가 있다. 질산화는 대체로 질소화합물이 질산화미생물(Nitrifying microorganism or nitrifier)에 의해 산화되는 과정을 말하는데, 다음과 같이 두 개의 반응으로 구분된다.

$$2NH_3 + 3O_2 \longrightarrow 2NO_2^- + 2H^+ + H_2O \quad \text{(Nitrosomonas)}$$

$$2NO_2^- + O_2 \longrightarrow 2NO_3^- \quad \text{(Nitrobacter)}$$

상기 두 반응식에서 볼 때 NH_3에서 NO_2^-로 되는 것보다 NO_2^-에서 NO_3^-로 변하는 것이 쉽다. 왜냐하면 NH_3에서 NO_2^-가 되기 위해서는 3개의 산소원자가 요구되나 NO_2^-에서 NO_3^-가 되는 경우에는 1개의 산소원자만 필요하기 때문이다.

즉, 산화시키는데 적은 양의 Energy가 소모되며 또 질산화 Bacteria 중 Nitrosomonas는 Nitrobacter보다 환경조건에 매우 민감하므로 NO_2^-가 생산되면 비교적 쉽게 NO_3^-로 산화된다.

지금까지의 BOD 시험은 많은 한계점을 가지고 있으나 오랜 기간동안 잘 정립되어 온 방법으로써 최초의 실험실적 시험은 1870년에 수행된 것으로 알려져 있다.

이 측정의 한계점으로는 BOD 소비과정이 매우 복잡하며 그 소비량은 식종 미생물의 특성과 폐수 내에서의 유기물에 대한 그들의 적응력에 따른다. pH, 온도와 같은 환경조건 또는 영양물질의 존재 및 기타의 대사물질은 모두 BOD 소비율에 영향을 미친다. BOD 시험의 절차상, 측정은 환경적 저해요인의 최소화와 시험조건의 표준화가 제공된 환경조건에서 수행된다. 저해물질의 존재는 BOD 측정결과에 많은 영향을 미칠 수 있으며, 독성물질 또는 저해 물질은 BOD 소비를 전체적으로 방해하므로 BOD 소비속도를 지연시킬 수 있다.

시료에 존재하고 있는 유기물은 초기에 주로 박테리아에 의해 대사가 이루어지며, 일부 유기물은 산화되어 산소 소비를 유발하고 나머지 유기물은 새로운 박테리아 세포로 전환된다. 외부로부터의 기질공급이 고갈되면, 유기물의 주요 공급원은 박테리아가 된다. 어떤 박테리아는 굶주리는 동안 사멸하게 되어 다른 박테리아가 생존하는데 필요한 영양물질로 작용하기도 한다.

만약 원생동물이 식종액에 존재하면, 원생동물은 시료중의 초기에 존재하는 유기물량 제거에 기여할 수도 있지만, 박테리아가 기질섭취 경쟁에서 보다 많은 효율성을 갖는다. 그렇지만 원생동물은 밀도 증가를 보이는 박테리아의 포식자이기 때문에 증가할 것이다. 박테리아의 먹이원이 줄어들면서 결국 원생동물이 우점종이 된다. 이단계에서 박테리아와 원생동물은 살아 있거나 죽은 상태로 계속 먹이가 된다. 본래의 유기물은 여러 유기체를 통해 순환되며 이때 유기체는 각 생체조직화를 위한 유기물의 대사작용시에 산소를 소모한다. 순환과정이 진행됨에 따라 BOD병 속의 총 유기물은 감소하며 미생물의 천이도 일어난다. 유기물이 소진되거나 유기물이 극미량으로 감소될 때까지 산소는 물질대사에 이용될 것이고 결국에 가서는 호기성 미생물은 사멸하게 된다. 총 BOD 소비속도 또는 산소 섭취율은 두 가지 상황으로 나타난다. 시료중의 대사가 용이한 기질은 산소소비를 수반하며 보다 빨리 제거될 것이다. 유기물이 박테리아나 원생동물 세포로 합성된 후에는, 유기물의 대사과정이 감소하게 되는데 그 이유는 전환된 유기물은 대사가 쉽게 이루어지지 않기 때문이다.

유기물 성분과 식종 미생물의 서로 다른 혼합비율은 미생물 그룹별로 그 구현기관과 최대값이 다르게 나타낼 수 있다. 그렇지만, 보통 초기단계의 산소 섭취율이 후기단계보다 높은 것은 사실이다. 왜냐하면 초기에는 유기물 존재량이 더 많을 뿐만 아니라 초기의 유기물 분해능력도 미생물 세포로 전환된 후의 분해능력보다 크기 때문이다.

실험실에서 BOD 측정은 폐수시료의 희석이 포함되어 있으며, 이것은 독성물질 또는 저해물질의 농도를 미생물 활동에 심각하게 영향을 미치는 한계값 이하로 감소시켜 준다. 이것은 BOD 시험과정에 서로 다른 희석배율을 사용하는 복잡함을 야기시킬 수 있다. 분해 가능한 유기물의 제거는 일반적으로 균일하게 진행되지 않는다. 대사가 용이한 기질은 쉽게 제거되며, 유기물의 특성이 변화될 때 나타나는 우점종에 따라 생체량의 분해는 더욱 느려지게 된다. 생체량은 그자체가 천천히 분해되는데, 왜냐하면 세포들은 그들의 집단을 유지하기 위해 외부 공격에 저항성을 가지고 있기 때문이다. 이와 같은 복잡성 때문에 BOD 측정은 종종 결과를 산출하는데 어려움을 겪게 된다.

BOD 측정은 주의 깊게 해석되어야 하는데 종류가 다른 폐수간의 BOD 비교는 이러한 이유로 어렵다.

t일간 BOD 측정(통상적으로는 5일)은 속도상수값을 알지 못한 경우 시료의 총 생분해율의 측정의미는 없게 된다.

BOD 진행과정 분석은 K_1을 구하기 위해 수행되며, K_1에 대해 일반적으로 가정된 값은 20℃에서 $0.1d^{-1}$(밑수 10)이고, 그 결과 BOD_5와 최종 BOD_μ의 비율은 2:3으로 된다(그림 2.4).

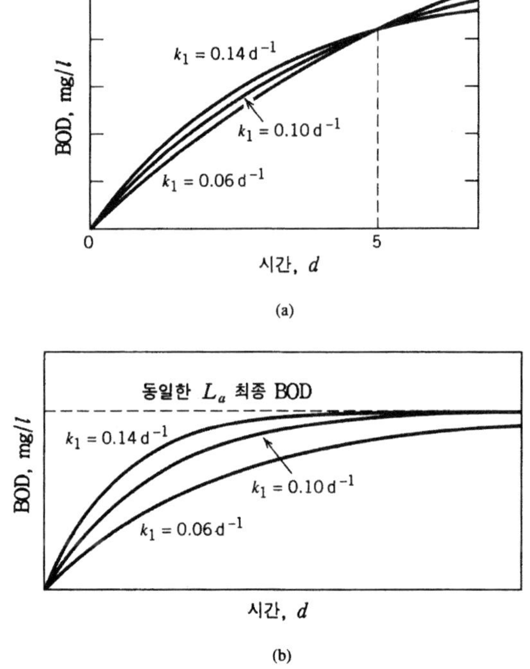

그림 2.4. 속도상수 값 K1에 대한 BOD5와 BOD$_\mu$의 비교(20℃).

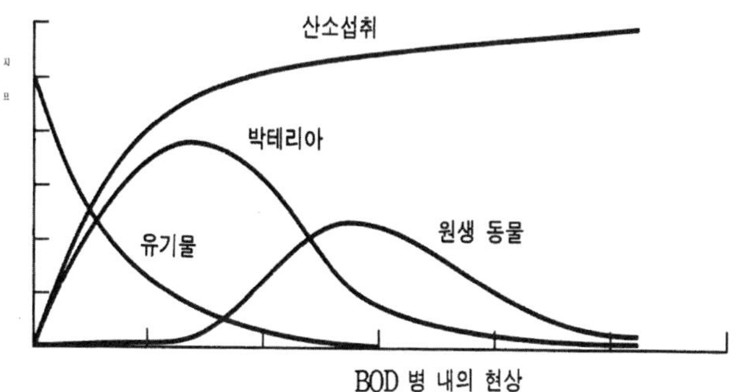

그림 2.5. BOD병 내에서 미생물의 변화.

(예제) 다음 그림은 제1단계에서 잔류BOD(L)와 소비BOD(E)와의 관계를 그린 것이다. Phelps의 모델공식 dL/dt = −KL을 이용하여 K = 0.23/day(20℃)인 하천에서 최초의 BOD가 5.5mg/ℓ라고 하면 3.5일 후의 소비BOD는 몇 mg/ℓ인가?

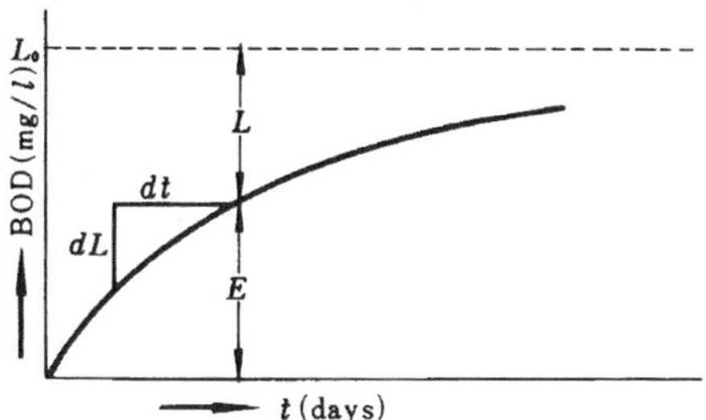

Phelps의 모델공식에서

$$\frac{dL}{dt} = -KL$$

t = 0일 때, L = L₀의 조건을 주어 적분하면

$$\ln \frac{L}{L_o} = -Kt$$

$$L = Lo \ e^{-Kt}$$

$$L_o = E + L$$

$$E = L_o - L = Lo \ e^{-Kt} = L_o(1 - e^{-Kt})$$

$$\therefore \ E = 5.5 \ (1 - e^{-0.23 \times 3.5}) = 3.0 \mathrm{mg}/\ell$$

즉, BOD반응은 일차반응이며 반응속도는 최소한의 미생물이 존재한다면 남아있는 유기물의 양에 비례한다.

따라서 반응속도는 미생물에 유용한 유기물의 양에 따라 조절되는데 일반적으로 유기물의 제2단계 산화가 일어나기 전에 하수가 바다에 유입해 버리므로 제1단계 BOD 값이 일차반응으로 표시된다.

$$-\frac{dC}{dt} \propto C \ 또는 \ -\frac{dC}{dt} = KC \ \cdots\cdots\cdots\cdots\cdots\cdots \ ①$$

여기서, C : t 시간 후의 유기물질 농도

       K : 반응속도 상수

윗식에서 보면 먹이농도 C(유기물)가 감소하에 따라 반응속도가 점차적으로 감소한다.

BOD에 있어서는 C대신 L를 사용하여 나타내면

$$-\frac{dL}{dt} = KL \ \rightarrow \ \frac{dL}{dt} = -KL \ \rightarrow \ \frac{dL}{L} = -Kdt \ \cdots\cdots\cdots\cdots \ ②$$

윗 식을 적분하면

$$\int_{Lo}^{L} \frac{dL}{L} = -K \int_{o}^{t} dt$$

$$[\ln \ L]_{Lo}^{L} = -K[t]_{o}^{t}$$

$$\ln\,L - \ln\,L_o = -K(t-0)$$

$$\ln\frac{L}{L_o} = -Kt$$

$L = L_o e^{-kt}$ ·· ③

여기서, L : t일후 잔존 BOD(Remaining BOD)

      L_o : 최초의 전 BOD

        최종 BOD(Ultimat BOD, BODμ)

        최종산소요구량(UOD 감소속도정수)(Day^{-1})

     t : 분해기간(Day)

BOD 일차반응을 도시하면

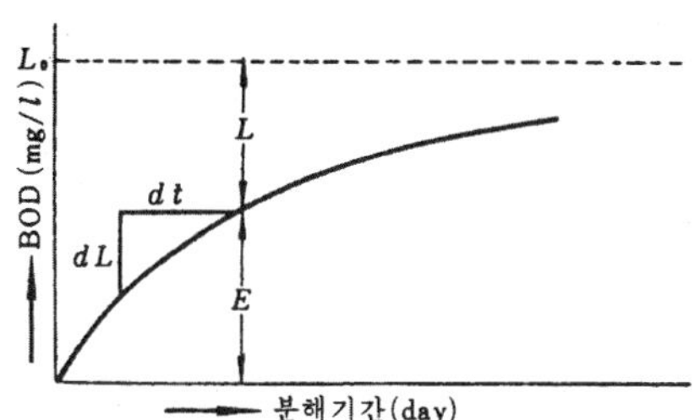

윗 그림에서 보면

        $E = L_o - L$ 관계가 성립되고

③식을 대입하면

$$E = L_o - L_o e^{-kt}$$

$E = L_o(1 - e^{-kt})$ ·· ④

③, ④식에서 L를 L$_t$로 표시하고 L$_o$를 L$_a$로 표현하는 경우

③식 → $L_t = L_a e^{-kt}$ ·· ③´

④식 → $E = L_a(1 - e^{-kt})$ ··· ④´

③´, ④´ 식을 상용대수로 표현하면

③´ → $L_t = L_a 10^{-K_1 t}$ ·· ⑤

④´ → $E = L_a(1 - 10^{-K_1 t})$ ······································ ⑥

여기서 y는 t일동안 소비(분해)된 BOD이다.

2.2.4 화학적 산소요구량(COD, Chemical Oxygen Demand)

COD(화학적 산소요구량)은 BOD와 함께 폐수의 유기물 함유도를 측정하기 위한 중요한 척도이다. 따라서 COD도 BOD(생물화학적 산소요구량)와 마찬가지로 폐수처리 유기물의 함량을 간접적으로 나타내는 지표(Indicator)인데 이는 유기물을 화학적으로 산화시킬 때 얼마만큼의 산소가 화학적으로 소모되는가를 측정한 값이다. COD시험에 사용되는 산화제는 중크롬산 칼륨($K_2Cr_2O_7$)과 과망간산칼륨($KMnO_4$)이며 공정시험법에 의하면 이와 같은 산화제를 일정과잉량을 가해서 일정시간 방치하여 두었다가 소비된 산화제의 양을 산소(O_2)로 환산하여 표시한다 COD는 유기물질의 추정을 목적으로 하는 경우가 많으나 측정치에는 아질산염(NO_2^-), 제일철염(Fe^{++}), 유화물(S^{--}) 등의 무기물, 환원성물질이 포함되는 반면 안정한 유기물은 측정치에 포함되지 않는 것도 있다.

일반적인 방법으로 유기물 및 무기물의 전부를 완전 산화하는 것은 쉬

운 일이 아니다. BOD 시험이 5일이나 걸리는 것과는 달리 COD는 2시간으로 측정가능하며 따라서 BOD값의 측정이 어려운 폐수에 대하여 COD 시험이 흔히 채택된다. COD는 화학적으로 유기물을 산화시키는데 필요한 산소요구량이며, BOD는 미생물에 의해서 산화시키기 위해 필요한 산소요구량이다. 대부분 유기물질의 COD는 BOD보다 그 값이 같거나 크다 ($COD \geqq BOD_u$).

어떤 폐수의 COD가 BOD 보다 큰 경우는 폐수가 생물학적으로 분해 불가능한 물질을 함유하거나 미생물에 독성을 끼치는 물질을 함유하고 있다는 것을 나타내주고, 만약 BOD가 COD 보다 큰 경우에는 BOD시험 중에 질산화가 발생하였거나 혹은 COD시험에 방해되는 물질이 시료(폐수)내에 있음을 뜻한다. 산화제 중 $KMnO_4$는 유기물의 약 60% 정도를 분해하고 $K_2Cr_2O_7$은 약 80% 이상을 분해하여 COD를 나타낸다.

일반적으로 하천이나 도시하수는 BOD값을 많이 채택하고 공장폐수, 해수의 오염지표로는 COD 값이 많이 쓰인다.

공장폐수·해수·호소의 수질은 COD 값을 이용하여 유기물의 함유 정도를 표시한다. 그 이유는 호소의 경우 유기물이 많고, 체류일수가 대체로 5일 이상이기 때문에 BOD_5 분석의 의미가 축소되며, 해수 중에는 염분이 많아 BOD값의 오차가 크다. 그리고 공장폐수에 대해서는 독성물질에 의한 BOD 반응의 영향 및 재현성을 고려할 때 COD가 유리하기 때문이다.

따라서 이상적 산화제는 어떠한 유기물도 산화시킬 수 있어야 하며, 가격도 저렴해야 하는데 가장 중요한 것은 COD의 재현성 기준이다. 이들 기준을 고려해 볼 때 중크롬산염($Cr_2O_7{}^{2-}$)은 적절한 선택이며 기타의 기준에도 부합한다.

COD 측정시 다량의 염화물이 존재하고 고농도의 중크롬산염이 이용된다면, 암모니아는 COD 측정에 있어서 약간의 방해작용을 한다. Kim(1989)은 0.25N 등몰의 암모늄과 염소가 존재하거나, 심지어 염화물과의 반응을 위한 황산제이수온이 과량 존재할 때 암모니아성 COD가 약 4% 편차의 잘못된 COD 값으로 반영됨을 발견한 바 있다. 0.25N 중크롬산염 용액이 사용될 경우 암모니아는 산화되지 않는다.

표 2.3 COD_{Mn}과 COD_{cr}의 비교

| | COD_{cr} | COD_{Mn} | |
		산성 100(℃)	알칼리성 100(℃)
원리	㉠ 시료를 황산산성으로 하여 중크롬산칼륨 일정 과량을 넣고 2시간 가열 반응시킨다. ㉡ 소비된·중크롬산칼륨의 양을 구하기 위해 환원되지 않고 남아있는 중크롬산칼륨을 황산제일철암모늄 용액으로 액의 색이 청록색에서 적갈색으로 변할 때까지 적정하여 시료에 의해 소비된 중크롬산칼륨을 계산하고 이에 상당하는 산소의 양을 구한다. ㉢ 따로 규정이 없는 한 폐수를 제외한 모든 시료의 중크롬산칼륨에 의한 화학적 산소요구량을 필요로 하는 경우에 이 방법에 따라 시험한다.	㉠ 시료를 황산산성으로 하여 과망간산칼륨 일정 과량을 넣고 30분간 수욕상에서 가열반응시킨다. ㉡ 0.025N-과망간산칼륨 용액을 사용하여 액의 색이 엷은 홍색을 나타낼 때까지 적정하여 이에 상당하는 산소의 양을 측정한다. ㉢ 염소 이온이 2000 (mg/ℓ) 이하인 반응 시료(100mg)에 적용하며 그 이상일 때는 알칼리성법에 따른다.	㉠ 시료를 알칼리성으로 하여 과망간산칼륨 일정 과량을 넣고 60분간 수욕상에서 가열반응시킨다. ㉡ 요오드화칼륨 및 황산을 넣어 남아 있는 과망간산칼륨에 의하여 유리된 요오드를 0.025N-티오황산나트륨 용액으로 무색이 될 때 까지 적정하여 소비된 티오황산 나트륨량으로 부터 이에 상당하는 산소의 양을 측정한다.
산화율	800~100(%)	약60(%)	약 60(%)

장·단점	㉠ 산화율이 높다.(방향족 탄화수소, 환형질소화합물 이외의 유기물질을 80(%))이상 분해 가능) ㉡ 재현성이 좋다. ㉢ 외부 요인의 영향을 적게 받는다. ㉣ Hg, Cr 등 공해를 유발할 수 있다. ㉤ 시험 비용이 놓고, 측정 시간이 2시간 이상으로 길게 소요된다.	㉠ 오염도가 낮은 하천수, 하수 분석에 적합하다. ㉡ BODμ와의 편차가 적다. ㉢ 측정 시간이 짧게 소요된다. ㉣ 질소화합물의 산화가 곤란하다. ㉤ 유기물의 종류 및 농도에 따라 산화율이 다르다. ㉥ 고농도 폐수 측정시 오차가 크다.	㉠ 해수 등 염소 이온이 다량 함유된 시료에 적용할 수 있다.
반응	$Cr_2O_7^{2-} + 14H^+ + 6e \rightarrow 2Cr^{3+} + 7H_2$	$\cdot MnO_4^- + 8H^+ + 5e \rightarrow Mn^{2+} + 4H_2O$ $\cdot 2Cl^- + Ag_2SO_4 \rightarrow 2AgCl + SO_4^{2-}$	$\cdot MnO_4^- + 8H^+ + 5e \rightarrow Mn^{2+} + 4H_2O$ $\cdot 2Cl^- + Ag_2SO_4 \rightarrow 2AgCl + SO_4^{2-}$
계산	$\cdot COD = (b-a) \times f \times \dfrac{1000}{V} \times 0.2$ ㉠ a : 적정에 소비된 0.025N–황산 제일철암모늄 용액의 양(㎖) ㉡ b : 바탕 시험에 소비된 0.025N–황산제일철암모늄 용액의 양(㎖) ㉢ f : 0.025N–황산제일철암모늄 용액의 양(㎖) ㉣ V : 시료량(㎖)	$\cdot COD = (b-a) \times f \times \dfrac{1000}{V} \times 0.2$ ㉠ a : 바탕 시험에 소비된 0.025N–과망간산칼륨 용액의 양(㎖) ㉡ b : 본 시험에 소비된 0.025N–과망간산칼륨 용액의 양(㎖) ㉢ f : 0.025N–KMnO4 용액의 역가 ㉣ V : 시료량(㎖)	$\cdot COD = (a-b) \times f \times \dfrac{1000}{V} \times 0.2$ ㉠ a : 바탕 시험 적정에 소비된 0.025N–티오황산나트륨 용액의 양(㎖) ㉡ b : 시료의 적정에 소비된 0.025N–티오황산나트륨 용액의 양(㎖) ㉢ f : 0.025N–티오황산나트륨 용액의 역가(factor) ㉣ V : 시료의 양(㎖)

만약 유기물 내에 질소가 다량으로 존재한다면 MH_4^+으로서 방출시킴이 타당할 것이며 고농도 중크롬산염이 이용되거나 염화물농도가 상당히 높을 경우에는 소량의 산화가 이루어지기 쉽다. 과산화수소(H_2O_2)가 산업 폐수 중에 존재할 수도 있는데, 이는 중크롬산염의 소모량을 감소시켜 COD 측정에 방해작용을 한다. 이 경우에는 COD 측정값에서 $0.25[H_2O_2]$를 빼 주어 과산화수소의 영향을 보정해 주어야 한다.

기능상으로 볼 때, COD 측정결과는 시험조건 하에서 중크롬산염에 의해 산화되는 어떠한 종류의 물질이라도 포함한다. 결과는 시료에 존재하는 모든 유기물의 실제 이론적인 산소요구량보다 더 많거나 더 작게 나올 수 있다. 그러나 모든 유기물이 시험조건 하에서 중크롬산염에 의해 쉽게 산화되지는 않는다. 방향족 화합물이나 피리딘(보통. 이분자)은 중크롬산염으로 잘 산화되지 않는다.

또한 무기환원제는 무기성 화학적 산소요구량(또는 잘못된 양성 COD)을 초래하게 된다. Cl^-와 NO_2^- 등의 일부 무기환원제는 중크롬산염의 산화과정에 의해 제거되거나 예방될 수 있다. 더구나 COD 시험은 생분해성 유기물과 난분해성 유기물 간의 차별화가 없으며, 상대적으로 신속히 진행되므로 보통 산화가 완료되는데 2~3시간이면 충분하다.

이론상, 강력한 산화제라면 어느 것이건 요건에 충족될 것이다. 무기환원제 및 유기물의 생분해성에 관한 이 시험의 한계점은 어느 산화제에도 해당되는 사항이다. 중크롬산염에 있어서 비용과 범용적인 산화력은 다른 어떤 산화제보다 우수하다. 따라서 중크롬산 COD 시험방법은 물의 산소요구량 측정의 가장 현실적인 수단이 될 수 있다.

2.2.5 이론적 산소요구량(ThOD, Theoretical Oxygen Demand)

ThOD는 유기물질이 화학양론적으로 산화·분해될 때 이론적으로 요구되는 산소량을 말한다. 화학양론적으로 구한 BOD 값은 유기물질이 산화되는 과정에서 소비한 산소량뿐만 아니라 유기물질의 양으로도 해석할 수 있으며 BOD가 나타나는 속도를 이해하는데 기본개념이 된다.

또한 ThOD 값은 수중에 유기물을 함유한 시료를 백금(Pt) 촉매하에

900℃ 이상에서 완전 산화한 경우에 소비되는 산소량(TOD)의 값과 일치한다.

ThOD의 값은 이론식을 적용하는 경우와 실제 시험을 통해 얻어지는 BOD 값과는 상당한 차이가 있을 수 있다. 그것은 유기물질이 완전히 산화되어 CO_2와 H_2O로 전환되는 것이 아니라 유기물의 일부가 세포조직으로 변환되거나 산화되지 않은 채로 잔류하기 때문이다. 따라서 그 이용도는 매우 제한적이다.

2.2.6 총 산소요구량(TOD, Total Oxygen Demand)

TOD는 연소실에서 촉매(백금・코발트 등)와 접촉시켜 시료를 완전 연소시켰을 때 소비된 산소량을 말한다.

TOD의 산소요구도는 유기물질 뿐만 아니라 무기물질의 산소 요구량도 포함된다. 분석기기 내에서 산화되는 무기물은 탄소, 수소, 3가 질소, 황화 이온, 아황산 이온 등이다. 따라서 생물학적 폐수처리에는 잘 이용되지는 못하고 있는 실정이다.

2.2.7 총 유기탄소량(TOC, Total Organic Carbon)

TOC는 유기물질 중에 함유된 총 탄소의 양을 말하며, 이론적으로 계산하거나 시료 중 용존 탄소를 고온하에서 완전 연소시켰을 때 발생되는

CO_2 가스를 적외선 분석 장치로 정량적으로 측정한 것이다. TOC 분석의 결점은 분석기기가 고가이며, 유기탄소의 평균 산화상태가 측정되지 않는다는 점이다. 탄소에 대한 산화수는 -4에서 $+4$(CH_4에서 CO_2)의 값을 가진다. 또한 이 분석기술은 생물학적으로 분해가능한 기질 또는 분해 불가능한 기질 인지를 구분하지 못한다. 이러한 한계성으로 인해 TOC값은 TOD, BOD 및 COD값 보다 작은 값으로 나타난다. 긍정적인 측면으로는 거의 모든 유기탄소가 빠르고 신뢰성있는 분석기술에 의해 측정된다는 점이다.

폐수에 대해서 BOD_5와 COD의 비, BOD_5와 TOC의 비, COD와 TOC의 비는 일정하지 않다. 폐수중의 유기물에 대한 상대적 생분해성 및 산화상태는 이러한 비율에 영향을 준다. 많은 화학폐수에 대하여 BOD_5 : TOC 및 COD : TOC의 비는 각각 $1.28 \sim 2.53$, $1.75 \sim 6.65$의 범위를 가진다. 생물학적 폐수처리 공정에서는 폐수가 미생물에 의해 분해되면서 이러한 비율이 바뀌게 된다. 효율적인 공정이라면 BOD값은 매우 낮아지게 된다. 이때 COD도 유기물의 산화 때문에 감소하게 되나, 분해가 어려운 일부 기질의 생성으로 인해 BOD보다는 더 높은 값을 가질 수 있다. TOC는 감소하지만 BOD, COD에서처럼 크게 감소되지는 않는다. 그러므로 TOC에 대한 BOD_5 또한 COD의 비는 생물학적 처리가 이루어지면서 증가한다.

TOC 분석의 특징을 요약하면 다음과 같다.

㉮ BOD, COD 분석 시험보다 소요되는 시간을 단축할 수 있다.

㉯ 오염물질의 다양성(세균, 온도, pH, 독성 등) 난분해성에 대응성이 높다.

㉔ 저농도에 대한 재현성이 좋다.

㉕ 고형물에 대한 오차가 유발될 수 있으므로 원칙적으로 여과된 용존 탄소만을 정량한다.

㉖ 실제 값보다 약간 낮게 측정되는 경향이 있다.

㉗ 생물분해 가능한 유기물의 정량화가 어렵다.

㉘ 자연상태의 유기물질 분해속도를 알 수 없는 등 결함을 가지고 있다.

(예제) 다음 물질의 COD는 각각 얼마이며, 포도당(C6H12O6)의 BOD/TOC 비를 구하시오?

① Formaldehyde(CH_2O) $1000\,mg/\ell$

② Phenol(C_6H_5OH) 1g

③ Bacteria($C_5H_7O_2N$) 10g

④ Acetic acid(CH_3COOH) 30g

⑤ Glycine($C_2H_5O_2N$) 1 mole

위의 BOD/TOC 비를 구하면

① $CH_2O + O_2 \rightarrow CO_2 + H_2O$

   30g : 32g

   $\therefore\ 1000\,mg/\ell \times \dfrac{32}{30} = 1.067\,mg/\ell$

② $C_6H_5OH + 7O_2 \rightarrow 6CO_2 + 3H_2O$

   94g : 224g

③ $C_5H_7O_2N + 5O_2 \rightarrow 2H_2O + NH_3$

   113g : 160g

$$\therefore \; 10g \times \frac{160}{113} = 14.16g$$

④ $CH_3COOH + 2O_2 \rightarrow 2CO_2 + 2H_2O$

   60g : 64g

$$\therefore 30g \times \frac{64}{60} = 32g$$

⑤ $C_2H_5O_2N + \dfrac{7}{2}O_2 \rightarrow 2CO_2 + 2H_2O + HNO_3$

   75g : 112g

   (1mole)

$$\therefore \; 112g$$

⑥ $C_6H_{12}O_6 + 6O_2 \rightarrow 6CO_2 + 6H_2O$

   180g : 192g

BOD_u : $6 \times 32 = 192$

TOC : $6 \times 12 = 72$

$\therefore \; BOD_u/TOC = 192/72 = 2.67$

2.2.8 경도(Hardness)

경도(Hardness)라 함은 물속에 용해되어 있는 Ca^{++} 및 Mg^{++} 등에 대응하는 $CaCO_3$ 양을 ppm으로 환산표시한 값으로 물의 세기정도를 말한다. 경도는 Ca^{++}, Mg^{++}, Fe^{++}, Mn^{++}, Sr^{++} 등 2가 양이온 금속에 의해서 생길 수 있으나 대부분의 경우 주요원인은 Ca^{++}과 Mg^{++}에 기인한다(표 2.4).

표 2.4 경도를 일으키는 음·양 이온

경도를 일으키는 양이온	음이온
Ca^{++}	HCO_3^-
Mg^{++}	OH^-
Sr^{++}	SO_4^{2-}
Fe^{++}	Cl^-
Mn^{++}	NO_3^-
	SiO_3^{2-}

수중의 Ca^{++}, Mg^{++}는 주로 지질에서 오는 것이나 해수, 공장폐수, 하수등의 혼입에 의할 수도 있다. 또 수도시설의 콘크리트 구조물 혹은 물처리에서의 석탄사용에 기인하는 것도 있다. 일반적으로 경도는 다음과 같이 분류한다.

- $0 \sim 72\,\text{mg}/\ell$: 연수(Soft)
- $75 \sim 150\,\text{mg}/\ell$: 적당한 경수(Moderately hard)
- $150 \sim 300\,\text{mg}/\ell$: 경수(Hard)
- $300\,\text{mg}/\ell$ 이상 : 고경수(Very hard)

경도에는 일시경도(Temporary hardness)와 영구경도(Permanent hardness)로 구별되고 양자를 합한 것을 총경도(Total hardness)라 한다.

만약 Ca^{++}, Mg^{++}등이 알칼리도를 이루는 탄산염(CO_3^{--}), 중탄산염(HCO_3^-)으로 존재시 이들이 유발되는 경도를 탄산경도(Carbonate hardness)라 하고, 끓임으로서 연화되므로 일시경도(Temporary hardness)라 한다.

반면 Ca^{++}, Mg^{++} 등이 산이온 인 황산이온(SO_4^{2-}), 염화이온(Cl^-), 초

산이온(NO_3^-), 규산이온(SiO_3^{2-})과 화합물을 이루고 있을 때 나타내는 경도를 비탄산경도 (Non-carbonate hardness)라 하여 이들은 끓임에 의해서 제거되지 않으므로 영구경도(Permanent hardness)라 한다.

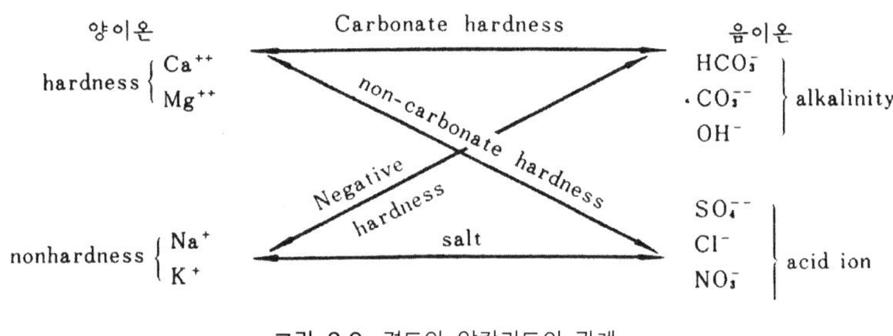

그림 2.6. 경도와 알칼리도의 관계.

경도가 높은 물은 비누의 효과가 나쁘므로 가정용수로서 좋지 않고 공업용수로서도 좋지 않다. 특히 Boiler 용수로서 Scale의 원인이 되므로 부적당하다. 그러나 양조용으로는 경도가 약간 높은 쪽이 좋다고 한다.

총경도와 M⁻ 알칼리도의 관계에서 경도 종류를 다음과 같이 판정할 수 있다.

- 총경도 ≦ M⁻ 알칼리도일 때, 탄산경도(mg/ℓ) = 총경도(mg/ℓ)
- 총경도 > M⁻ 알칼리도일 때, 탄산경도(mg/ℓ) = 알칼리도(mg/ℓ)

칼슘(Ca)은 인체에 필요한 성분이므로 음료수에는 다소 있는 것이 좋다. 그러나 너무 경도가 높은 물을 마시면 설사를 일으키는 수가 있다. 우리나라의 수도수 기준으로는 300ppm이하로 규제하고 있으나 실제로는 100ppm 이하가 좋다고 본다.

경도의 계산

$$경도(CaCO_3 \ mg/\ell) = [M^{++} \ mg/\ell] \times \frac{50}{M^{++}당량}$$

경도가 수처리 공정에 미치는 영향을 요약하면,

㉮ 경수는 거품을 내는데 많은 양의 비누를 필요로 한다.

㉯ 세제의 다량 사용은 인산염의 다량 유출로 인한 부영양화의 원인이 된다.

㉰ 2가 금속 양이온은 비누와 반응 침전물을 형성한다.

㉱ 경도물질은 산 이온과 결합, 영구경도를 형성하고 열교환 장치·배관 부위에 물 때(Scale)를 형성시켜 열전도율을 감소시키거나 관로의 통수저항을 증가시킨다.

연수화에는 다음과 같은 방법 등이 있다.

㉮ 자비법(Process of boiling)

㉯ 석회 – 소다법(Lime – soda ash process)

㉰ 이온 교환법(Ion exchange process)

㉱ 제올라이트(Zeolite)법

(예제) Ca++가 40mg/ℓ이고, Mg++가 24mg/ℓ 함유된 물의 경도는 얼마인가(단, 원자량은 Ca++40, Mg++24이다)?

$$Ca^{++}경도(CaCO_3\,mg/\ell) = 40\,mg/\ell \times \frac{50}{20} = 100\,mg/\ell$$

$$Mg^{++}경도(CaCO_3\,mg/\ell) = 24\,mg/\ell \times \frac{50}{12} = 100\,mg/\ell$$

$$\therefore \ 총경도 = 100 + 100 = 200\,mg/\ell$$

2.2.9 알칼리도(Alk, Alkalinity)

알칼리도란 수중에 수산화물(OH^-), 탄산염(CO_3^{--}), 중탄산염(HCO_3^{--})의 형으로 함유되어 있는 알칼리분을(대이온은 Ca^{++}, Mg^{++}, K^+, NH_4^+ 등) 이에 대응하는 탄산칼슘($CaCO_3$)으로 환산해서 1ℓ중의 mg량, 즉 ppm으로 나타낸 것으로 수산화물로 된 알칼리도를 수산기 알칼리도(Hydroxide alkalinity), 탄산염에 인한 알칼리도를 탄산알칼리도(Cabonate alkalinity), 중탄산염으로부터의 알칼리도를 중탄산알칼리도(Bicarbonate alkalinity)라 한다.

미생물의 호흡이나 물질의 연소에 의해 생기는 탄산가스는 물에 녹아서 탄산이 되며 탄산은 해리하여 HCO_3^- 나 CO_3^{--} 를 생성시켜 pH변화를 일으키므로, 자연계에서의 Carbonate − bicarbonate system의 평형을 이해하는 것은 매우 중요한 일이다(그림 2.7).

$$CO_2 + H_2O \rightleftharpoons H_2CO_3$$

$$H_2CO_3 \rightleftharpoons H^+ + HCO_3^-$$

$$HCO_3^- \rightleftharpoons H^+ + CO_3^{--}$$

$$CO_3^{--} + H_2O \rightleftharpoons HCO_3^- + OH^-$$

$$CO_2 + H_2O \rightleftharpoons H^+ + HCO_3^-$$

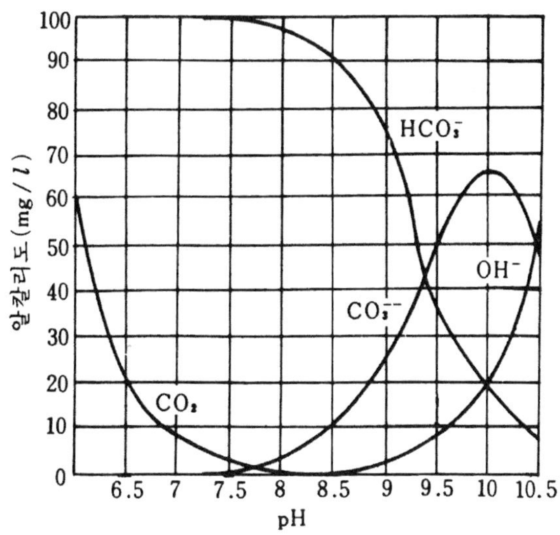

그림 2.7. pH와 ALK와의 관계(총알칼리도 100㎎/ℓ, 25℃ 물).

   자연수의 알칼리도는 주로 지질(석회암 등의 광물)로 부터 유래하거나 공장폐수 등의 오염에 의해 기인한다. 또 자연수중의 알칼리분은 대부분이 중탄산염(HCO_3^-)의 형태를 취하고 있으며 탄산염이나 수산화물의 형태는 상대적으로 적다. 이것은 수중의 CO_2가 탄산염(CO_3^{--})이나 수산화물(OH^-)을 거처 중탄산염(HCO_3^-)으로 변환되기 때문이다.

$$CO_3^{--} + CO_2 + H_2O \rightarrow 2HCO_3^-$$

$$OH^- + CO_2 \rightarrow HCO_3^-$$

그러나 수산화물(OH^-)나 탄산염(CO_3^{--})은 수중에서 OH^-를 발생하므로 그 양에 따라서 알칼리성을 나타내나 중탄산염(HCO_3^-)은 저온수중에서 OH^-를 거의 발생하지 않으므로 중탄산염의 양이 아무리 많아도

pH는 높아지지 않는다.

$$HCO_3^- + H_2O \rightarrow H_2CO_3 + OH^- \text{(일어나지 않음)}$$

특히 용존하는 CO_2가 많을수록 OH^-가 나오기 어려워 pH는 높아지지 않는다 그러나 이와같이 중탄산염을 많이 함유한 물이라도 가열하면 화합하고 있는 중탄산염중의 CO_2가 분리되어 대기중으로 날라 가면서 OH^-를 내놓으므로 알칼리성을 나타내게 된다.

$$2HCO_3^- \xrightarrow{\text{가열}} CO_3^{--} + CO_2 \uparrow + H_2O$$

$$CO_3^{--} + H_2O \rightarrow HCO_3^- + OH^-$$

하천수의 알칼리도는 갈수시에 높고 반대로 출수시에는 낮게 되나 보통때는 변화가 심하지 않다. 또 상류에서는 낮고 하류로 갈수록 증가하는 경향이 있다.

알칼리도는 황산알루미늄(Alum)을 써서 응집을 할 때 중대한 고려인자가 되며 일반적으로 알칼리도가 작으면 좋은 Floc이 형성되지 않는다. 이것은 황산알루미늄이 가수분해해서 수산화알루미늄으로 될 때 알칼리분을 필요로 하기 때문이다. 그러므로 알칼리도가 부족시는 소오다회(Na_2CO_3)나 소석회($Ca(OH)_2$)와 같은 알칼리제를 첨가해 이를 조절하여야 한다.

$$Al_2(SO_4)_3 \cdot 18H_2O + 3Ca(HCO_3)_2 \rightarrow 2Al(OH)_3 \downarrow + 3CaSO_4 + 6CO_2 + 18H_2O$$
(황산알루미늄)　　　(알칼리도)　　(수산화알루미늄)
$$Al_2(SO_4)_3 \cdot 18H_2O + 3Ca(OH)_2 \rightarrow 2Al(OH)_2 \downarrow + 3CaSO_4 + 18H_2O$$

반대로 알칼리도가 높으면 pH가 높아지고 응집의 최적영역을 벗어나

황산알루미늄의 소비량이 많아져 비경제적으로 된다. 응집에 적합한 알칼리도는 원수의 탁도가 100도 이하일 때 30~50ppm이다.

알칼리도가 낮은 물은 철에 대한 부식성이 강하므로 철판이 녹슬기 쉽다 이 때문에 칼슘(Ca)이나 마그네슘(Mg)의 피막을 입혀 방지해야 하므로 알칼리도를 적당히 높이는 것이 좋다

이러한 알칼리도는 수처리공정 등에 이용된다.

- 화학적 응집(Chemical coagulation) − 응집제 투입시 적정 pH 유지 및 응집효과 촉진
- 물의 연수화(Water softening) − 석회 및 소오다회의 소요량 계산
- 부식제어(Corrosion control) − 부식제어에 관련되는 중요한 변수인 Langelier 포화지수계산
- 완충용량(Buffer capacity) − 폐수와 슬럿지의 완충용량 계산
- 산업폐수(Industrial wastes)의 pH는 물론 생물학적 폐수처리의 순응 여부 결정

알칼리도에는 P − 알칼리도와 M − 알칼리도가 있다. 측정 및 표시방법으로는 알칼리상태에 있는 물에 산(보통 H_2SO_4 또는 HCl)을 주입하면 pH는 점차로 감소하는데, pH8.3(지시약 p.p 사용)까지 낮추는데 주입된 산의 양을 이에 대응하는 $CaCO_3$ ppm으로 환산한 값을 P − 알칼리도(Phenolphthalein alkalinity)라 하고 계속해서 pH4.5(지시약 M.O사용)까지 낮추는데 주입된 산의 양을 $CaCO_3$ ppm으로 환산한 값을 M − 알칼리도(Methyl orange alkalinity) 또는 T − 알칼리도(Total alkalinity)로 표시된다.

pH7 이하의 경우 우리는 그 용액을 산성이라고 하는데 그림 2.8에서 보듯이 산성용액도 알칼리도를 나타낸다는 점에 유의해야 하며, 알칼리도

의 계산식은 다음과 같다.

$$Alkalinity(CaCO_3\,mg/\ell) = \frac{A \times N \times 50,000}{시료\,(ml)}$$

여기서, A : 소비된 산의 부피(mg/ℓ)

　　　　N : 산의 규정농도(N농도)

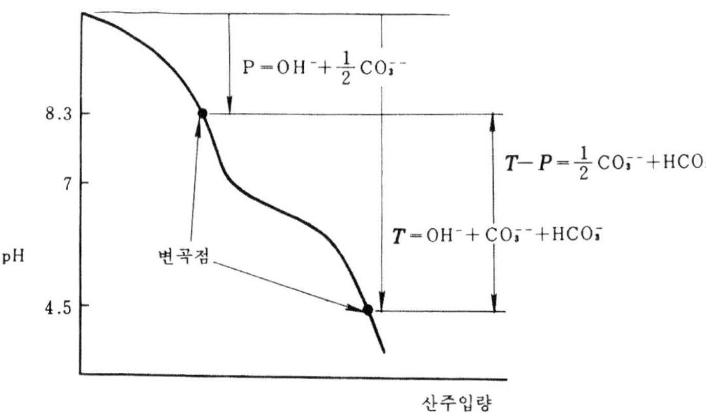

그림 2.8. pH와 알칼리도.

그림 2.8을 참고로 알칼리도의 정의를 적용시키면 다음 5가지로 구분할 수 있다.

㉮ Hydroxide(OH^-)만 있는 경우: pH가 매우 높으면 산을 주입시키는 경우 사실상 Phenolphthalein end point만 찾을 수 있다. 즉, Hydroxide alkalinity는 Phenolphthalein alkalinity와 같다.

㉯ Carbonate(CO_3^{--})만 있는 경우: pH가 약 9.5이상이며 Phenolphthalein end point는 Total alkalinity의 절반이 되며 Carbonate alkalinity는

Total alkalinity와 똑같다.

㉰ Aydroxide와 carbonate가 있는 경우에는 pH가 보통 10이상이고 Phenolphthalein end point사이의 Alkalinity의 두 배가 Carbonate alkalinity이다. 따라서 Hydroxide alkalinity는 Total alkalinity에서 Carbonate alkalinity를 뺀 값과 같다.

㉲ Carbonate와 Bicarbonate(HCO_3^-)가 있는 경우: pH가 8.3이상이며 보통 11보다 낮다. 이 경우 Phenolphthalein alkalinity의 두배가 Carbonate 이며 나머지가 Bicarbonate에 의한 Alkalinity이다.

㉳ Bicarbonate만 있는 경우: pH가 8.3이거나 그 이하이며 Total alkalinity 는 Bicarbonate alkalinity와 같다. 지금까지 설명한 것을 요약하면 표 2.5와 같다.

표 2.5 알칼리도의 계산

산주입결과	OH^-	CO_3^-	HCO_3^-
$P=0$	0	0	T
$P<\frac{1}{2}T$	0	2P	T−2P
$P=\frac{1}{2}T$	0	2P	0
$P>\frac{1}{2}T$	2P−T	2(T−P)	0
$P=T$	T	0	0

* P와 T는 각각 Phenolphthalein alkalinity와 Total alkalinity를 뜻한다.

알칼리도는 수질에 여러 가지 영향을 미치는데 그 영향을 요약하면 다음과 같다.

㉮ 위생상에 큰 영향을 주지 않는다.

㉯ 높은 알칼리도를 갖는 물은 좋지 못한 맛(쓴맛)을 낸다.

㉰ 알칼리도가 높은 물은 다른 이온과 반응성이 좋아 관내 침전물(스케일)을 형성할 수 있다.

㉱ 알칼리도가 높은 물은 무기 탄소의 축적에 큰 영향을 미친다.

㉲ 알칼리도는 물 속에서 조류의 성장과 수중생물의 성장에 중요한 역할을 한다. 따라서 물의 생산력을 추정하는 변수로서 활용한다.

(예제) 하천수의 수질분석 결과가 아래와 같다. 알칼리도, 총 경도, 비탄산 경도를 각각 구하시오(단, 각 원소의 원자량은 H=1, C=12, O=16, S=32, Cl=35.5, Ca=40, Mg=24.3, Na=23이다).

[분석 결과]

Ca^{2+}:72(mg/ℓ), Mg^{2+}:48.56(mg/ℓ), Na^+:9.2(mg/ℓ)

HCO_3^-:305(mg/ℓ) SO_4^{2-}:134.4(mg/ℓ), Cl^-:7.1(mg/ℓ)

(1) 문제에서 알칼리도 유발물질 : HCO_3^-

$$알칼리도(T-Alk) = 305(mg/\ell) \times \frac{50}{61/1}$$

$$= 250(mg/\ell \ \ as \ \ CaCO_3)$$

(2) 문제에서 경도 유발물질 : Ca^{2+}, Mg^{2+}

$$총 \ 경도(T-H) = 72 \times \frac{50}{40/2} + 48.56 \times \frac{50}{24.3/2}$$

$$= 379.84(mg/\ell \ \ as \ \ CaCO_3)$$

(3) $T-Alk < TH$ 이므로 탄산경도$(CH) = T-Alk$

$\therefore$ 비탄산경도$(NCH) = TH - CH = 379.84 - 250$

$$= 129.84(mg/\ell \ \ as \ \ CaCO_3)$$

2.2.10 산도(Acidity)

산도는 알칼리를 중화시킬 수 있는 능력의 척도로 표시되며 수중의 탄산, 강산(황산, 염산, 초산을 말함), 유기산(작산등) 등의 산분을 중화하는 데 필요로 하는 알칼리분을 이에 대응하는 탄산칼슘$(CaCO_3)$의 ppm으로 나타낸 것이다.

강산을 포함한 물은 유황이나 유화철광의 광산에서의 배수나 화산의 유황 유출수에 나타나며 유기산을 함유하는 자연수는 특수한 지층의 물에서만 볼 수 있을 정도로 매우 희소하다. 일반 자연수의 산도는 수중의 CO_2에 의한 것으로서 CO_2의 일부가 탄산(H_2CO_3)으로 되기 때문이다.

그림 2.9에 나타난 바와 같이 pH가 8.3이하의 물에는 유리탄산이 반드시 함유되어 그 양이 많을수록 pH는 저하한다. 왜냐하면 유리탄산은 우선 수중의 알칼리분을 중탄산알칼리로 변화시키고 다시 남아있는 분의 유리탄산은 탄산으로 되어서 pH를 낮게 하기 때문이다. 그러므로 pH8.5 이하에서는 산도가 존재하고 CO_2에 의해서는 pH4.5이하로 내려갈 수 없으므로 pH4.5 미만은 강산에 의한 산도이다.

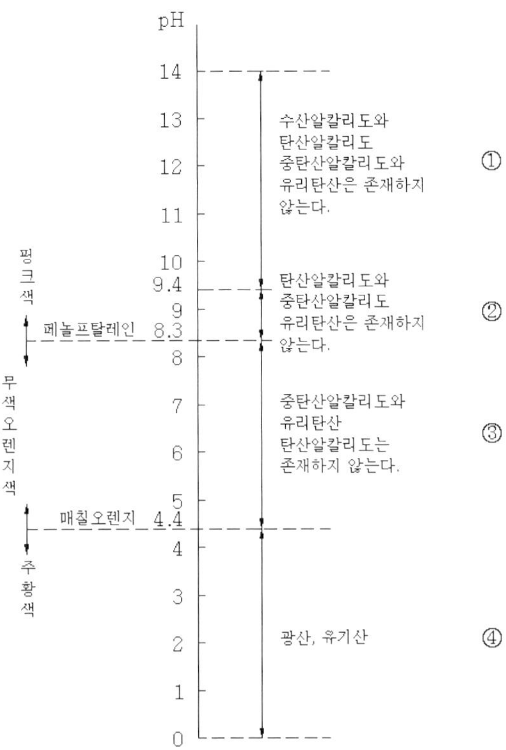

그림 2.9. pH, 알칼리도와 유리탄산간의 관계.

측정방법으로는 알칼리도와는 반대로 산성상태에 있는 물에 알칼리(보통 NaOH)를 가해 Methylorange 지시약을 사용 종말점인 4.5까지 높이는데 들어간 알칼리양에 대응하는 $CaCO_3$ ppm으로 환산한 값을 M − 산도(Methylorange acidity) 또는 광산 산도(Mineral acidity)(강산산도)라 하고, 계속해서 Phenolphthalein 지시약을 사용 pH8.3까지 높이는데 들어간 알칼리의 양을 $CaCO_3$ ppm으로 환산한 값을 P − 산도(Phenolphthalein acidity) 또는 T − 산도(Total acidity)라 한다.

표면수는 끊임없이 CO_2를 흡수 또는 방출하여 대기와 평형을 유지하는데 대기중의 CO_2 분압은 낮아서 수중의 CO_2량은 대단히 적다.

지표수 특히 저수지의 표층수 CO_2가 $0 \sim 5ppm$에 지나지 않으나 심부의 물은 비교적 다량 존재한다.

이는 표층에서는 광합성으로 CO_2가 소비되나 심부(Hypolimnion)에서는 유기물의 분해로 CO_2가 발생하기 때문이다. 지하수에서는 보통 다량의 CO_2를 포함하여 수백 ppm이 되기도 하나 일반적으로 50ppm 이하가 많다. CO_2는 호기성 및 혐기성 세균에 의한 분해산물이므로 그 농도는 수중의 용존산소양에 국한되지 않는다. 그러나 지하수가 Ca나 Mg등의 탄산염을 함유하고 있는 지층을 통과시는 Ca나 Mg의 탄산염이 CO_2를 중화하여 중탄산염을 만들기 때문에 CO_2 함량이 낮아진다.

$$CO_2 + CaCO_3 + H_2O \rightarrow Ca(HCO_3)_2$$

강산은 여러 산업폐수 특히 금속공업과 합성유기물을 생산하는 공장폐수에 함유되어있고 어떤 천연수는 광산을 함유하는 일이 있다. 폐산, 쓰레기더미로 부터의 배출수는 상당량의 황산이나 황산염을 함유한다. 이것은 유황, 황화물 및 황광 등의 세균에 의해 산화되어 형성된 것이다.

$$2S + 3O_2 + 2H_2O \xrightarrow{\text{세균}} 2H_2SO_4$$

$$FeSO_4 + \frac{3}{2}O_2 + H_2O \xrightarrow{\text{세균}} FeSO_4 + H_2SO_4$$

또한 Fe^{3+}, Al^{3+}와 같은 3가 금속염은 수중에서 가수분해되어 광산을 발생한다.

$$FeCl_3 + 3H_2O \rightleftharpoons Fe(OH)_3 + 3H^+ + 3Cl^-$$

2.2.11 SAR(Sodium Adsorption Rate)

농경지의 토양침식에 의해 많은 퇴적물이 집수유역에 유입된다. 농경지 유하수 중에는 살충제, 비료성분 및 동물로부터의 배설물, 기생출난 등을 함유한다. 최근 농약의 사용량이 증가하면서 농약성분 등의 생물학적 농축현상이 큰 문제가 되고 있다.

식물의 성장에 있어서 용수의 수질보다는 배수가 잘 되는 흙이 더 중요한 조건이다. 따라서, 농업용수에 있어서는 토양과 수질을 함께 고려해야 한다. 용수의 수질면에서 염(鹽)의 양은 식물의 삼투압(Osmotic pressure) 및 독성, 흙의 구조와 투수성에 영향을 미친다.

SAR(Sodium Adsorption Ratic)은 농업용수에 Na^+의 양이 Mg^{++}과 Ca^{++}의 양과 비교하여 Na^+의 양이 과다할 때는 Na^+가 Ca^{++} 치환되어 배수가 불량한 토양이 되며, 토양은 Na^+에 의하여 일시적으로 알칼리성이 되나 물 속의 H^+에 의해 치환되어 산성이 된다.

$$SAR = \frac{Na}{\sqrt{\dfrac{Ca+Mg}{2}}} \quad 또는 \quad SAR = \frac{Na \times 100}{Na+Ca+Mg+K}$$

여기서, Ca, Mg, Na, K의 단위는 mg/ℓ(1g 당량의 1/1000)이며, 토양의 허용치는 SAR 26 이하이다.

일반적으로 SAR 10 이하에서는 안전하나, SAR 10~20에서는 다소의 영향이 있으며 SAR 26 이상에서는 식물이 많은 영향을 받게 된다.

(예제) 어느 호소수에 대한 수질분석 결과는 Na^+ 92mg/ℓ, Ca^{2+} 100mg/ℓ, Mg^{2+} 97mg/ℓ, NO_2^- 68mg/ℓ, PO_4^- 120mg/ℓ이었다. 관개 용수의 SAR를 구하시오(단, Na=23, Mg=24.3, Ca=40으로 한다).

SAR(Sodium Adsorption Rate)은 관개 용수의 Na^+ 함량 기준으로 다음과 같이 계산된다. 여기서, Na의 1(meq)는 23, Mg의 1(meq)는 12.15, Ca의 1(meq)는 20을 사용하였다.

$$SAR = \frac{Na^+}{\sqrt{\dfrac{Ca^{2+} Mg^{2+}}{2}}} = \frac{(92/23)}{\dfrac{\sqrt{(100/20) + (97/12.15)}}{2}} = 1.57$$

2.2.12 물의 안정도 지수(LI, Langelier Index)

포화지수라고도 하며 물의 실제 pH와 이론적 pH(pHs)와의 차이를 말한다.

$$LI = 물의\ pH - pHs$$

여기서, $pHs = 8.313 - \log[Ca^{++}] - \log[A] + S$

$\quad[Ca^{++}]$: mg/ℓ로 표시되는 칼슘이온량

$\quad\quad = Ca^{++} mg/\ell \div (40.1/2)$

$\quad[A]$: mg/ℓ로 표시되는 총알카리도

$\quad\quad = 총알카리도\ mg/\ell \div (100/2)$

$\quad S$: 보정치

$$S = \frac{2\sqrt{\mu}}{1 + \sqrt{\mu}}, \quad \mu = 2.5 \times 10^{-5}Sd$$

Sd : 용해성 물질

물의 이론적 pH라 함은 水中의 탄산칼슘이 용해되지도 않고 석출되지도 않으면서 평형상태에 있을 때의 pH를 말하며, LI가 (＋)이면 탄산칼슘이 석출되고 (0)이면 평형상태, (－)이면 부식성이 커진다.

일반적으로 부식성이 높은 물이란 알칼리도가 $20\text{mg}/\ell$ 이하, 유리탄산이 $20\text{mg}/\ell$ 이상을 의미한다. 부식성에 대한 피해와 대책을 요약하면 다음과 같이 정리된다.

(1) 피해
- 콘크리트 구조물, 모르타르 라이닝관, 석면 시멘트관의 약화
- 아연도 강관, 동관에서의 유해성분을 석출시켜 수질 악화
- 급수 및 폐수관에서는 철분의 용출에 의해 광범위한 적수현상 발생

(2) 대책
- 알칼리제 주입에 의한 유리탄산($NaOH$, Na_2CO_3, CaO 등) 제거
- pH 조절
- 알칼리도 증대
- 응집제 투입시 알칼리도 감소에 주의 등

2.2.13 분변스테롤(Fecal sterols, Coprostanol, Coprosterol, Cholesterol)

어떤 연구자들은 분변 오염과 분변 스테롤 사이의 상관관계에 대하여 보고하였으나 분변 스테롤은 상수와 하수처리 중 분해될 수 있으며 염소 소독에 의해 영향 받지 않을 수도 있다. 담즙산(예: Deoxycholic acid와 Lithochloic acid)은 폐수처리오염에 대한 가능성 있는 지표이다. 그들 화합물은 Coprostanol 보다 잘 분해되지 않으며 사람과 동물의 오염원을 식별하는데 이용될 수 있다.

2.2.14 내독소(Endotoxin)

내독소(Endotoxin)는 그람 음성세균의 외막에 존재하는 지질다당류(Lipopoly-saccharides)이다. 환경시료에서 이들의 농도는 Limulus Amoebocyte Lysate(LAL) 측정법에 의해 쉽게 측정된다. 이 방법은 참게(Horseshoe crab)의 백혈구 세포와 내독소의 반응에 근거한 것으로 반응에 의해 시료의 탁도가 증가하여 분광분석기로 편리하게 측정된다. 식수와 폐수에서 내독소 수준과 총대장균군 및 분변성 대장균군 수준과의 관계를 확립하기 위해 많은 연구가 수행되었다. 비록 통계학적으로 중요한 관계가 존재하지만 내독소 수준은 수질지표로서 추진되고 있지는 않다.

2.2.15 유리잔류염소

유리잔류염소는 식수 수질의 좋은 지표가 되는데 평상시 잔류염소의 농도는 0.2mg/ℓ, 전염병 유행시 유리잔류염소의 농도는 0.4mg/ℓ이다.

2.3 생물학적 지표

2.3.1 독성물질(Toxin or Toxicant)

독성을 나타내는 물질을 독성물질(Toxin 혹은 Toxicant)이라고 정의하였는데 이러한 독성물질이 생체에 작용하여 독작용을 나타낼 때 이를 중독증(Toxicosis)이라고 한다. 독성이라고 하면 어떤 물질이 생체내에서 유해한 작용을 나타내는 것으로 영어로 표기하면 Toxic과 Toxicity가 있으며 이들 두 용어를 구별하여 사용하는 것이 반드시 필요하다. Toxic은 독성을 가지고 있다는 의미의 형용사에 해당되며, Toxicity는 어떠한 조건하에서 독작용을 발휘하는데에 필요한 해당 독성물질의 용량을 함축하고 있다. 따라서 식물성 독성물질인 Pyrrolizidine alkaloid의 과다한 양의 섭취시에 발생하는 Toxicity가 간의 괴사라는 표현은 원칙적으로 틀린 것이다. 이럴 경우 Pyrrolizidine alkaloid의 Toxic effect 즉 독작용은 간괴사라고 표현하여야 옳은 것이다. Toxicity의 단위는 해당되는 생물학적 반응을 나타내는데 필요한 독성물질의 양을 체중 kg당으로 표현할 수 있다. 즉, Toxicity는 일반적으로 mg/kg, μg/kg 등의 방법으로 표기하고 있다. 예를 들면 월남전의 고엽제(Agent orang)의 불순물로서 오늘날 심각한 문제점을 야기시키고 있는 TCDD의 수컷 랫드에서의 LD_{50} Toxicity가 0.022mg/kg 이라고 한다면 여기에서 LD_{50}는 실험대상 동물 중 50%를 치사 시키는 독성물질의 용량을 이르는 말이다. LD_{50}에서 LD는 Lethal Dose(치사량)을 의미하며 고형 독성물질에 사용된다.

독성물질의 유해성과 안정성을 정하는 가장 중요한 요소는 그 농도(양)와 생체에서 일으키는 반응이다. 유해성의 최고점은 죽음이고 최소점은 무작용으로 나타나나 그 사이의 양(농도)에서 어떤 작용이 나타난다면 그 용량폭의 결정이 중요하며 그것이 용량과 반응의 기본이다. 이러한 용량－반응 관계는 독성반응은 작용부위에서 독성물질의 농도와 밀접한 관련이 있고, 작용부위에서의 농도는 투여용량과 관련이 있으며, 그리고 반응은 반드시 투여물질이 있어야 일어나는 등의 기본적인 가정을 내포하며 이러한 반응의 형태가 그림2.10에 나와있다.

ED_{50}, TD_{50} 또는 LD_{50}은 용량－반응곡선을 비교함으로서 독성의 작용기전에 관한 간접적인 정보를 얻을 수 있다. 즉 투여경로를 각기 달리해서 측정한 값을 비교함으로서 독성의 차이를 알 수 있는 동시에 어떤 인자가 특정독성물질의 독성에 영향을 미치는가를 알 수 있는 것이다. 또한 ED_{50}, TD_{50} 또는 LD_{50}의 수치는 예기치 않던 많은 요인에 의하여 변화할 수 있기 때문에 신중하게 비교·검토되어야하며 유독성 단위(Toxic/Unit, TU) 계산은 다음과 같다.

$$TU = \sum_{i=1}^{\infty} \frac{독성물질의 농도}{각 물질별\ TLM}$$

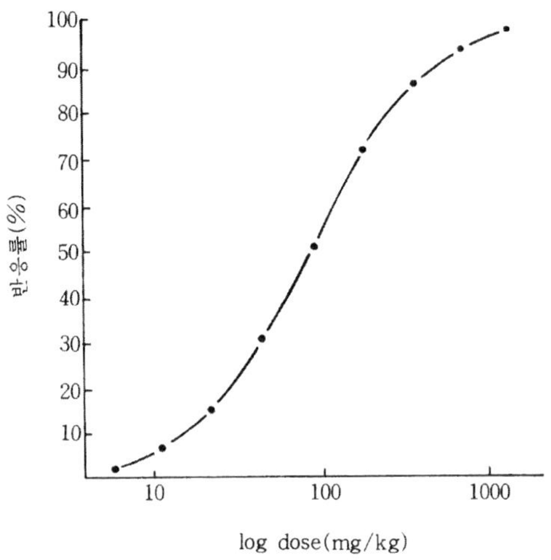

그림 2.10. 용량-반응곡선.

독성을 나타내는 일반적인 용어는 다음과 같이 사용되고 있다.

- MLD(Minimal Lethal Dose): 대부분의 동물을 사망시킬 수 있는 독소의 최소량

- LD_{50}(Mdical Lethal Dose): 통계적으로 반 수의 동물을 치사시킬 수 있는 독소량

- L_+: 1단위의 항독소와 혼합하여 주사하였을 때 대부분의 동물을 치사시킬 수 있는 독소의 최소량

- L_R: 1단위의 항독소와 혼합하여 근육주사하였을 때 10㎜ 직경의 발적반응을 일으킬 수 있는 독소의 최소량

- L_f: 1단위의 항독소와 혼합하였을 때 가장 빨리 면상침전(綿狀沈殿, Floculation)을 일으키는 독소량

- Hu(Hemolytic unit): 일정량의 적혈구의 50%를 용혈시킬 수 있는 독소량

- Eu(egg－york unit): *Clostridium perfringens* a 독소처럼 Phospholipasec 의 활성을 지닌 독소는 난황부유액을 혼탁시킨다. 따라서 표준독소액에 의한 난황부유액과의 비탁(比濁)에 의해 독소량을 추정한다. *Clostridium perfringens* a 독소에서 1eu는 생쥐에 대한 정맥 내 주사법에서 $3ld_{50}$에 상당한다.

2.3.2 총대장균군(Total Coliforms)

총대장균군의 호기성 및 통성혐기성, 그람음성, 비포자 생성, 막대모양 세균으로 유당(Lactose)을 발효시켜 35℃에서 48시간 내에 기체를 생성하는 모든 세균들을 포함한다.

이 종류에는 *E, Coli*, *Enterobacter*, *Klebsiella*, *Citrobactor* 등이 포함된다. 대장균군은 사람과 동물 배설물을 통해 많은 개체수로(마리당 하루에 2×10^9 개체) 방출되지만 모든 대장균군이 분변기원은 아니다. 이 지표세균은 식수, 조개채취장 물, 오락 및 위락용수의 수질결정에 유용하다. 그러나 이들은 환경요인과 소독에 대해 바이러스나 원생동물 포낭보다 덜 민감하다. 이 종류의 일부 종(예 : *Klebsiella*)은 흔히 산업폐수나 농업폐수 내의 환경조건에서도 생장하기도 한다. 폐수 처리장에 총대장균군은 처리장의 처리효율을 나타내는 가장 좋은 지표 중의 하나가 된다. 이 종류는 아프리카 나미비아의 Windhoek 재생처리장의 재생폐수의 안정성 평가에도 유용한 것으로 발견되었다.

2.3.3 분변성 대장균군(Fecal coliforms)

분변성 대장균군은 44.5℃에서 유당을 발효할 수 있는 모든 대장균군을 포함하는데 *E. coli*와 *Klebsiella pneumoniae* 같은 세균들로 구성된다. 분변성 대장균군의 존재는 온혈동물의 배설물의 존재를 가리킨다. 그러나 사람과 동물에 의한 오염은 구분되지 못한다. 일부 연구자들은 분변 오염의 지표세균으로 *E. coli* 만을 사용하는 것을 주장하였는데 그 이유는 그것이 분변성 대장균군의 다른 종류들로부터 쉽게 구분될 수 있기 때문이다(예, Urease의 부재와 B–glucuronidase 존재). 분변성 대장균군은 세균 병원체들과 유사한 생존형태를 나타내지만 원생동물 또는 바이러스 오염의 지표생물로서의 효용성에는 제한이 있는데 그 이유는 이들이 바이러스나 원생동물 포낭보다 소독에 대해 훨씬 저항성이 낮기 때문이다. 따라서 조개류와 그 서식하는 물의 바이러스 오염 측면에서 대장균군 기준은 믿을 만하지 못하다. 대장균군은 또한 적당한 조건하에서 물과 폐수에서 다시 자라날 수도 있다. 여러 변형된 방법들이 이 지표세균 특히 손상된 분변성 대장균군의 회수를 향상시키기 위해 고안되었다. 더욱이 열대우림 내 원시림지역에서의 *E. coli* 검출은 그것이 열대 환경에서의 분변성 오염의 믿을만한 지표세균이 아닐 수도 있다는 것을 암시한다.

(예제) 이상적인 지표미생물의 기준과 지표미생물 시스템의 문제점을 쓰시오?

- 지표미생물의 기준

  ① 온혈동물의 장내균충에 속해야 한다.
  ② 병원체가 존재할 때 같이 존재하고 오염되지 않은 시료에는 없어야 한다.
  ③ 병원체보다 많은 수가 존재해야 한다.
  ④ 환경변화와 상수 및 폐수처리장의 소독에 적어도 병원체와 동등하게 저항성을 가져야 한다.
  ⑤ 비병원성이어야 한다.
  ⑥ 쉽고 빠르고 경제적인 방법에 의해 검출되어야 한다.

- 지표미생물 시스템의 문제점

지표 미생물을 규칙적으로 감시한 나라에서 수생 미생물에 의한 질병 발생률이 감소된 것은 지표미생물 시스템의 타당성을 증명한 것이다. 그러나 지표미생물 실험이 지속적으로 이루어지는 나라에서도 수인성 전염병은 여전히 발생하고 있다. 이러한 발생은 처리공정의 순간적인 고장이나 오염물질이 비정기적인 감시에 의해 감지되지 않은 경우이다. 또한 한 가지나 그 이상의 지표미생물 측정이 이루어지지 않는 경우가 많이 있으며, 배지에 배양하는 미생물의 특성상 그 곳에서 성장할 종이 한정될 수 있다.

2.3.4 분변성 연쇄상구균(Fecal streptococci)

이 종류에는 *Streptococcus faecalis, S. equinus, S. avium* 등이 있는데 이들이 사람과 온혈동물의 장관에 흔히 서식하므로 물에서 분변오염을 검출하는데 이용된다. 여기에 속하는 종들은 환경에서의 잔류성이 높으나 증식하지 않는다. 분변성 연쇄상구균의 아군(Subgroup)인 장내구균(Enterococci)은 특별히 슬러지와 해수에서의 바이러스 존재를 가리키는데 유용한 것으로 알려지고 있다. 분변성 대장균군 대 분변성 연쇄상구균의 비(FC/FS ratio)는 지표수 오염원의 기원을 나타내는 지표로 사용된다. 이 비가 4 또는 그 이상이 되면 인간기원의 오염을 나타내며 0.7이하이면 동물오염인 것으로 간주한다. 이 비는 24시간 내의 최근 분변오염에만 유용하다. 그러나 일부 연구자들은 이 비율의 효용성에 대해 의문을 제기하기도 한다.

분변오염원도 대장균군의 항생물질 저항성 양상이나 분변성 연쇄상구균에 의하여 동정될 수 있다. *Bacteroides fragilis*의 파아지도 분변오염의 지표생물로 활용 될 수 있다.

2.3.5 혐기성 세균

지표세균으로 고려하고 있는 주요 혐기성 세균들은 다음과 같다.

- *Ciostridium perfringens*: 이 혐기성 그람음성, 포자형성, 막대모양인 아황산염환원세균은 결장(Colon)에서 발견되며 분변의 미생물상(Microflora) 가운데 0.5%를 차지한다. 이 세균은 환경충격과 소독에 저항성이

매우 높은 포자를 생성한다. 저항성 포자 때문에 이 세균은 지표세균으로 또 병원체의 동태를 파악하는 추적자로 사용하는 것이 제안되었다. *Clostridium perfringens*는 수처리장에서 바이러스와 원생동물 포낭, 그리고 혼합소독제에 의한 소독후 *Cryptosporidium parvum*의 접합자낭(Oocyst)을 위한 적당한 지표생물로서 제시되었다.

- *Bifidobacteria*: 혐기성 비포자형성 및 그람양성 세균이 분변오염 지표세균으로 제시되었다. *Bifidobacterium*은 사람의 장내 미생물상에서 주로 발견되어 세 번째로 흔한 속(Genus)에 속한다. 이세균 중 일부 (*B. bifidum*, *B. infantis*)는 일차적으로 사람과 관련되어 있기 때문에 인간과 동물오염을 구분하는데 도움이 될 수 있다. 현재 Ribosomal RNA(rRNA) 탐침을 사용하여 그들을 검출할 수 있는 방법이 모색 중에 있다.

- *Bacteroides spp*: 이 혐기성 세균은 배설물 1g당 10^{10}마리 수준의 농도로 장관에 존재하며 물에서 B. fragilis의 생존은 *E. coli, S. faecalis* 보다는 낮다. 물의 분변오염을 가리키는 유용한 방법의 하나로 이 세균의 형광 항혈청시험(Fluorescent antiscrum test)이 제시되고 있다.

2.3.6 박테리오파아지(Bacteriophages)

박테리오파아지는 장내 바이러스와 유사하나 폐수와 기타 환경에서 장내 바이러스보다 많은 수가 발견되며 환경시료에서 훨씬 쉽고 빠르게 검출된다. 여러 연구자들은 하구, 해수(대장균파아지와 *Salmonella* 사이에 높은 상관성), 오락 휴양용 담수, 식수의 수질지표로 대장균파아지(Coliphages)의 잠재적 사용을 제안하였다.

2.3.7 효모와 항산성 세균

일부연구자들은 효모(Yeasts)와 항산성(Acid－fast) *Mycobacteria (Myco－baterium fortuitum, M. phlei)*를 소독효율의 지표미생물로 제안하였다. 항산성세균 *Mycobaterium fortuitum*은 *E. coli*나 Poliovirus type 1보다 유리염소와 오존에 대한 저항성이 높다.

2.3.8 종속영양세균 평판계수(HPC)

종족영양세균 평판계수(Heterotrophic plate count, HPC)는 유기물로부터 탄소와 에너지를 얻는 호기성 통성혐기물 세균들을 나타낸다. 회수된 세균수는 배지 조성, 배양기간(1～7일)과 배양온도(20～35℃)에 따라 결정된다. 이 종류에는 다음 속에 속하는 그람음성 세균들이 포함된다. 그 예로 *Pseudomonas, Aeromonas, Klebsiella, Flavobacterium, Enterobacter, Citrobaater, Serratia, Acinetobacter, Proteus, Alcaligenes, Enterobacter, Moraxella*등은 염소소독된 급수에서 발견되는 종속영양 평판계수 미생물들이다.

HPC는 다음과 같은 측면에서 상수처리장 운영자들에게 유용하다.

- 상수처리장에서 소독을 포함한 다양한 처리공정의 효율평가

- 저장과 공급 도중 처리완료된 물의 세균학적 수질감시
- 처리와 공급체제에 이용되는 물질의 표면에서의 세균생장 측정
- 공급체제내 처리수에서의 재생장(Regrowth) 또는 후생장(Aftergrowth) 잠재력 측정

(예제) 대장균의 정의 및 시험방법, 지표 미생물로 이용되는 이유를 설명하시오.

(1) 대장균(Coliform group) : 대장균과 이에 흡사한 성질을 가진 균의 총칭이다. 세균학상으로는 "대장균군은 Gram 음성, 무아포성, 간균으로 유당을 분해해서 산과 가스를 생성하는 모든 호기성 또는 혐기성균을 말한다"고 정의하고 있다.

상기의 정의에 따라 다음 2종류로 나눌 수 있다.

① Bacteria coli(*Escherichia coli, E.coli*)는 1886년 Escherichia가 발견했는데, 이균은 분뇨성 대장균으로 인체에는 유해하지 않으며, 동물의 배설물 중에서 주로 발견되기 때문에 병원성 세균의 존재 추정이 가능하고 검출이 쉽고 병원균보다 염소살균에 대한 저항성이 크기 때문에 지표세균(Indicator)으로 많이 이용된다. 따라서 수중에서 대장균이 검출되면 배설물로 오염되었다는 것을 뜻하고 배설물 내에 존재하는 병균이 있을 수 있다는 가능성을 나타낸다.

② Bacteria aerogenes(*Aerobacteria aerogenes*)는 초원이나 논밭의 토양 중에서 발견되는 것으로 분뇨의 오염과는 관계가 없고, 인간의 장내에서도 발견되지만, 그 수는 *E. Coli*와 비교하면 극히 작은 것으로 문제가 되지 않는다.

(2) 대장균군 시험법

① 추정시험: 검수에서 10cc씩 5개 또는 50cc를 농후유당부이온 발효관에 이식하여 35～37℃에서 45～51시간 배양하였을 때 가스발생이 없으면 대장균은 음성이다.

② 확정시험: 추정시험에서 가스발생이 있었을 때에는 즉시 B.G.L.B 발효관에 이식하고 35～37℃에서 45～51시간 배양하였을 때 가스 발생이 없으면 대장균은 음성이다.

③ 완전시험: 추정시험에서 가스발생이 있었을 때에는 즉시 E.M.B평판배지 또는 엔도평판배지에 도말하여 35～37℃에서 24시간 배양하여 독립한 집락이 생기도록 한다. 발생한 전형적 대장균 집락 또는 2개 이상의 비전형적 집락을 조금씩 따서 각각 보통 유당부 이온발효관 및 보통 사면한천배지에 이식하여 35～37℃에서 배양하여 48시간 내에 가스가 생겼을 때에는 그 한천사면에 발생한 집락에 대하여 그람염색을 하여 현미경으로 검사한다. 이때 그람음성의 무아포성의 단간균이 보일때는 대장균은 양성이다.

④ 최학수(最嚁數)

대장균군의 시험방법으로 일정량의 시료 내에 존재하는 균의 수를 말하는데 분석결과를 통계적으로 계산한 값으로 최확수 또는 최적수라고 하며, 통상 100㎎/ℓ의 시료 내에 존재하는 수를 뜻한다. Thomas의 근사식은

$$\text{MPN(Most Probable Number)} = \frac{100 \times \text{양성 시료수}}{\sqrt{(\text{음성 시료 총량}\,ml)(\text{총량}\,ml)}}$$

이 근사식은 연속시료 중 큰 순서에 따라 5개 시료가 전부 양성인 것

을 제외하면 정확한 결과를 얻을 수 있다.

예를 들어 $10\,\text{mg}/\ell\dfrac{5}{5}$, $1\,\text{mg}/\ell\dfrac{3}{5}$, $0.1\,\text{mg}/\ell\dfrac{1}{5}$, $0.01\,\text{mg}/\ell\dfrac{0}{5}$ 가 양성일 때 $10\,\text{mg}/\ell\dfrac{5}{5}$ 양성을 제외하고 계산하면

$$\text{MPN} = \frac{100 \times 4}{\sqrt{2.45 \times 5.55}} = \frac{400}{3.687} = \frac{108}{100}\,\text{mg}/\ell$$

즉, $100\,\text{mg}/\ell$ 중 108개의 대장균이 있다고 판정된다. 그리고 호수의 정상계수(Coefficient of quisescence) N은 4.0의 값을 취한다.

(3) 생물학적 지표로 이용되는 이유

㉮ 인축(人畜)의 내장에 서식하므로 소화기계 전염병원균의 존재 추정이 가능하다.

㉯ 다른 병원균보다 검출이 용이하고 신속하게 할 수 있다.

㉰ 소독에 대한 저항력이 소화기계 병원균보다 강하다.

㉱ 시험이 정밀하여 극히 적은 양(量)도 검출이 가능하다.

2.3.9 종다양성 지수(SDI, Species Diversity Index)

생물체 종의 수와 개체 수의 지수관계로부터 물의 오염도를 예측한다.

$$\text{SDI(종다양성 지수)} = \frac{(S-1)}{\log N}$$

여기서, S = 종의 수

　　　　N = 개체수

2.3.10 농축계수(CF, Concentration Factor)

생물체 중의 농도는 신선한 생체 중의 농도(ppm)로써 건조중량을 기본으로 한 것은 아니다. 농축계수는 일반적으로 생태계의 상부에 위치하는 생물일수록 큰 값을 취하는 경우가 많다. 예를 들면 물 → 미세한 플랑크톤 → 미진코 → 고기 → 물새와 같은 순서이며, 미진코는 플랑크톤을 믹지만 동시에 고기의 먹이가 된다. 또한 고기는 물새의 먹이가 되므로 농축계수는 플랑크톤 < 미진코 < 물고기 < 새의 순서로 된다. 이상과 같이 차례차례 먹이관계에서 밀접한 연락이 있는 것을「먹이연쇄」라고 하는데 이과정에서 생체내에 농축된다.

시험방법은 약 8주간에 걸쳐서 연속흐름(Continuous flow)장치에서 공시어를 사용하여 시험하는데, 48(TLm)의 1/100, 1/1000, 1/10000 중에서 분석이 가능한 최저 농도 2 농도를 설정하여 1일 2∼3회씩 1∼2주간 먹이를 주면서 10시간 이상 노출시킨 공시어 2∼3마리를 채취한다.

채취한 고기를 미분상태로 분쇄하여 균일하게 한 시료를 만들어 정량분석하며 그 농축계수의 산출은 다음과 같다.

$$\text{농축계수(CF)} = \frac{\text{생체내 독성물질의 농도}}{\text{수중 독성물질의 농도}} \Rightarrow CF = \frac{C_b}{C_w}$$

생물농축의 피해사례로써는 Hg에 의한 미나마타병과 Cd에 의한 이따이이따이병, PCB에 의한 카네미 유증 등이 있다.

2.3.11 BIP(Biological Index of Pollution)

현미경적인 생물을 대상으로 하며, 전생물수에 대한 동물수의 비(%)로 물의 오염도를 나타내며 현미경으로 보아 무색과 유색으로 나누어 계산한다.

$$BIP = \frac{무색생물수}{전생물수} \times 100$$

BIP 수치가 크면 오염도가 심한 것으로 심한 오염은 700~100 정도, 약간 오염에는 10~20 정도, 깨끗한 하천 등에는 0~2 정도이다.

2.3.12 BI(Biotix Index)

육안적 동물을 대상으로 산정하는 것이며 오염에 약한 종류는 A, 강한 종류를 B라 할 때 (2A+B)를 BI라 한다. 상기 원리에 의해 맑은 물의 규조류를 A, 오염수의 규조류를 C, 광범위하게 출현하는 규조류를 B라 하면 $\frac{2A+B}{A+B+C} \times 100$ 으로 나타나며 BI는 BIP와 역관계로써 청수역은 20 이상, 약간 오염 11~19, 심한 오염 6~10, 극히 심한 오염 5 이하로 나타난다.

2.3.13 TLm(Medum of Tolerance Limit)

수중의 오염물질 농도를 생물학적인 방법으로 측정하는 방식이다. 주로 유해성분의 함유농도를 생체에 대한 저항도로 알아내는 방식인데 같은 종류의 물고기를 동일한 크기로서 최소 10마리 이상 수중에 넣어 각각의 농도별로 24시간을 단위로 48시간, 72시간, 96시간 배양하여 50% 이상 살아있는 농도를 측정하고, 이때의 농도를 100으로 나누어 안전농도로 삼는다.

2.3.14 조류 잠재생산능력(AGP, Algal Growth Potential)

AGP는 조류의 잠재생산능력을 시험하는 생물 검정으로 호소수, 유입하천수, 배수 등의 부영양화의 포텐셜(Potenial)을 평가하기 위한 유력한 지표로서 일명 APP(Algal Assay Procedure)라고도 한다.

조류의 특성은 엽록소를 띠고 있는 단세포 또는 다세포 식물로서 탄소동화작용을하며, 무기물을 섭취하고 갖가지 맛과 냄새를 유발시킨다. 흔희 플랑크톤으로 불리며, 조류의 분자식은 $C_5H_8O_2N$이고, 광합성(光合成)시에 수중의 CO_2 농도가 pH에 영향을 미친다.

$$광합성: CO_2 + H_2O \rightarrow (CH_2O) + O_2$$

$$호흡: CH_2O + O_2 \rightarrow CO_2 + H_2O$$

APP(Algae Assay Procedure)는 조류배양시험 또는 조류의 잠재능력을 측정하는 것으로 배양기간 중에 증식한 조류의 건조중량(조류 mg/시료 ℓ)으로 표시한다.

AGP의 측정은 배지에 식종조류「남조류, Oscillatoria rubescens」「녹조류, Chlamydomous」「Chlorella」등을 배양하여 검수에 식종하고, 일정한 온도(20℃)와 광도(4000Lux)하에서 일정기간 배양한 다음 검수 1L당 조류의 건조중량(mg)으로 조류의 증식량(mg/ℓ)을 나타낸다.

미국 EPA나 WHO에서의 수질기준값을 설정하는 과정은 건강위해성평가를 토대로 기술적 가능성, 경제·사회적인 측면을 고려하여 기준이 설정되고 있다.

건강위해성평가(Health risk assessment)란 어떤 독성이나 위해성물질에 의한 건강피해확률을 정량적으로 추정하는 방법이다.

이 평가는 위험성확인(Hazard identification), 노출평가(Exposure assessment), 용량 반응평가(Dose − response assessment) 및 위해도결정(Risk characterization)의 4단계를 통해 평가된다.

비발암물질인 경우에는 실제 동물실험에 의한 위해농도의 1/10 ~ 1/100배를 기준으로 하고 있으며 발암물질의 경우에는 100만 명당 1명 이하의 발암사망률을 목표로 한 농도를 기준으로 하고 있다. 따라서 수처리기술 발전이나 사회적인 요구 등에 의해서 그 기준이 변화 가능하게 된다.

동물실험이나 임상 혹은 역학적 데이터 등에서 구해진 양 − 효과, 양 − 반응관계에서 건강에 미치는 영향의 유무 혹은 대소를 판정하는 지표는 판정조건(Criteria)이라고 불린다. 환경의 조건에 의해 사람에게 어떤 영향을 나타내는지를 표시하는 자료이다. 맥박수나 눈의 자극 등의 생리적반응, 혈중 효소활성 등의 생화학적 반응을 지표로하는 경우도 혈액이나 소변 중에 존재하는 오염물질의 농도를 판정조건으로 하는 경우도 있다.

이 수치에 기초하여 지역인구집단의 건강을 지키기 위해, 그 오염물질이 사람에게 침투할 때의 매체가 되는 공기나 물 혹은 식물 중의 존재량을 규제하기 위한 행정적 기준(Standard)이 결정된다. 법적인 구속력을 가진 기준 외에, 행정적 대책을 위한 지침(Guide line)은 통달(通達)이라고 하는 형태로 행정지도가 행해진다. 이것에 대해 바람직한 목표(Goal)로서의 수치가 나타나는 경우도 있다. 판정조건에서 기준의 설정에는 기술적으로 가능한지 어떤지도 당연히 배려되어야 하고, 그 기준이 지켜질지 어떨지의 감시체제도 정비하지 않으면 탁상공론으로 끝나버릴 우려도 있다. 기술과 행정체제의 개선에 의해 합리적으로 근접해 가는 노력을 경주해야 한다. 이 사이의 관계를 그림 2.11에 나타내었다.

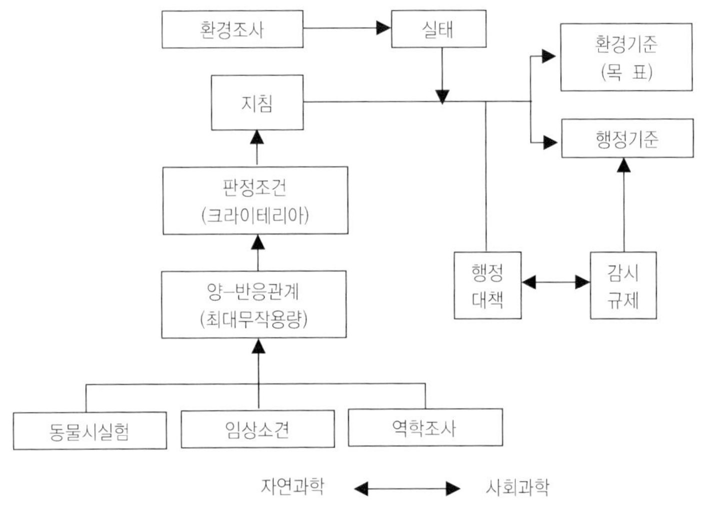

그림 2.11. 판정 조건과 기준.

현재 정부는 환경정책기본법에 의해 대기오염, 수질오염, 토양오염 및 소음에 관한 환경상의 조건에 대해 사람의 건강을 유지하며 쾌적한 생활환경을 보전하기 위하여 환경기준을 설정하고, 과학적이며 합리적인 판단을 통해 필요한 개정이 되도록 노력하고 있다.

2.5 참고문헌

김가현(1999), 상·하수도공학, 청문문화사, 128~159.

김성기 외 1인(1999), 환경미생물학, 한국방송통신대학교, 168.

김준화 외 3인(1998), 환경과학, 형설출판사, 244.

서명교 외 7인(1999), 상·하폐수처리, 134~150.

신동천(1995), 건강위해성평가, 물2000, 연세대 환경공해연구소, 335.

신현국 외 1인(1998), 환경과학총론, 도서출판, 동화기술, 264~268.

오계헌 외 5인(2004), 폐수미생물, 도서출판 동화기술, 169~189.

이승원 외 1인(2007), 수질환경기사·산업기사, 성안당, 6~52.

조명행 외 1인(1998), 기초독성학, 도서출판 영지문화사, 20~74.

정용 외 1인(1997), 위생화학, 지구문화사, 157~158.

장준영(1992), 수질환경기사 실기, 성안당, 1·3~1·69.

최의소(2001), 상하수도공학, 청문각, 50~113.

환경부(2008), 수질관리 교육용, 20~27.

환경부(2008), 수질관리 법정교육용, 21.

Berg, G., Ed.(1978). *Indicators of Viruses in Water and Food*. Ann Arbor Science Publi－shers, Ann Arbor, MI.

Eriksen, T.H., and A. P. Dufour. (1986). Methods to identify water pathogens and indicator organisms, 195－214. In : *Waterborne Diseases in the United States*, G.F.Craun, Ed. CRC Press, Boca Raton, FL.

Eriksen, T.H., and A. P.(1986).Dufour Methods to identify water parthogens and organisms,195～214, In : Waterborne Diseases in the United States, C.F. Craun, Ed. CRC Press, Boca Raton. FL.

Fujioka, R.S. (1997). Indicators of marine ecreational water quality. 176－183. In : *Manual of Environmental Microbiology*. C. J. Hurst, G.R. Knudsen, M.J. Mc－Inerney, L.D. Stezenbach, and M.V. Walterm Eds. ASM Pess, Washington, D.C.

Fujioka, R.S,(1997). Indicators of marine retreational water quality, 176～183, In : *Manual of Environmental Microbiology,* C.J. Hurst, G.R. Knudsen, M.J. Mc－Inerney, L.D. Stezenbach, and M.V. Walterm Eds. ASM Press. Washington, D.C.

Gerba, C.P.(1987), Phage as indicators of fecal pollution, 197～209, In : *Phage Ecology,* S.M Goyal, C.P> Gerba, and G. Bitton, Eds, Wiley－ Interscience, New York.

Gerba, C.P. (1987). Phage as indicators of fecal pollution, 197－209, In : *Phage Ecology*. S.M. Goyal, G. Bitton, Eds. Wiley－Interscience, New York.

Goyal, S.M., Gerba, and G. Bitton, Eds. (1987). *Phage Ecology*. Wiley－ Interscience, New York. 321.

Goyal, S.M., C.P Gerba, and G. Gitton, Eds. (1987), *Phage Ecology,* Wiley－ Interscience. New York, 321.

Toranzos, G.A., and G.A. McFeters. (1997). Detection of indicator microorganisms in environmental freshwaters and drinking waters. pp. 184－194, In : *Manual of Environmental micobiology*. C.J. Hurst, G.R. Knudsen, M.J. McInerney, L.D. Stezenbach, and M.V. Walterm Eds. ASM Press, Washington, D.C.

2.1 다음 용어의 정의를 설명하시오.

1) 탁도(濁度, Turbidity)

2) 냄새 (Odor)

3) 총 고형물(Total solids)

4) 친수성 Colloid

5) SOD (Sediment Oxygen Demand)

6) DO (Dissolved Oxygen)

7) 수소이온 농도지수(pH)

8) NBOD (Nitrgenous Biochemical Oxygen Demand)

9) COD (Chemical Oxygen Demand)

10) ThOD (Theoretical Oxygen Demand)

11) TOC (Total Organic Carbon)

12) 산도(Acidity)

13) SAR (Sodium Adsorption Rate)

14) 분변성 대장균군(Fecal coliforms)

15) MPN (Most Probable Number)

16) LI (Langelier Index)

17) CF (Concentration Factor)

18) BIP (Biological Index of Pollution)/ BI (Biotix Index)

19) TLm (Medum of Tolerance Limit)

20) AGP (Algal Growth Potential)

2.2 지금까지의 BOD 시험은 많은 한계점을 가지고 있으나 오랫동안 변함없이 잘 정립되어 왔다. 그 한계점을 기술하라.

2.3 공장 폐수·해수·호소의 수질은 COD로서 유기물의 함유 정도를 표시한다. 그 이유를 설명하고, COD_{Mn}과 COD_{cr} 실험법의 원리 및 한계점을 논하라.

2.4 경도(Hardness)라 함은 물속에 용해되어 있는 Ca^{++} 및 Mg^{++} 등을 이에 대응하는 $CaCO_3$ ppm으로 환산표시한 값으로 물의 세기정도를 말한다. 이러한 경도가 수처리 공정에 미치는 영향과 연수화 방법을 기술하라.

2.5 자연계에서의 Carbonate − bicarbonate system의 평형을 이해하는 것은 중요한 일이다. 이러한 평형관계를 설명하고, 수처리 공정에서의 이용방법, 경도와의 관계를 설명하라.

2.6 지표 미생물을 규칙적으로 감시한 나라에서 수생 미생물에 의한 질병 발생률이 감소된 것은 지표미생물 시스템의 타당성을 증명한 것이다. 생물학적 지표미생물에 대하여 논하라.

2.7 미국 EPA나 WHO에서의 수질기준값을 설정하는 과정은 건강위해성평가를 토대로 기술적 가능성, 경제·사회적인 측면을 고려하여 기준이 설정되고 있다. 건강위해성평가(Health risk assessment)란 무엇인가.

2.8 현재 정부는 환경정책기본법에 의해 생활환경을 보전하고, 나아가 유지를 위한 바람직한 기준으로서 환경기준을 정하고 있다. Criteria에서 Standard의 설정에는 기술적으로 가능한지 어떤지도 당연히 배려되어야 하고, 그기준이 지켜질지 어떨지의 감시체제도 정비하지 않으면 탁상공론으로 끝나버릴 우려가 있는 바, 환경기준 설정을 위한 이상적인 접근방법을 도시하라.

3 수자원 수질관리

3.1 수자원

 인류역사가 물과 더불어 시작되었듯이 인간은 물을 떠나서는 잠시도 살 수 없다. 인체의 70% 정도가 물로서 구성되어 있으며, 따라서 물은 생명의 근원이자 바로 생물 그 자체라고 할 수 있을 것이다. 우리나라는 예부터 물이 맑고 산이 아름다워 금수강산이라 일컬어져 왔으나 이제는 금수강산이 무색하리 만큼 하천, 호소, 해역이 오염의 몸살을 앓고 있고, 조만간 물 자체의 부족현상까지 우려된다.

 지구상에는 거대한 양의 물이 존재하지만 인간의 이용할 수 있는 담수 자원은 표 3.1과 같이 지극히 한정되어 있으며, 그중에서도 손쉽게 이용할 수 있는 하천 지하수자원은 더욱 한정된 양이다. 그 뿐만 아니라 지구상의 수자원은 지역적으로 편중되어 있어서 광대한 토지를 갖고 있으면서도 수자원의 결핍 때문에 식량생산이 불가능한 지역이 적지 않다.

 한편, 연중 충분한 강우와 수자원이 있는 지역에서 수리시설이 부족하거나 강우분포가 계절적으로 편중되어 있어 대부분의 수자원이 증발, 홍수 등으로 일실(逸失)하여 가용수자원(可用水資源)의 부족을 나타내고 있는 지역도 있다.

최근에는 인구증가와 인구의 도시집중, 산업의 발달, 소비의 증대, 농약사용 등으로 하천, 호수에 대량의 오염물, 유해물이 유입됨으로써 귀중한 담수자원이 오염되어 사용이 불가능 하거나 폐수처리가 불가능해져 가는 지역이 증가 하고 있다. 또, 오염된 하천수가 연해에 유입됨으로써 근해 수산업에는 지대한 피해가 나타나고 있다.

수자원의 보존대책은 양적보존과 동시에 질적보존 대책이 병형되지 않는다면 증대되는 수질오염으로 인한 인간생명과 재산상의 피해를 초래할 것이 명확하다.

수질오염물의 정화처리를 위한 기술은 실질적으로 개인의 소득에 직결되지 않기 때문에 산업기술에 비해서 일반적으로 발달이 되지 않고 있어서 새로운 유독물에 의해 가중되는 수질오염에 대한 경제적 방지대책이 거의 없다. 따라서 모든 산업기술에서부터 소비 후의 폐기에 이르는 전과정에 대한 신중한 사전조사와 검토가 요구되고 오염방지 기술발전을 위한 조속한 시책이 요망된다.

표 3.1 지구상에 있어서는 담수의 존재비율

존재 장소	비 율(%)
극지의 얼음과 빙하	75
지하수(깊이 762~3810m)	14
지하수(이 762m까지)	11
호소	0.3
토양중의 수분	0.06
대기중의 수증기	0.035
하천	0.03

* 총량은 4.1 × 10^{15} ㎥이다.

(예제) 수자원의 구비조건과 수자원의 종류에 따른 수질특성을 쓰시오.

(1) 수자원의 구비조건

수자원은 다음과 같은 조건을 갖추고 있을 때 자원으로서의 효용가치를 발휘할 수 있게 된다.

① 수량이 풍부하여야 한다.

② 수질이 양호하여야 한다.

③ 접근이 용이하고 이용 가능한 위치에 있어야 한다.

④ 가능한 한 소비지역보다 높은 곳에 위치하여 수리학적으로 자연 유하식으로 취수 및 배수가 이루어지는 것이 좋다.

(2) 수자원의 종류와 수질특성

지구상에 있는 자연상태의 물 중 자원으로 이용가능한 물을 수자원(Water recourses)이라고 하며, 수자원은 발생과정 및 발생장소에 따라 크게 다음과 같이 분류할 수 있다.

- 천수(天水): 강수
- 지표수: 하천수, 호소수, 저수지수
- 지하수: 천층수, 심층수, 용천수, 복류수
- 해수
- 폐수

1) 천수

① 정의

천수 또는 강수는 지표수 및 해수가 증발하여 응결된 것으로서 증류수
이다. 그러나 순수는 아니며 응결될 때부터 응결핵의 종류에 따라 불순물
을 함유하게 된다.

② 성질

- 천수의 주성분은 Na, K, Ca, Mg, SO_4, Cl 등이며 경우에 따라서는
  다량의 토사를 함유하기도 한다.
- 정상적인 천수는 대기중의 CO_2에 의하여 약산성을 띄며, 강수가
  CO_2로 완전 포화되었을 때는 pH5.6 정도이다.
- 자연수 중에서 비교적 불순물 및 무기염류의 함량이 낮은 물이다.
- 대기 중으로 배출된 SO_2와 NO_2 등과 결합하여 산성비를 내리기도
  한다.
- 천수는 단물(연수, 경도가 낮은 물)이기 때문에 세탁이 잘된다.
- 발생빈도가 부정기적이고 집수 및 저장이 어려워서 수자원으로의
  가치는 적다.

2) 지표수

① 정의

표류수라고도 하며 하천, 강, 호수, 저수지 등에 존재하는 물로서 오늘
날 물의 공급원 중에서 가장 큰 비중을 차지하고 있다.

② 성질

- 수온의 계절적 변화가 심하고 홍수시와 갈수시의 오염도 변화가 심

하다.

- 암석, 토양 등의 풍화에 의하여 Na, Mg, Ca 등 금속류를 함유하고 있으나 지하수 보다는 적다.
- 지하수에 비하여 알칼리도 및 경도가 낮다.
- 도시하수 및 동식물에 의한 유기물 함량이 높다.
- 오염물질에 항상 노출되기 때문에 수질의 변동이 심하나 용수 공급원으로서의 역할이 매우 크다.

3) 지하수

① 정의

지하수는 빗물이나 지표수가 지층을 통과하여 지하에 저장되어 있는 물을 말하며 지층을 통과할 때 토양의 여과 및 이온교환능력에 따라 상당히 깨끗한 상태로 존재한다.

② 성질

- 수온의 변동이 적으며 탁도가 낮다.
- 무기염류의 농도가 높고 경도가 매우 높다.
- 미생물이 거의 없고 오염의 기회는 지표수에 비하여 훨씬 적다.
- 지층이 종류에 따라 그 성분이 상당히 다르며 국지적으로 수질의 차이가 크다.
- 지표수에 비하여 CO_2 농도가 높다.
- 자정속도가 매우 느리다.

4) 해수

① 정의

해수는 염분 등 각종 용해성 성분이 많이 녹아 있는 물로서 양적인 면에서는 무한하다.

② 성질

- 해수는 고농도의 염분으로 인하여 사용목적이 극히 제한되어 있다.
- 해수중의 염분은 금속을 부식시키고 배수를 나쁘게 하며 토양을 척박하게 만든다.
- 해수는 수산업의 수자원으로서 중요한 역할을 한다.

5) 폐수

① 정의

공장 등의 생산공정에 일단 한번 사용된 물을 말하며 적정하게 처리되었을 경우는 수자원으로서의 가치는 명백하다.

② 성질

- 폐수는 생산공정의 종류나 방법 및 폐수처리 정도에 따라 그 성상은 다양하다.
- 중금속 등 유독성 오염물질을 함유할 수도 있다.
- 알맞게 처리된 폐수는 생산공정에의 재사용은 물론 관개용수로 이용되기도 한다.
- 자연수의 원수가격이 너무 싸기 때문에 수자원으로서의 관심을 끌지 못하나 앞으로 물 사용량이 증가하면 그 필요성은 더욱 커질 것이다.

　　수질오염물질은 다양한 오염원으로부터 수계로 유입되는데, 오염원은 점오염원과 비점오염원으로 나누어질 수 있다.

　　표 3.2와 같이 점오염원은 공장, 하수처리장이나 주유소와 같이 각각 확정된 위치를 갖고 있는 것이다. 점오염원으로부터의 오염은 배출원이 확인될 수 있고 규제 될 수 있기 때문에 관리하기가 상대적으로 쉽다.

　　그러나 수질오염이 넓은지역에 걸쳐 있는 비점오염원인 경우에는 여러 경로로 오염물질이 수계로 유입되어 발생하므로 그 관리가 매우 어렵다.

　　비점오염원에는 도로, 농경지, 거주지 등이 있으며, 이들로부터 비료, 살충제, 기름, 동물 배설물, 그리고 기타 오염물질이 지표면, 우수 배수관 그리고 늪지와 하천으로 흐르는 우수관로를 통하여 급수로까지 유입된다.

　　지난 20년간 수질을 개선시키기 위해 많은 노력이 행해져 왔으나, 주로 산업폐수나 도시하수와 같은 점오염원으로부터 오염을 정화시켜 왔다. 그러나 앞으로는 수질오염의 55% 이상을 유발하는 비점오염원의 특별한 관리가 요구된다.

표 3.2 점오염원 및 비점오염원

점 오 염 원	비 점 오 염 원
· 부패조 · 도시쓰레기 매립지 · 오염된 폐기물을 저장하기 위한 산화지 · 휘발유와 같은 오염물질을 함유한 지하저장탱크 · 수천 곳의 공장이나 산업폐수 처리장 등	· 고속도로 구조물과 지지물: 침식된 토양과 독성 화학물질들 · 도시와 교외 거리로부터의 강우 유출: 기름, 휘발유, 개 배설물, 쓰레기 · 경작지에 뿌려지는 살충제 · 곡식과 잔디에 주는 비료 · 제빙과 제설을 위해 고속도로에 뿌려지는 건염 등

3.2.1 점오염원(Point source)

수질오염의 발생 원인으로는 크게 자연적인 것과 인위적인 것으로 분류할 수 있다. 자연적 원인으로는 강우량의 불균형으로 인한 하천용량의 저하와 하상의 형태에 따른 유속 및 유량의 불연속성, 그리고 하천유역에서 표사 퇴적으로 인한 각종 부유물질의 하천유입이 있으나 일시적인 것으로 큰 문제가 되지 않는다. 왜냐하면 자연은 자정능력이 있어서 시간이 어느 정도 경과되면 정화되기 때문이다. 그러나 인위적 오염물의 계속적인 배출은 이 자정능력의 상실을 가져와 결국 별도의 오염물질 처리시설을 갖추지 않으면 안 되는 것이다. 인위적인 오염물질 배출은 인구증가 및 각종 산업활동에 따른 필연적인 것으로 그 종류를 대별하면 생활하수, 산업폐수, 축산폐수 등이 있다.

(1) 생활하수(Domestic wastewater)

인간의 생활로 인하여 발생되는 오염물의 문제는 시골보다 인구가 집중된 도시가 더 심각하다. 도시하수는 가정에서 배출되는 가정오수(Domestic sewage)와 상업시설 및 각종 공공기관에서 배출되는 폐수(Wastewater)를 포함하며, 그 성분은 주방으로부터 음식 찌꺼기 및 식기류 세척수, 세탁폐수 그리고 화장실로부터 분뇨 등이 배출 되는데, 세척시 사용되는 세제류를 제외하면 대부분이 천연 유기성 물질이라 할 수 있다.

분뇨는 최근 수거식에서 수세식으로 대부분 전환되어 각 가정의 경우 자체 정화조가 설치되고 아파트 등 대규모 주택단지는 오수 및 분뇨를 자체정화시설인 「오수정화시설」에서 처리하는 방식을 채택하고 있다. 도시하수는 최종적으로 집중처리방식을 취할 수밖에 없는데 문제는 세제류의 무분별한 사용으로 인해 집중처리작업에 지장을 주거나 거품발생으로 도시 하천의 미관을 해치고 있는 것이다. 고급지방산 소다인 비누대신 합성세제로 바뀌게 됨으로서 세척력은 뛰어나지만 비천연물질이라는 점에서 미생물에 의해 분해되기 어려운 단점이 있다. 세제는 ABS(알킬벤젠 슬폰산: 하드형)에서 현재 비교적 미생물분해가 잘되는 LAS(직쇄형 알킬벤젠 슬폰산: 소프트형)으로 전환되어 사용되고 있지만, 이것 역시 부영양화(Eutrophication)의 원인이 되고 있다. 왜냐하면 합성세제에는 거품이 잘 일게하고 세척력을 높이기위해 보조제(Builder)를 사용하는데 이 보조제에 인산염, 표백제 등이 들어있기 때문이다. 이의 대응책으로 최근에는 미생물에 의한 분해가 아주 용이한 천연물질에 가까운 알콜계의 합성세제 개발이 이루어지고 있다.

(2) 산업폐수(Industrial wastewater)

수질오염에 대한 가장 큰 문제는 산업폐수에 있다 해도 과언이 아닐 것이다. 산업의 다양화, 대규모화 등으로 인하여 각종 중금속을 비롯하여 하수보다 영향이 큰 고농도 유기성물질, 고도처리를 요하는 난분해성 물질등이 배출되기 때문이다. 이들은 대부분 기존의 하천, 호소 등 자연자정에 의하여 정화되지 않거나 자정에 오랜 시간이 소요된다. 중금속함유 폐수는 생물농축이라는 순환사이클에 의해 결국 인간의 몸으로 되돌아와 무서운 환경질환 또는 공해병을 유발하게 된다.

현재 문제가 되고있는 주요업종은 피혁, 도금, 섬유, 화학공장 등으로 이들 시설에서 나오는 산업폐수는 중금속 등 유해화학물질을 함유하고 있으므로 특별한 관심과 노력을 기울여야 할 것이다.

(3) 축산폐수(Animal wastewater)

축산폐수는 도시하수의 분뇨와 마찬가지로 유기물질 함량이 매우 높으
며 많은 나라들이 축산폐수의 처리에 어려움을 겪고 있다. 우리나라의 경
우 땅이 좁아 농지이용에 한계가 있고 부분적으로 토지조성이란 명목으
로 농지 등에 그대로 살포되기도 한다. 그러나 상당수의 축산농가에서는
발생된 축산폐수를 적정처리하고 않고 하천에 그대로 방류하는 경우가
발생되고 있다. 최근에는 대규모 사육이 이루어지는 축산시설물들이 대부
분 상수원근처에 위치함으로서 문제의 심각성을 더해주고 있다.

3.2.2 비점오염원(Non - point source)

이상에서 설명한 생활하수, 산업폐수, 축산폐수 등 오염원이 쉽게 확인
되는 점오염원(Point source)은 자체정화시설의 설치와 설치된 정화시설의
적정관리를 유도함으로서 오염원의 통제와 관리가 가능하다고 보여진다.
점오염에 대한 상대적 개념으로 오염원의 확인이 어렵고 규제관리가 용
이하지 아니한 비점오염원(Non - point source)의 경우는 차츰 심각한 수질
오염의 주요원인이 되고 있다. 이들 비점오염원으로는 농약, 비료, 합성세
제 등을 들 수 있다.

(1) 농약류

농약류의 경우 수계의 직접적인 영향보다 토양에 살포된 것이 서서히 수역으로 유입되어 수질을 오염시키는 경우가 많다. 특히 농약은 분해되지 않는 안정한 화합물 즉 잔류성 화합물이 대부분이어서 중금속과 마찬가지로 생체내에 축적이 일어나 만성적인 중독현상을 나타내므로 그 위험도는 심각하다. 최근의 농약 개발은 인체에 대한 중독성을 고려하지 않고 살균 및 살충력에 촛점을 맞추어 개발되고 있으며 사용자도 증산에만 관심을 갖고 무제한 사용함으로서 이제는 만성 중독증상보다 급성 중독현상까지 이르렀다. 이 같은 결과로서 제조중지, 사용금지의 조치를 받은 농약도 상당수가 있다. DDT나 BHC 등의 유기염소계 농약은 사용금지된 지가 이미 오래이나 아직 잔류농약으로서 토양이나 하천으로부터 모습이 사라지지 않은 채로 있는 것도 상당하고 전기 전열재료, 열매체, 도장원료 등으로 쓰이는 PCB(Poly Chlorinated Biphenyl)는 농약은 아니지만 농약성분과 유사한 잔류성과 독성을 가진 화합물로서 폐기물로 인한 토양오염으로부터 결국 수계로까지 나타나고 있다. 최근에는 골프장에서 사용되는 제초제 농약도 문제가 되고 있다.

(2) 비료

농작물의 재배방식, 품종의 변화는 비료의 사용을 증가시켰다. 비료의 사용으로 곡물생산은 엄청나게 증가되었지만, 그 결과 비료의 살포로 인한 하천, 호소, 특히 농·어촌지역의 수질오염은 심각한 수준에 도달 하였다. 비료는 3요소 질소(N), 인(P), 칼륨(K)을 주성분으로 하고 있으며 수질오염에서 문제가 되는 것은 주로 질소와 인 성분으로서, 이들은 하천·호소 등의 녹조류의 영양물질로 작용하고 부영양화의 원인이 되고 있다.

(3) 합성세제

합성세제는 세척력이 우수하고 사용이 편리하여 날로 사용량이 늘고 있으며, 생활하수오염의 주요원으로서 오늘날 논란이 심화되어가고 있다. 합성세제로 인한 물의 오염은 합성세제 자체가 유기물질이므로 하천·호소의 산소고갈과 함께 분해속도가 비누에 비해 느리고 거품이 과다하게 발생되어 공기의 침투를 방해한다. 아울러 사용시 피부의 습진발생과 물속에 들어가서는 물고기 등의 자연 생태계에 자극을 줄 수 있다는 점이다. 합성세제에 의한 거품발생은 하수종말처리장의 처리효율을 떨어뜨리기도 하는데 탄천하수종말처리장 하류의 거품발생도 합성세제에 의한 것으로 지적되어 있다.

우리나라의 경우 1인당 년간 합성세제 사용량이 6.5㎏을 넘었고 최근 환경부의 자료에 의하면 생활하수오염의 상당량이 합성세제에 기인하는 것으로 알려지고 있다. 합성세제로 인한 오염문제는 앞서 설명한 단순유기성 오염물질과 거품에 의한 영향 이외에도 주부습진, 남성대머리 발생 등 아직 확인되지 않고 있는 부작용들이 논란의 대상이 되고 있다. 아직도 비누와 합성세제의 유해성 논란은 계속되고 있다. 비점오염원에 의한 수질오염의 발생요인은 표3.3과 같다.

표 3.3 비점오염원에 의한 수질오염 발생요인

오 염 원	발 생 요 인
조림지	목재, 종이 생산을 위해 나무를 키우고 벌목, 다량의 침전을 생산
농경지	자연식생을 파괴하며 침식 증가, 살충제, 비료 사용으로 하천수나 지하수 오염
광 산	광산 폐기물의 방출과 세탈로 지표수나 지하수가 금속이나 산으로 오염, 자연식생의 파괴로 침식 증가
도심지 유수	정원에 뿌려준 살충제, 제초제, 비료 등이 빗물에 씻겨 하천수나 지하수 오염
주차장, 세차장	기름, 중금속 등이 빗물에 씻겨 하천수나 지하수를 오염

(예제) Non-point source의 오염원 및 대책을 쓰시오.

(1) 비점오염원의 구분

1) 자연적인 오염

① 암석과 토양이 물과 접촉하여 생겨난 오염물질의 용출

② 산림지대의 화학적, 생물학적 성분의 침식과 유실

③ 하구의 염수침투

2) 인위적인 오염

① 농경지에서 비료와 농약(살충제, 제초제) 등의 사용

② 농경지와 목장의 토양침식

③ 포장된 도시지역의 누적먼지와 오물의 용출

(2) 문제점

① 비점오염원 오염물질의 최대 발생시기는 유출량이 많은 홍수기

간(6~9월 집중)에 집중된다.

② 수질악화 영향은 갈수기가 가장 심각한데, 갈수기에는 점오염원
에 의한 영향과 함께 문제점을 가중 시킨다.

③ 실측자료가 없기 때문에 비점오염 부하량 추정이 어렵다.

④ 일부자료에 의하면 도시지역 유출 BOD 부하량은 생활하수가 하
천과 호수에 유입되어, T-N과 T-P에 의한 비중이 전 부하량
의 75%를 차지한다.

⑤ 비점오염 부하조사 등이 거의 없으므로 환경용량 결정이 어렵다.

⑥ 비점오염 부하를 고려한 수질기준의 설정이 어렵다.

(3) 대책

① 비점오염원에 대한 기초조사, 오염부하량 추정이 필요하며, 우리
실정에 적합한 모델을 개발한다.

② 비점오염 관리법을 제정하여 운영한다.

③ 도로청소 및 조기 우수유출수의 일시저류 및 처리시설을 확보한다.

④ 농경지의 우수배수로, 체류지 설치를 확보하고 비료, 농약사용의
적정화를 권장한다.

⑤ 침출수 유출방지시설 및 차집시설 등을 확보한다.

3.3 수질오염의 영향

3.3.1 생활환경

수질오염으로 인한 생활환경의 악화는 질병의 발생과 밀접한 관계가 있으며, 그것을 효과적으로 해결하기 위해서는 기본적인 해결방안이 있어야 한다.

인간이 일상생활을 영위하는데 있어 생물적 환경이든, 물리적 환경이든 서로 관련이 있으므로 쾌적한 생활환경으로의 개선이 요구된다.

- 안전하고 풍부한 용수의 공급
- 오수, 오물 등의 적절한 처치
- 매연, 소음, 악취 등에 대한 적절한 처치
- 살기 좋은 합리적 주택, 직장건축을 위한 지도
- 위생곤충, 위해동물 등의 구제
- 안전하고 합리적인 식물의 공급

이와 같은 내용은 환경과 인간의 생활기능과의 관계를 연구하여 인간 생태학적인 측면에서 개선되어야 한다.

3.3.2 수산업

시안이나 농약 등의 유독물질은 어류의 패사 원인이 되며, 또 유기물에

의한 오염은 점차 어류의 생식환경을 악화시켜 어류의 형태변화를 가져
오고 지극히 나빠지면 산소부족으로 패사하며 결국 그 하천에는 어류를
찾아볼 수 없게 된다.

하천, 호소, 항만해역의 오염으로 인하여 수산업이 받는 피해는 크다.
폐해의 종류도 여러 종류에 이른다

- 독물에 의한 급성중독사
- 생산량의 저하
- 상품가치의 저하
- 어구·선박의 손상·부식 등

급성중독사를 일으키는 예로서는 시안 기타의 유독물질을 함유한 배수
에 의한 오염으로서, 어느 곳에서나 일어날 수 있는 현상이다. 또 그 자
체는 직접 유독하지 않더라도 유기성 폐수 등이 다량으로 유입될 경우,
수중의 산소를 소비하고 여러 호기성 생물의 질식사를 급속히 초래하는
경우가 많다. 수질오탁은 그 수역의 생태적인 환경을 서서히 바꾸어 결국
에는 완전히 생물상을 치환시킨다. 항만의 오염으로 해초, 어패류의 생식
지를 박탈하고 황막한 수역으로 변경시킨 예는 우리들이 때때로 경험하
는 사건이다.

3.3.3 농업

농경지의 토양침식에 의해 많은 퇴적물이 집수유역에 유입된다. 농경지
유하수 중에는 살충제, 비료성분 및 동물로부터의 배설물, 기생충난 등을

함유한다. 최근 농약의 사용량이 증가되면서 농약성분들의 생물학적 농축현상이 큰 문제가 되고 있다.

식물의 성장에 있어서 용수의 수질보다는 배수가 잘되는 흙이 더 중요한 조건이다. 따라서 농업용수에 있어서는 토양과 수질을 함께 고려해야 한다. 용수의 수질면에서 염(鹽)과 유해물질의 양은 중요한 사항인데 농업에 대한 피해사례는 다음과 같다.

- 삼투압(Osmotic pressure)에 대한 영향
- 독성
- 흙의 구조와 투수성(透水性) 및 포기의 정도변화
- 유해물질에 의한 농작물의 오염
- 유해물질에 의한 농작물의 생육저해
- 발생한 슬러지 등에 의한 농작물의 피해 등

3.3.4 수자원

(1) 부영양화(Eutrophication)

하천이나 호소에 유기물 또는 질소·인 등 영양염류가 적당히 존재하면 희석, 침전, 생물분해에 의해 자연 정화되지만, 과잉 공급되면 식물성 플랑크톤이나 조류의 이상 번식을 촉진하여 물색깔의 변화와 투명도 저하를 초래한다. 또 이들의 사멸에 의한 잔해는 하부에 침적하여 부패되거나 또는 유하하여 댐의 배후나 하구부근에 침전하여 하천의 수질을 악화시킨다.

(2) 용존산소(DO)의 고갈

여러 가지 유기물질이 하천에 유입될 때 그 미치는 영향은 여러 가지로 다르다. 예컨대 유류는 하천의 미관상 좋지 못할 뿐만 아니라, 수상에 퍼져서 엷은 막을 형성함으로써 공기 중의 산소가 물속에 용해되는 것을 방해하다. 그러므로 기름의 양이 과다하면 물고기는 질식한다. 또한 페놀, 타르, 시안화물 및 DDT와 같은 유독성 유기화합물은 하천 중에 있는 미생물을 사멸시킴으로써 하천의 자정작용을 해칠 뿐만 아니라 극소량으로도 물고기와 기타의 수생생물을 죽일 수 있다.

3.3.5 생물농축

유해물질이 우리들의 체내에 높은 농도로 축적되는 것은 자연계 내에서 수중의 아주 적은 유독물질이 수천, 수만배로 생물체 내에 축적되는 생물농축현상이 있기 때문이다. 미나마다병, 모유의 PCB 오염도 이와 같은 기구를 통하여 일어날 수 있는 것이다. 생물농축에는 수중에서 직접 어떤 생물에 농축되는 경우와 먹이사슬에 의해 먹이로서 섭취될 때마다 농축되는 과정을 말한다.

직접농축은 어류의 중금속, 갑각류의 불소, 비소, 어내의 불소, 두족류(오징어·문어) 간의 카드뮴, 어류의 PCB 등에서 볼 수 있는 농축이다.

먹이사슬에 의한 농축과정은 DDT나 수은 등이 미생물 → 플랑크톤 → 작은 새우류 → 소어 → 대어 → 바다 표범과 같은 연쇄에 의해 수중 농도의 수만 배 내지 수십만 배로 농축되는 경우가 DDT 수은 등에서 증명되고, PCB도 직접 농축 외에 이 경로에 의한 것이 있다.

3.3.6 산업

공업용수의 용도가 음료수와 같이 단일하지 않고 다양하기 때문에 각 공업폐수에 의해서 오염되었을 경우에 나타나는 영향은 획일적으로 판단하기는 어려우나 다음과 같은 문제점을 발생시킨다.

공업용수도 오염도가 지나치면 용수가치(用水價値)를 상실하게 된다.

- 제품에 미치는 영향

착색, 착미(着美), 착취(着臭), 얼룩, 홈 및 더러워지고 또한 부패되기 쉽다. 또한 화학반응 등으로 변질, 불량품을 만들게 된다.

- 공장시설에 미치는 영향

부식을 일으키는것 외에도 침식이나 폐색의 원인이 된다.

- 공장시설기능에 미치는 영향

결절(結節), Slime, Scale의 생성 및 축적에 의한 송수 능력, 수압, 열교환기능의 감퇴, 기포(起泡), 발취(發臭)를 일으킨다. 또 미생물의 발생과 그로 인한 장해를 일으킨다.

- 하수처리에 미치는 영향

유기물이 많은 배수는 하수관거(下水管渠)내에서 부패하며 그로 인하여 발생한 황화수소는 황 박테리아의 발생으로 황산을 생성하여 시멘트를 침식하거나 또는 황화수소를 발생하여 금속기구 등을 흑변(黑變)케 하거나 고온폐수로 인한 발효촉진 등으로 가연성(可燃性)가스의 발생으로 인한 폭발 등을 일으킨다. 하수처리장에 있어서는 직접적으로는 관거(官渠)의 경우와 같이 시설의 부식, 손상을 가져온다.

간접적으로는 침전물의 증가에 따라 제거작업이 빈번해지고, 유기물의 동시 침전으로 부패발효가 일어나 Scum이나 악취가 발생하여 정화처리가 곤란해진다. 또한 ABS 등은 하수표면에 기포가 발생하여 대기중으로부터의 산소공급을 차단하여 활성오니(活性汚泥)의 증식(增殖)에 저해를 가져온다.

산업폐수는 농도, 수량 및 유해물질 함유량이 클수록 하수처리에 큰 영향을 미치는데, 그 영향은 하수처리 방법에 따라 다르다. 간이처리에 있어서는 부유물질에 의한 영향이 크나 유해물질의 존재에는 관계없으며 생물화학적 처리에 있어서는 부유물질과 더불어 유해물질에 의한 영향이 현저하다.

3.4 하천 수질관리

하천수는 산간계곡을 흐르는 동안에 낙엽, 고목, 동물사체 등에 의해서 오염되기도 하나 그 빈도 및 양이 비교적 적으므로 물이 흐르는 동안에 하천의 자정능력(Self-purification capacity)에 의해서 정화가 된다. 그러나 인구가 많고 공장이 많은 지역을 통과할 때에는 도시하수, 공장폐수 등에 의해서 오염이 가중되어 수질의 악화를 가져오기 쉽다.

일반적으로 상수도의 급수원으로서 하천수를 이용하는 것이 상례이며,

하천수의 환경관리가 소홀할 경우에는 수인성전염병(水因性傳染病, Waterborne communicable disease, 장티푸스, 콜레라, 이질 등)과 여러 가지 중금속 및 유해물질로 인한 환경오염사고 및 집단발병 등이 우려된다.

우리나라의 경우 비교적 연평균 강수량은 많으나, 이용가능한 하천의 유량은 풍부하다고 볼 수 없다. 그 이유는 강수량 중 태풍, 장마, 호우 등에 의한 것이 대부분이며, 특정기간에 집중되어 한꺼번에 유출되기 때문이다.

3.4.1 자정작용

하천이나 호소가 하수, 공장폐수 등에 의하여 오탁되어도 상당한 기간 동안 방치하여 두면 깨끗한 원래의 상태로 복원된다. 이러한 현상을 자정용이라 한다. 이 자정작용은 자연의 치유력이며 근본적으로는 물리적, 화학적, 생물학적인 3가지 작용이 서로 밀접하게 연결되어 장시간, 장거리 또는 넓은 공간에 걸쳐 이루어지는 것이다. 인공적인 정수법은 이러한 작용을 단시간에 작은 공간내에서 인공적으로 행하는 것 뿐이다.

물리적 작용은 희석, 확산, 혼합, 침전, 흡착, 여과 등으로 수중오염물질의 농도가 감소하거나 포기에 의해서 공기 중의 산소가 용해(혹은 미생물이 가해져서)하여 유기물의 분해가 촉진된다. 지하수에서는 지층을 정화작용에 의하여 오염물질이 정화되며 이는 여과 또는 생물학적 작용이 관여된다.

화학적 작용은 순수한 공기중에서 흡수된 산소에 의한 산화 또는 오염물질의 분해에 의하여 생기는 탄산가스가 물의 pH를 높여 수산화물의 생성이 촉진되어 자연적인 응집이 진행되지만 생물·화학적 산화환원 작용에 비하면 화학적 자정작용이 차지하는 부분이 작다. 생물학적 작용은 자정작용에서 가장 큰 비중을 차지하며 이러한 작용의 진행에 영향을 끼치는 외적 환경요인은 온도, pH, DO, 햇빛 등이다. 수중생물은 호흡작용에 필요한 산소를 수중의 DO에 의지하고 있으므로 자연적 또는 인공적으로 산소를 보충하지 않으면 DO가 감소하여 DO를 소비하는 호기성 미생물은 사멸하고 대신 혐기성 미생물(유기물이라든가, NO_3^-, NO_2^-, SO_4^{--} 같은 물질에 함유된 화합상태의 산소를 끌어내는 이것을 소비하는 미생물)이 활동을 전개하게 된다.

 DO가 충분한 전단계에서는 호기성분해인 산화가 주가 되며, DO가 부족한 후단계에서는 혐기성분해, 즉 부패인 환원이 주가 된다. 호기성 분해에 의해서는 오염물질이 결국은 간단한 안정된 무해성분들 즉 CO_2, H_2O, NO_2^-, NO_3^-, SO_2, SO_4^{--}, PO_4^{---} 등이 되지만 혐기성 분해의 최종 생성물은 CH_4, H_2, H_2S, CO_2, 메르캅탄($R-SH$)이며 중간화합물이 휘발성으로 유해한 것이 특징이다. 호기성 분해는 그 과정이 별로 유해하지 않지만 혐기성 분해는 호기성 분해에 비하여 분해시간이 길고 유해한 것이 많다. 혐기성 상황에서 하천은 장시간 장거리에 걸쳐서 자연정화 되기 어렵다. 그러나 상황에 따라 수중의 DO는 대기 중의 산소가 용해하여 (재포기) 다시 회복된다. 이러한 상태가 계속 진행되면 물은 오염되기 이전의 상태에 가까워지며 결국 자정작용이 완료된 것으로 간주할 수 있다. 그러나 최근에는 합성세제(주로 ABS: Alkyl Benzene Sulfonate)의 폐수가 하천이나 호수에 유입되어 거품을 일으켜서 공기중의 산소가 수면으로부터 공급되는 것을 막아 하천이나 호수의 자정작용을 방해하는 일이 많다.

자정작용의 진행속도는 실제 중요한 문제로 DO의 시간적 변화나 BOD 또는 COD의 시간적 제거율을 조사하여 추정한다.

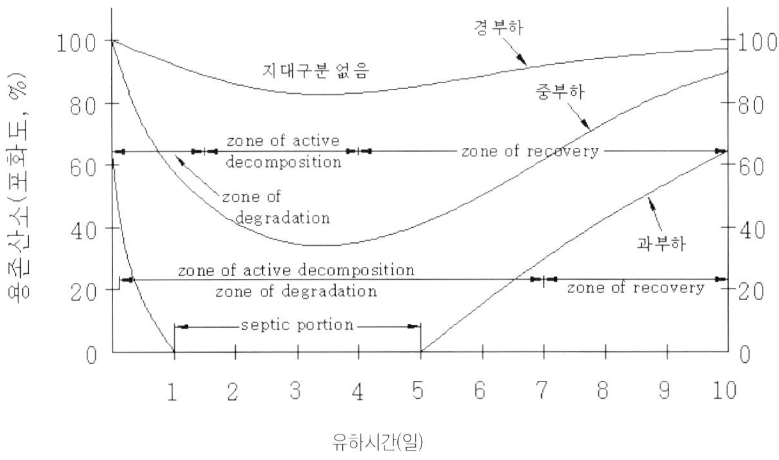

그림 3.1. 유기물 유입에 따른 DO 곡선과 자정작용.

3.4.2 정화단계

하천에 하수등 유기성 오수의 유입으로 인한 변화상태를 Wipple은 분해지대(Zone of degradation), 활발한 분해지대(Zone of active decomposition), 회복지대(Zoon of recovery), 정수지대(Zone of clearwater)의 4지대로 구분하였고 Kolkwitz와 Marson은 강부수성 수역(Polysarprobic), α − 중부수성 수

역(α – Mesosaprobic), β – 중부수성 수역(β – Moesosarprobic), 빈부수성 수역(Oligo saprobic)의 4지대로 구분하고 있다(표 3.4 ~ 3.5).

표 3.4 Whipple의 4 지대

지대 (Zone)	변 화 과 정
분해지대 (Zone of degradation)	① 이 지대는 유기물 혹은 오염물을 운반하는 하수거의 방출지점과 가까운 하루에 위치하여 여름철 온도에서 DO 포화도는 45% 정도에 해당된다. ② 오염이 물의 물리적 화학적 질이 저하되며 오염에 약한 고등생물은 오염에 강한 미생물에 의해 교체된다. ③ 세균의 수가 증가하고 유기물을 많이 함유하는 슬럿지의 침전이 많아지며 용존산소량이 크게 줄어드는 대신에 탄산가스의 양은 많아진다. ④ 분해가 심해짐에 따라 오염에 잘 견디는 곰팡이류(fungi)가 녹색 수중식물이나 고등미생물을 대신해서 심하게 번식한다. ⑤ 분해지대는 희석이 잘되는 대하에서보다 희석이 덜되는 작은 하천에서 더 뚜렷이 나타난다.
활발한 분해지대 (Zone of active decomposition)	① 용존산소가 없어 부패상태이고 물리적으로 이 지대는 회색 내지 흑색으로 나타나며 화장실 냄새나 H_2S에 의한 달걀 썩은 냄새가 난다. ② 혐기성 분해가 진행되어 수중의 CO_2 농도나 암모니아성 질소가 증가한다. ③ 혐기성 세균이 호기성 세균을 교체하며 fungi는 사라진다.
회복지대 (Zone of recovery)	① 분해지대의 현상과 반대현상이 일어나며 용존신소의 증가에 따라 물이 차츰 깨끗해지고 기체방울의 발생이 중단된다. ② DO가 포화될 정도로 증가하고 아질산염이나 질산염의 농도가 증가한다. ③ 세균의 수가 감소하는 대신 원생동물, 윤충(rotifer), 갑각류(甲殼類 :crustacea)가 번식하기 시작하고 fungi도 약간 발생한다. ④ 조류가 많이 발생한다. ⑤ 조개류나 벌레의 유충이 번식하며 생무지, 황어, 응빛 담수어 등의 물고기가 자란다.
정수지대 (Zone of clear water)	① 오염되지 않는 자연수처럼 보이고 많은 종류의 물고기가 다시 번식하기 시작한다. ② 위의 지대를 거치는 동안 대장균과 변균을 부적합한 환경에 의하거나 혹은 타미생물에 잡아 먹히어서 그 수가 줄어든다. 그러나 일부는 계속 남아있기 때문에 깨끗하다 하더라도 한번 오염된 물은 적당한 처리를 해야 음료수로 사용할 수 있다.

수역별 구 분	강부수성 수역	α-중부수성 수역	β-중부수성 수역	빈부수성 수역
분 류	고등생물이 살 수 없는 강한 부패수역으로 수질도에 빨간색으로 표시	강한 오염수역으로 수질도에 노란색으로 표시	상당히 오염된 수역으로 수질도에 초록색으로 표시	오염되지 않는 수역으로 수질도에 푸른색으로 표시
화학적현상	환원과 분해에 의한 부패현상이 심하다.	수중과 저니에 산화현상이 나타난다.	산화현상이 다시 일어난다.	산화가 없고 무기화가 완성된 단계
DO	전무하거나 극소	약간 있다.	어느 정도 있다.	많다.
BOD	항상 매우 높다.	높다.	어느 정도 낮아진다.	낮다.
H_2S 냄새	곧 알아 볼 수 있고 H_2S 취가 난다.	강한 H_2S 취는 안난다.	없다.	없다.
수중의 유기물	탄산과 단백질 고 차 분해산물이 풍부하다.	고분자 화합물의 분해에 의한 아미노산 풍부	지방산의 암모니아 화합물이 많다.	유기물은 분해가 완료된다.
생식생물의 생태학적 특징	전부 박테리아를 섭취하여 pH변화에 강한 혐기성 생물	주로 박테리아를 섭취하는 것으로 육식동물도 있다.	pH와 산소의 변동에 약하다.	동작 H_2S에 견디지 못한다.
식 물	규조, 녹조, 접합조와 고등식물은 없다.	조류가 대량발생, 감조, 녹조, 규조, 적합조 출현	규조, 녹조, 접합조가 많이 출현	수중의 조류는 적다. 단, 착색종류는 많다.
원생동물	아베마, 편모층, 섬보층이 출현, 태양층, 흡관층류, 쌍편모층은 없다	태양층, 흡관층류가 약간 있다. 쌍편모층은 없다.	태양층, 흡관층류 등 오염에 약한 종류가 출현, 쌍편모층도 출현	편모층, 섬모층은 적게 출현

3.4.3 용존산소(DO) 곡선

하천에 BOD 물질이 유입되고 재포기(Reaeration)가 일어나면 물의 흐름에 따라 DO 부족량의 단면도를 보면 스푼모양(Spoon shaped)을 이룬다. 이 곡선을 DO 부족곡선(Dissolved oxygen sag curve)라 부른다.

산소부족량(Oxygen deficit)이란 주어진 수온에서 포화산소량과 실재 용존산소량간의 차이를 말한다(그림 3.2).

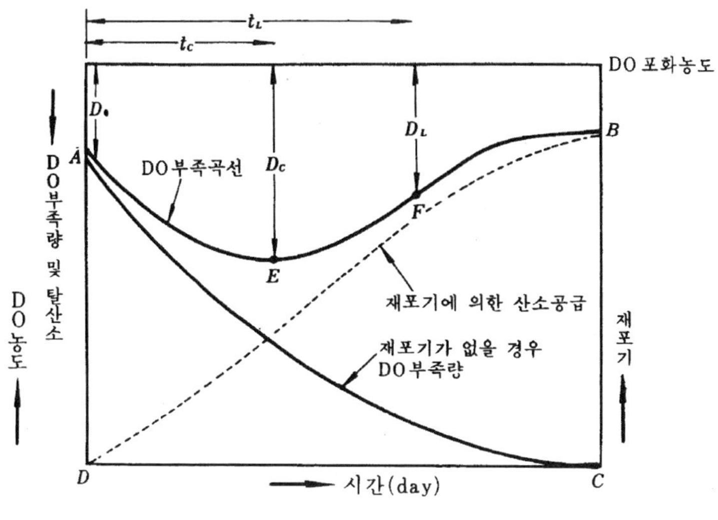

그림 3.2. DO 부족곡선.

E : 임계점(Critical point)

F : 변곡점(Point of inflection)

D_o : 초기(t = 0 일때) DO 부족량(Inicial deficit)

D_c : 임계부족량(Critical deficit)

D_L : 변곡점에서의 DO부족량(Inflection deficit)

t_c : 임계시간(Critical time)

t_L : 변곡점까지의 시간(Inflection time)

$A-C$: 탈산소곡선

$D-B$: 재포기 곡선

시간 t에서 대기로부터 수중으로의 산소용해율은 수온 산소부족량, 수면 교란상태, 불순물의 농도에 따라 변하므로 다음과 같이 미분방정식으로 쓸 수 있다.

$$\frac{dD_t}{dt} = -K_2' D_t$$

여기서 D_t는 시간 t에서의 산소부족량, K_2는 재포기계수이다.

윗식을 t=0일 때, $D_t = D_o$라 하여 적분하면

$$\ln D_t = -K_2't + \ln D_o$$

$$\ln D_t - \ln D_o = -K_2't$$

$$\ln \frac{D_t}{D_o} = -K_2't$$

$$D_t = D_o \cdot e^{-k_2't}$$

다시 자연대수를 상용대수로 표현하고 $K_2 = 0.434K_2'$를 사용하면

$$D_t = D_o \cdot 10^{-K_2 t}$$

여기서, D_t = 시간 t일 때 산소부족량(mg/ℓ)

　　　　t = 시간(일)

　　　　K_2 = 재포기계수

　　　　D_o = 초기 DO부족량(mg/ℓ)

K_2는 주로 수심의 함수이고 수온, 유속, 하천의 교란상태 등에 의해 영향을 받으며 20℃에서 유속이 빠른 하천의 경우 0.5까지, 유속이 낮은 큰 하천의 경우에는 0.15～0.20, 흐름이 없는 호수에서는 0.05에 이르는 것을 볼 수 있다.

한편 최종 BOD는 온도에 따라 다음과 같이 보정한다.

$$L_T = L_{20}(0.02T + 0.6)$$

여기서, L_T = T℃ 때 최종 BOD

　　　　L_{20} = 20℃ 때 최종 BOD

어떤 하천중의 BOD량을 L, 탈산소(Deoxygenation) 계수를 K_1, 재포기 (Reaeration) 계수를 K_2라 하여 산소부족량을 써보면

$$\frac{dD_t}{dt} = K_1'L - K_2'D_t$$

윗 식을 적분하면

$$D_t = \frac{K_1'L_o}{K_2' - K_1'}(e^{-K_1't} - e^{-K_2't}) + D_o e^{-K_2't}$$

$K_1 = 0.434\ K_1'$, $K_2 = 0.434\ K_2'$를 사용하고 상용대수로 고치면

$$D_t = \frac{K_1 L_o}{K_2 - K_1}(10^{-K_1 t} - 10^{-K_2 t}) + D_o 10^{-K_2 t}$$

여기서 $D_t = t$ 일후의 DO 부족량(mg/ℓ)

$L_o = $ 전체 $BOD(BOD\mu)(mg/\ell)$

$D_o = $ 초기DO 부족량(mg/ℓ)

$K_1 = $ 탈산소계수(day^{-1})

$K_2 = $ 재포기계수(day^{-1})

위의 공식을 사용하면 하천에 오염물이 유입시 하류 여러 지점에서 다음 사항을 알 때 t일후의 DO부족량 또는 DO량을 계산상으로 추정할 수 있다.

① 수온

② 상류에서의 DO량 및 $BOD(D_o$ 및 $L_o)$

③ 하천의 탈산소계수(K_1)

④ 하천의 재포기계수(K_2)

여기서 ①, ②의 측정은 쉽고 K_1 값은 하류에 따라 여러 지점의 BOD 를 측정하여 $L_t = L_o \cdot 10^{-K_1 t}$ 식에 의해 구할 수 있다.

K_1과 K_2의 온도보정은

$$K_1(t) = K_1(20) \times 1.047^{t-20}$$

$$K_2(t) = K_2(20) \times 1.018^{t-20}$$

여기서 t는 ℃로 표시한 수온이다.

용존산소곡선(Oxygen sag curve)에서 DO가 가장 낮은 점인 임계점의 좌표계산은 대단히 중요하다.

임계시간 t_c는 DO곡선식의 D_t를 미분한 값 $\dfrac{dD_t}{dt}$를 0으로 놓아서 계산할 수 있다.

$\dfrac{dD_t}{dt} = 0$에서

$$t_c = \frac{1}{K_2 - K_1} \log\left[\frac{K_2}{K_1}\left\{1 - \frac{D_o(K_2 - K_1)}{L_o K_1}\right\}\right]$$

임계부족량 D_c는 t_c로부터 구할 수 있고 t_c를 f라는 상수를 사용해서 표현하는

$$f = \frac{K_2}{K_1}$$

여기서 f를 자정상수(Self purification constant)라고 하고 임계시간 t_c는 다음과 같다.

$$t_c = \frac{1}{K_1(f-1)} \log\left[f\left\{1 - (f-1)\frac{D_o}{L_o}\right\}\right]$$

임계시간 t_c에서의 산소부족량, 즉 임계부족량 D_c는

$$D_c = \frac{L_o}{f} \cdot 10^{-K_1 t_c}$$

윗공식에서 t_c 의 단위는 Day, D_c의 단위는 mg/ℓ 이다.

DO 복귀율이 가장 큰 변곡점에서의 좌표는 다음 공식을 이용하여 구할 수 있다.

$$t_L = \frac{1}{K_1(f-1)} \log f + t_c$$

$$\log D_L = \log\left(\frac{f+1}{f^2}\right) + \log L_o - K_1 t_L$$

여기서 t_L와 D_L는 각각 변곡점에서의 시간과 산소부족량을 말한다.

상기 공식들 중에서 t_c를 산출하는 공식과 t_L를 산출하는 공식은 $f=1$인 경우 t값을 구할 수 없으므로 그런 경우에는 다음 공식을 이용하여 계산한다.

$$t_c = 0.434\left(1 - \frac{D_o}{L_o}\right)\frac{1}{K_1}$$

$$t_L = 0.434\left(2 - \frac{D_o}{L_o}\right)\frac{1}{K_1}$$

Fair씨에 의하면 수온 $20^\circ\mathrm{C}$ 에서 f값은 표 3.6과 같다.

표 3.6 자정상수 f값

상　　　　　태	$20^\circ\mathrm{C}$에서의 f값
작은 연못	0.5 ~ 1.0
큰 호수, 저수지, 유속이 느린 하천	1.0 ~ 1.5
유속이 낮은 큰 하천	1.5 ~ 2.0
보통 유속의 큰 하천	2.0 ~ 3.0
유속이 빠른 큰 하천	3.0 ~ 5.0
급류나 폭포가 있는 곳	5.0 이상

(예제 1) 하천정화 방법을 제시하라.

1) 준설
   - ㉮ 하천의 혐기성화 방지, 악취 억제
   - ㉯ 정체구역 제거, 하천 유속 증가
   - ㉰ 잘못된 준설방법의 선정은 생태계 혼란을 유발할 가능성이 있다.
   - ㉱ 펌프식 준설이 바스킷 준설법에 비해 혼란이 적다.

2) 희석
   - ㉮ 상시 유량을 증가시키기 위한 유량조정 댐 건설(유출량이 큰 지역)
   - ㉯ 타 지역으로부터 용수인입(유하되는 물을 모래여과 후 공급)
   - ㉰ 처리장 방류수의 인입(고도처리된 방류수)
   - ㉱ 집수정 및 집수매거에 복류수를 이용하여 하천을 희석

3) 침전
   - ㉮ 보(洑) 또는 침전지 설치(상류에 침전된 퇴적물 제거)
   - ㉯ 이수 및 치수 목적에 대한 부수적인 수질개선 효과
   - ㉰ 설치 및 유지관리가 간편하고 하상안정에 도움이 된다.
   - ㉱ 낙차부에 거품이 발생하여 하천의 통수능력이 저하된다.

4) 강중 포기
   - ㉮ 하천에 산소를 공급하여 호기성을 유지(중랑천, 수영장 적용)
   - ㉯ 시설이 간단하고 설비비가 저렴하며 유지관리가 간편하다.
   - ㉰ 분리 등의 형태로 경관조성과 상하층 혼합 효과가 크다
   - ㉱ 적정수심이 요구되며, 결빙기에 가동이 불가능하다.
   - ㉲ 오염이 심한 하천에는 효과가 낮다.

5) 하안 여과

　　㉮ 복류 정화법이다.

　　㉯ 완속여과와 흡사하여 수질개선에 큰 효과가 있다.

　　㉰ 하천수의 직접정화법이 아니다.

　　㉱ 동력이 필요하다.

　　㉲ 넓고 깊은 대수층을 필요로 한다.

6) 생물학적 정화법

　　㉮ 인공적으로 얕은 수심의 하상에 접촉재(조약돌, 플라스틱)를 충전한다.

　　㉯ 에너지가 불필요하다.

　　㉰ 소규모 단지의 배수 또는 농업 용수에 적용할 수 있다.

　　㉱ 지하에 설치시 상부의 용지 활용이 가능하다.

　　㉲ 유입수량에 대한 적응도가 낮고, 퇴적 슬러지 문제가 발생된다.

(예제 2) 물의 희석작용에 대하여 설명하라.

하천, 해역, 호소에 유입한 오수는 시간의 경과에 따라 오염물질농도를 저하시키는 것이 보통이다.

이는 희석작용, 자정작용(생물학적 작용, 흡착, 혼합, 침전 등)에 따라 좌우되며 일단 폐수가 유입되면 혼합되어 물질의 확산이 일어나게 된다. 이를 희석이라 한다.

즉, 고농도의 폐수가 일시에 유입될 경우 DO의 고갈을 일으키고, 따라서 미생물은 사멸하게 된다. 그러나 어느 정도의 농도를 가지고 유입되면 하류로 감에 따라 BOD 반응이 일어나게 되고 농도는 점점 감소하게 된다. 이렇게 되기 위해서는 유입구에서 순간적인 혼합이 이루어져야 한다.

오염물질 농도가 C_t인 오수가 C_w의 농도인 수중에 방류되었을 때 $C_t \neq C_w$이면 경계면(a - b, b - c, c - d, d - e)을 통하여 물질교환이 일어난다.

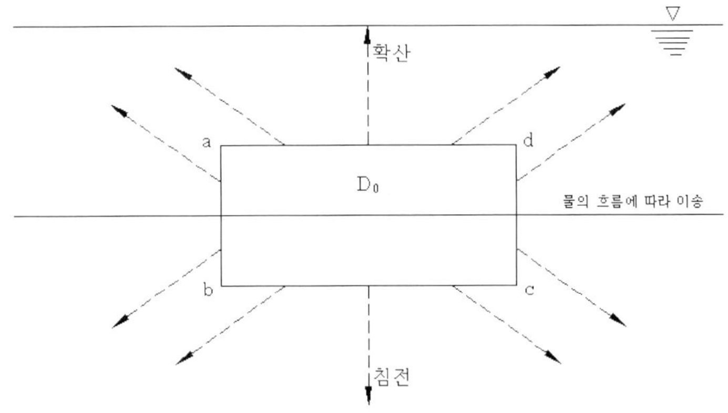

(유수수질을 규제하는 물질교환 작용)

물질교환의 주동적 작용요인으로는

1) 수중에서의 미립자 Brown 운동

2) 농도차 온도차에 의해서 생긴 밀도차

3) 난류 등을 생각할 수 있다.

1)에 의한 농도감소는 보통분자확산이라고 불리우나 다른 것에 비하면 무시할 정도이고 2), 3)은 모두 유체의 운동에 관한 것이다. 3)에서 오수가 고속으로 방류되어 하천수와 급격하게 혼합되는, 물쌀이 매우 강할 때를 혼합이라고 하며 물질교환이 수류 자신의 흔들림에 지배되어 있을 경

우를 난류확산이라고 부른다.

실제로 하천에서는 오수유입 지점부근이나 둑에서 수류가 현저하게 난류를 나타내므로 혼합에 의한 희석이 현저한 수역을 제외하면 난류확산이 지배적이다.

밀도류에 의한 희석은 호수나 해역과 같이 흐름속도가 미약한 곳에서는 중요하다. 난류확산의 강도는 유속, 수심, 하상, 기울기, 조도, 하도형상 등에 지배된다. 물론 Reynolds수가 크고, 흔들림이 큰 수역일수록 크나 이들 여러 요소를 종합한 확산강도의 지표는 확산계수이다.

확산계수가 큰 하천은 희석능력이 크다고 생각되나 아무리 확산계수가 크다고 하더라도 하천유량이 적으면 방류오수가 충분한 저농도에까지 희석되리라고 기대할 수 없다. 확산계수는 희석속도와 관련이 있으며 유량은 희석용량과 관계가 있다고 보아야 할 것이다. 따라서 오수방류방법에 따라 희석율은 변화한다.

순간적이고 균일한 혼합을 위해서는 유출구를 조정해야 하며 표면에 두꺼운 층의 형성을 막기 위해 다음과 같이 유출시킨다.

1) 급류가 없는 곳에 방류

2) 역류를 이용

3) 토구는 작고 갯수를 많게 한다.

4) 수표면보다는 수중에서 방류시킨다.

이처럼 집중부하를 줄여줌으로써 자정능력을 이용해서 폐수를 합리적으로 방류할 수 있는 것이다.

일정한 수질의 오수가 하천에 일정한 비율로 연속적으로 방류될 경우 오수유량과 하천유량을 각각 Q_i, Q_w 그리고 오수중의 오염물질 농도를

C_i, 하천수 중의 원오염물질농도를 C_w라고 하면 오수와 하천수가 완전 혼합되었을 때 하천수의 오염물질 농도 C_m 는 다음과 같이 계산된다.

$$C_i Q_i + C_w Q_w = C_m (Q_i + Q_w)$$

$$C_m = \frac{C_i Q_i + C_w Q_w}{Q_i + Q_w}$$

3.5 호소수(湖沼水, Lake water) 수질관리

호소수는 하천수에 비해서 일반적으로 양호하며, 침전에 의한 자정작용(Self Purification)이 크고 오염물질은 주로 하천수를 통하여 서서히 유입된다. 호소수의 특징은 수온이 호소의 정체순환현상을 지배하는 최대의 요인이 된다.

호소수가 하천수와 다른 성질을 나타내는 것은 호소수는 유동이 거의 없다는 점에 있다. 즉, 호소수를 하천수와 비교하여 살펴보면 다음과 같다.

- 침전에 의한 자정작용이 크다.
- 오염을 멀리까지 운반하지 않는다.
- 수질변화가 완만(緩慢)하다는 이점을 갖고 있다.

3.5.1 성층현상(Stratification)

호수나 저수지의 성층화는 수심에 따른 온도변화로 인해 발생되는 물의 밀도차에 의해 생긴다.

수직방향의 물운동이 없다면 저수지가 Thermocline을 중심으로 상부의 Epilimnion 하부의 Hypolimnion으로 구분되며 수면 가까운 곳에 위치하는 Epilimnion층에서는 통상 공기중의 산소와 재포기되므로 용존산소농도가 높아서 호기성상태가 된다. 반면 Thermocline층 하부의 Hypolimnion층에서는 용존산소가 부족하거나 완전히 없어서 결국 혐기성상태가 된다. 이런 경우 저수지 바닥에 침전된 유기물의 혐기성 미생물에 의해 분해되므로 수질은 크게 악화된다. 깊은 저수지에 있어서 Epilimnion층과 Thermocline층은 각각 7m 정도의 수심을 차지하며 그 하부는 Hypolimnion층이 된다. 이 현상은 그림 3.3에 나타난바와 같이 물의 수직운동이 없는 겨울이나 여름에 일어나며 겨울보다 여름의 정체가 더 뚜렷히 생긴다.

이와 같이 저수지의 물이 수심에 따라 여러 개의 층으로 분리되는 현상을 성층현상(Statification)이라고 하며 이 결과 생기는 Epilimnion, thermocline 그리고 Hypolimnion층들을 열밀도층(Thermal – density layers) 또는 열층(Thermal layer)이라고 한다(그림 3.3).

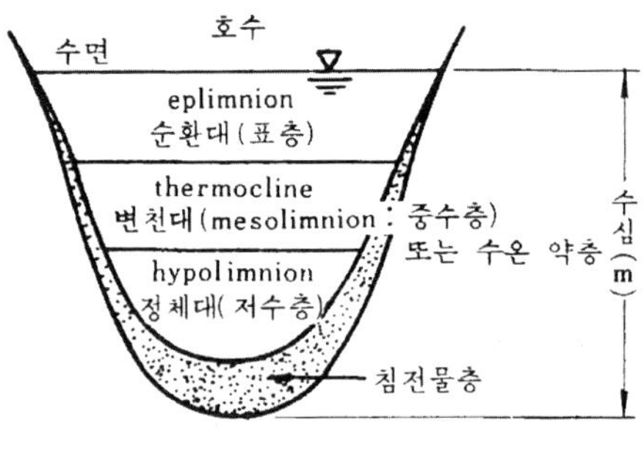

그림 3.3. 저수지의 성층.

봄과 가을에는 저수지의 수직혼합(Turnover)이 활발히 진행되어 분명한 열밀도층의 구별은 없어지게 된다. 즉, 겨울에는 대기중의 온도가 낮아 수면이 얼게 되면 표면부근은 $0℃$ 보다 낮아져도 얼음 밑의 물은 $0℃$ 로부터 깊은 곳의 물은 $4℃$ 정도에서 최대 밀도를 갖게 된다. 이러한 상태에서는 물이 평형상태에 있고 수직적인 혼합이 없게 된다(그림 3.4).

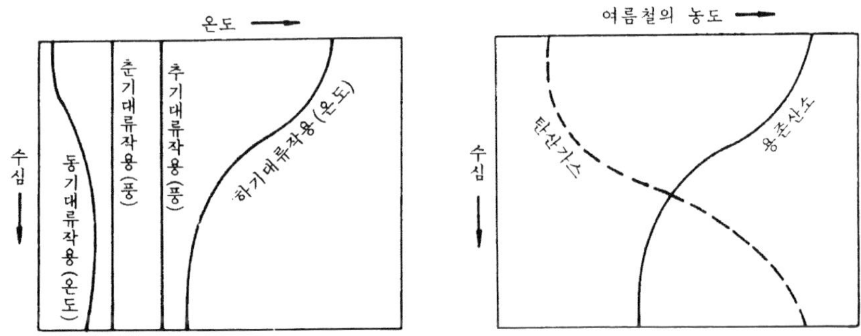

그림 3.4. 수심에 따른 온도와 수질의 변화.

그러나 봄이 되어 얼음이 녹으면 표면부근의 수온이 높아지기 시작하여 4℃가 되면 밀도가 최대가 되므로 밑으로 이동하게 되고 반면 밑부분의 물이 상부로 이동하게 된다. 봄에서 여름이 되면 물은 점차 따뜻해져서 가벼운 물이 밀도가 큰 물위에 놓이게 되며 온도차가 커져서 순환현상, 즉 수직운동은 점점 상부층에만 국한된다. 가을이 되어 수면의 수온이 내려가면 수직적인 정체현상은 파괴되고 물은 다시 수직적인 혼합을 이루게 된다.

그러므로 겨울과 여름에는 수직운동이 없어서 정체현상이 생겨 수심에 따라 온도, DO농도, 물질의 농도차가 크지만 봄, 가을에는 순환현상이 발생하여 수심에 따른 농도변화가 적다.

우리는 통상 물이 저수지내에 오래 머무르면 자정이 일어나서 수질이 좋아질 것으로 예상하기 쉬우나 오염물이 계속 저수지로 유입외어 저수지의 자정능력을 초과할 때 수질은 점차 악화되며 이현상은 성층현상에 의해서 더 가속화 된다.

비록 장시간에 걸친 저수결과 유기성 오염물이 분해제거 된다 하더라도 반면 수중미생물의 번식에 영양소가 되는 무기불은 축적될 수 있다. 그 결과 인체에 질병을 일으키거나 수중의 맛과 냄새를 초래하는 각종 조류가 번식하게 되며 이들 조류가 죽게 되는 저수지의 바닥에 침전되어 타미생물에 의해서 분해되고 그 결과 생기는 물질은 다시 다른 조류의 번식을 초래할 수 있는 영양소가 된다. 이러한 순환을 거듭하게 되며 저수지의 수질은 점점 악화되어 나중에는 쓸모없는 늪모양으로 되는데 이와 같은 현상을 부영양화(Eutrophication)라고 한다.

봄과 가을철의 저수지물의 수직운동은 대기중의 바람에 의해서 더욱

가속되며 이 수직운동을 전도(Turnover)라고 한다(그림 3.5). 저수지의 물이 급수원으로 이용될 경우 전도현상은 대단히 불리한 결과를 초래한다. 왜냐하면 혐기성 상태에 있는 Hypolimnion층의 물이 상부로 이동되어 취수되기 때문이다.

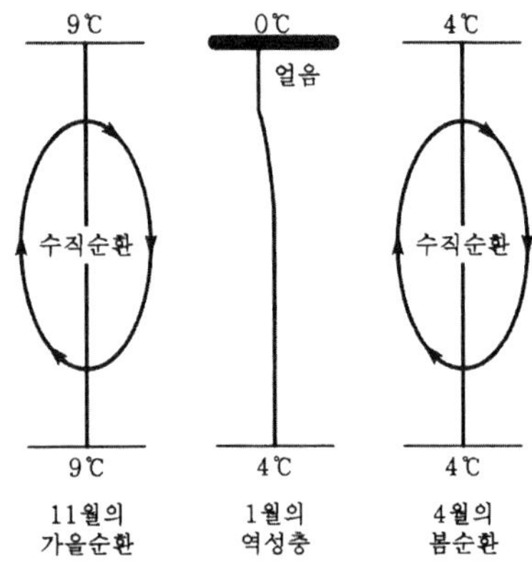

그림 3.5. 계절에 따른 전도현상.

3.5.2 부영양화(富榮養化)

　해양이나 호소에 있어서 영양염류가 적은 곳은 프랑크톤이 적고 투명도가 높은데, 이와 같은 수역을 빈영양이라고 하는 반면 영양염류가 많은 곳에서는 조류(Algae)가 많이 발생하여 투명도가 낮은데 이와 같은 수역을 부영양이라고 한다. 특히 호소, 해안 등지에서 각종 오염이나 기타 원인으로 빈영양에서 부영양으로 변화하는 현상을 부영양화(Eutrophication)라 한다(표 3.7).

표 3.7 호수 내 영양상태에 따른 특성

항　목	빈영양상태 (Oligotrophic)	부영양상태 (Eutrophic)
수심	• 깊음	• 얕음
연안대의 경사	• 대체로 가파른 호소	• 대체로 완만한 호소
표수층/심층 (E/H면적비)	• 수심이 깊고 E/H비가 큼	• 수심이 얕고 E/H비가 작음
색	• 무색～청색	• 녹색～황색
투명도	• 2m 이상	• 2m이하
pH	• 중성～약 알칼리성 • 산성에 가까울 수도 있음	• 중성 또는 약 알칼리성 • 여름에는 표층이 때때로 강알칼리성
영양염류	• TN<0.1mg/ℓ, TP<0.01mg/ℓ	• TN<0.15mg/ℓ, TP>0.35～0.1mg/ℓ
현탁물질	• 매우 소량임	• 플랑크톤 및 그잔재에 의한 현탁물이 다량 존재함
용존 산소	• 표층에서 심층까지 산소 존재 • 일반적으로 농도비슷	• 표층은 포화 또는 과포화, 심층은 상당히 감소(여름 동안 거의 무산소 상태)
식물성 플랑크톤의 양과 종류	• 양이 적음 • 규조류와 와편도 조류가 우점하고 크기가 작은 남조류 형태의 플랑크톤(Synechococcus), Desmid플랑크톤(Staurastrum),Chrysophytes(Dinobryon)	• 양이 많음 • 남조류(Aphanizomewnon, Anabaena, Microcystis), 규조류(Asterionella, Fragilaria,Melosira),녹조류(Scenedesmus) 등이 주를 이룸, Bloom이 자주 발생
Chl-a	• <2.5μg/ℓ	• 8～25μg/ℓ
동물성 플랑크톤	• 양이 적음 • 크기가 작은 지각류나 요각류가 우점함	• 양이 풍부함 • 입자상이 유기물이나 박테리아를 먹고 사는 종류
어류	• 다양한 저서 동물이 살고 그 양은 적음 • 어류의 양이 적고, 송어, 메기 등 한수성 어종이 주종을 이룸	• 다양한 저서 동물이 살지 못하고 소수의 어류만 존재함 • 다양성이 감소하는 반면 생물의 총량은 증가함 • 어류의 양이 많음, 잉어, 붕어, 뱀장어 등 온수성 및 오염에 강한 어류가 주종을 이룸

　　인위적인 영향을 거의 볼 수 없는 호소에서도 극히 오랜 시간에 걸쳐서 부영양화가 일어나지만 체류시간이 긴 호수나 해역(정체수역)에 유기성 공장폐수, 농업폐수(질소비료, 인산비료), 가정하수 중의 질산염, 인산

염의 유입으로 조류의 영양분인 질소(N), 인(P), 탄소(C) 등의 증가로 일어난다(그림 3.6).

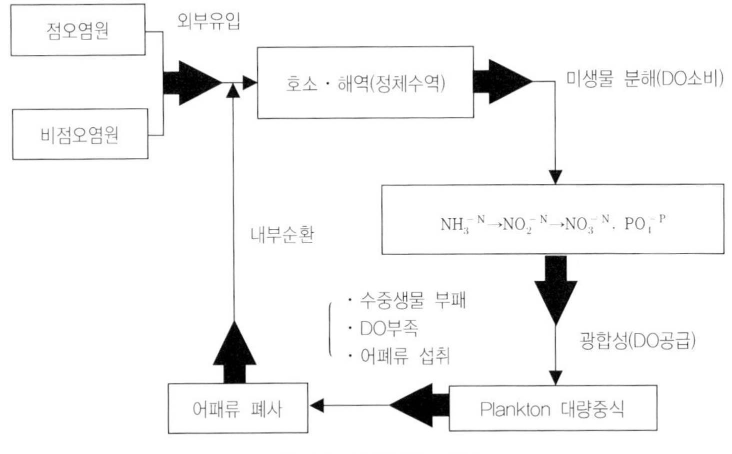

그림 3.6. 부영양화 모식도.

부영양화를 나타내는 질소(N)와 인(P)의 농도는 각각 0.2~0.3ppm 및 0.01~0.02ppm 정도이며, 그 원인과 결과를 요약하면 그림 3.7과 같다.

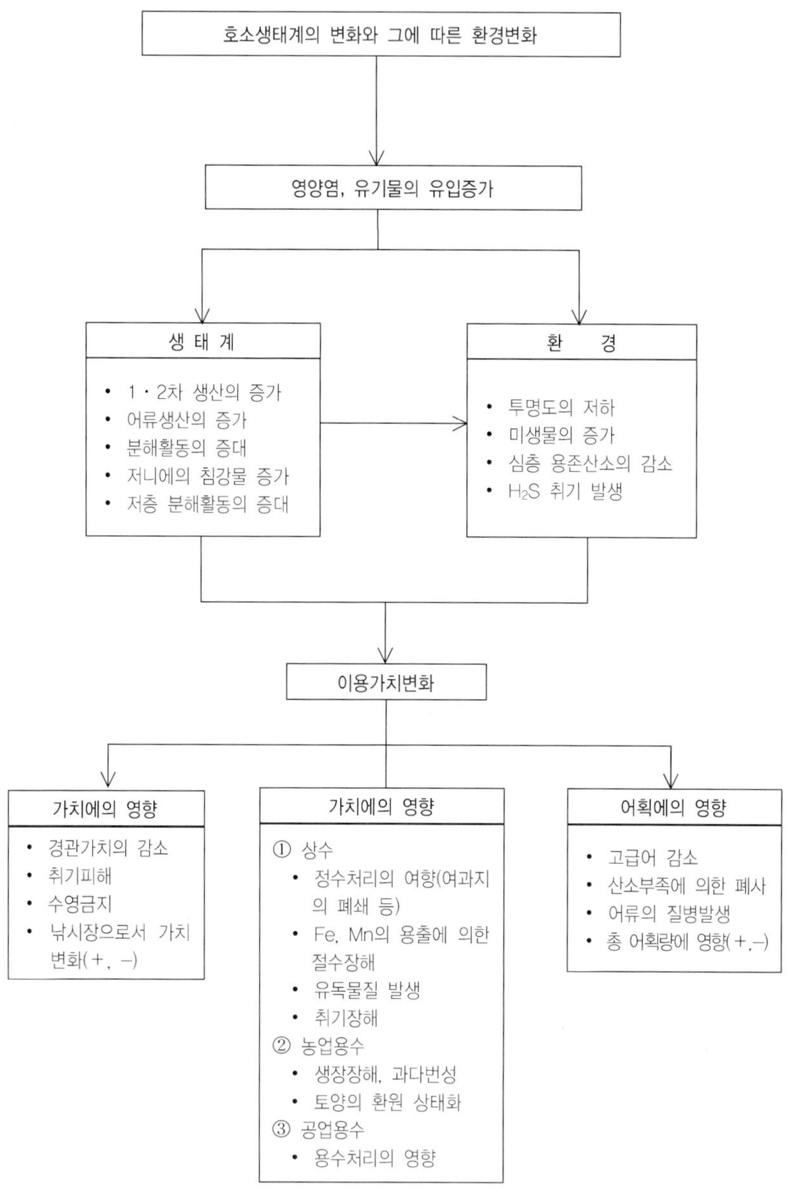

그림 3.7. 호소 부영양화의 원인과 그 결과.

부영양화가 일어나면

- COD가 높고 산소가 결핍되어 어패류의 생활환경이 악화된다. 이러한 현상은 다량으로 광합성에 의하여 증식된 조류가 죽으면 세균이 이를 분해하기 위하여 다량의 DO를 소비하기때문이다.
- 이물을 수도원으로 사용하면 냄새가 나고 맛을 나쁘게 한다.
- 투명도가 낮아진다.
- 생태계가 변화하여 마침내 죽음의 호수가 된다.

방지대책으로는

- 저수지, 호소에 질소(N), 인(P) 등의 유입이나 농도를 감소시킨다.
- 인(P)을 함유하는 합성세제의 사용을 금한다.
- 하수내의 인(P), 질소(N)를 제거하기 위해 폐수의 고도처리(3차처리)를 한다.
- 조류가 번식할 경우 황산동($CuSO_4$)이나 활성탄소를 뿌림으로서 제거한다.

(예제) 부영양화의 평가기준을 제시하라.

부영양화의 평가기준(단일, 복수 Parameter에 의한 평가)

① Vollenweider의 N, P에 의한 평가 기준

영양 상태	총 인(mg/ℓ)	총 질소(mg/ℓ)
극빈 영양	〈0.005	〈0.20
빈중 영양	0.005~0.01	0.20~0.40
중 영 양	0.01~0.03	0.30~0.65
중부 영양	0.03~0.10	0.50~1.50
부 영 양	〉0.10	〉1.50

② Forsberg & Ryding의 평가 기준

영양도	총 질소(mg/㎥)	총 인(mg/㎥)	클로로필 a(mg/㎥)	투명도(m)
빈영양	〈400	〈15	〈3	〉4.0
중영양	400~600	15~25	3~7	2.5~4.0
부영양	600~1,500	25~100	7~40	1.0~2.5
과영양	〉1,500	〉100	〉40	〈1.0

③ OECD의 평가 기준

영양 단계	연평균 인동도	연평균 클로로필 a 농도	최대 클로로필 a 농도	연평균 투명도	최소 투명도
	단위 : (mg/㎥)			단위 : (m)	
극비영양	≦4.0	≦1.0	≦2.5	≦12.0	≧6.0
빈 영 양	≦10.0	≦2.5	≦8.0	≧6.0	≧3.0
중 영 양	10~35	2.5~8	8~25	6~3	3~1.5
부 영 양	35~100	8~25	25~75	3~1.5	1.5~0.7
과 영 양	≧100	≧25	≧75	≧1.5	≧0.7

④ US EPA의 평가 기준

영양도	총 질소(mg/㎥)	총 인(mg/㎥)	클로로필 a(mg/㎥)	투명도(m)
빈영양	〈10	〈4	〉3.7	〉80
중영양	10~20	4~10	2.0~3.7	10~80
부영양	〉20	〉10	〈2.0	〈10

3.5.3 녹조(Green tide)

조류(Algae)는 흔히 Plankton이라고 불리우는데 엽록소를 가지고 있는 단세포 혹은 다세포식물이다. 우리가 중요시하는 조류의 성질은 탄소동화 작용을 하며 무기물(무기탄소)를 섭취한다는 것과, 갖가지 맛과 냄새를 유발하며 또한 색도를 나타낸다는 것이다.

조류는 일반적으로 H_2O를 수소공여체(H donor)로 하고 CO_2를 탄소원으로 하며 O_2를 생산한다. 많은 남조류는 N_2를 고정할 수 있으며 광합성 반응은 다음과 같다.

$$CO_2 + H_2O \xrightarrow{\text{빛 } energy} (CH_2O)_n + O_2 \uparrow$$
$$\uparrow$$
$$\text{생 성 } Algae$$

조류농도가 높을 때는 주간에 많은 CO_2를 흡수하여 pH값이 상당히 높아지고(pH9 ~ 10), $CaCO_3$의 침전에 의한 연수화 작용이 일어난다.

$$Ca(HCO_3)_2 \rightarrow CaCO_3 + H_2O + CO_2$$

색소에 의하여 흡수된 광선은 Energy원으로 이용되며 이 Energy를 사용하여 만들어진 저장물질은 그 일부분이 밤에 호흡으로 이화되어 소비된다. 또한 조류가 죽으면 그 세포의 완전 무기화를 위하여 그동안 광합성에서 생산했던 정도의 산소를 소비한다.

$$CH_2O + O_2 \rightarrow CO_2 + H_2O$$

수중에서의 조류는 무기물로부터 유기물을 만들어내고(생산자) 그것이 보다 높은 영양계의 생물(소비자)의 먹이로 이용된다. 조류의 합성은 광선의 투사관계로 수면부근으로 한정되어 있고 소용돌이가 없는 조용한 수면에서 산소(O_2)의 포화는 200%까지 이르는 과포화에 달할 때도 있다.

빛 이외에 조류 성장의 제한요소가 되는 것은 무기성 질소와 인으로서 질소(N)나 인산염이 하천, 호소 등에 유입하면 조류가 크게 번성한다.

폐수처리시 산화지(Oxidation pond)에서 조류는 산소(O_2)원으로 이용되나 밤이되어 햇빛이 없는 경우에는 역으로 물속의 용존산소(DO)를 소모하여 부작용이 생길 수도 있다.

어떤 조류는 사람, 물고기, 다른 조류에 대하여 유독한 물질(독소)을 생산하므로 조류의 변성은 부영양화(Eutrophication), 적조(Red tide)현상과 같은 심각한 문제를 일으킨다.

부영양화, 수화, 녹조의 용어를 간략히 정의하면 다음과 같다.

부영양화(Eutrophication)는 호소, 연안 해역 등의 정체수역에서 C, N, P 등의 각종 영양염류가 수체내로 과다 유입됨으로써 미생물 활동에 의한 생산과 소비 균형이 파괴되어 플랑크톤의 이상번식을 초래하는 현상을 말한다.

수화(물꽃현상, Water bloom)는 특정 수역에서 조류가 대량 증식하여 물색을 변화시키는 현상이다. 대량 증식하는 조류의 종류에 따라 물색이 달라지기 때문에 녹조현상과 구분하여 정의되고 있다. 팔당호 경안천에서는 봄철 규조류가 대량 증식하여 물색을 황갈색으로 변화시킨다. 또 소양호에서는 봄철 와편모 조류가 대량 증식하여 물색을 적갈색으로 변화시키는데 이런 경우는 연안에서의 적조와 비교하여 담수적조라고 부른다.

녹조(綠藻, Green tide)현상은 유해조류의 대발생으로 부영양화된 호소나 유속이 느린 하천에서 종다양성이 깨어지고 1종 또는 적은 수의 남조류가 우점종으로 대량 증식하여 수면에 집적되는데, 수화 현상 중 물색을 현저하게 녹색으로 변화시키는 현상만을 의미하여 일본어로는 靑粉(아오코)라고도 한다.

(예제) 조류잠재생산 능력(AGP: Algal Growth Potential) 용어를 정의하시오.

(1) 정의: AGP(Algal Growth Potential)는 조류의 잠재생산능력을 시험하는 생물검정으로 호소수, 하천수, 배수등 부영양화의 포텐셜(Potential)을 평가하기 위한 유력한 지표로서, 일명 AAP (Algal Assay Procedure)라고도 한다.

(2) 측정 방법

㉮ 배지에 식종조류「남조류, Oscillatoria rubescens.」「녹조류, Chlamydomous」「Chlorella」 등을 배양하여 검수에 식종한다.

㉯ 일정한 온도(20℃)와 광도(4000Lux)하에서 일정기간 배양한 다음 검수 1ℓ당 조류의 건조중량(mg)으로서, 즉 조류증식량(mg/ℓ)으로 나타낸다.

(3) 측정목적과 응용분야: 호소의 부영양화 현상뿐만 아니라 장래 수질의 예측 및 억제를 목적으로 측정되며, 측정한 AGP는 다음과 같이 응용된다.

㉮ 부영양화의 판정

㉯ 제한 영양염의 추정

㉰ 배수처리의 질소 및 인(P) 처리 조작의 효율평가

㉱ 방류 수역의 부영양화에 미치는 배수의 영향평가

　㉖ 조류에 이용 가능한 영양염의 추정

　㉘ 조류 증식에 대한 저해물질의 유무 추정

(4) 부영양화도의 판정

　㉮ 극부영양 상태: AGP 50㎎/ℓ 이상

　㉯ 중~부영양 상태: AGP 1~50㎎/ℓ 범위

　㉰ 빈영양 상태: AGP 1㎎/ℓ 이하

3.6 　해역 수질관리

바다는 지구상에서 가장 큰 물의 저장소로 육상의 모든 담수가 최종적으로 도달하는 목적지이다. 그리고 지상에서 일어나는 물질순환과 에너지 이동의 기본적 저장소로서 지구환경에서 가장 중요한 역할을 담당하고 있다고 할 수 있다. 모든 수자원은 최종적으로는 바다에 이르게 되고 바다는 수자원의 보고이며 귀착지인 것이다. 따라서 바다는 한 번 오염되면 회복 되는 데 많은 시간과 비용이 소요되며, 또한 한 지점에서의 오염은 광범위하게 확산되어 적조 등의 문제점을 야기시킨다.

3.6.1 적조(Red tide)

(1) 정의

아직까지 발생기구에 대한 규명은 어렵지만 호소나 해역 등에서 산업폐수나 도시하수의 유입으로 영양염이 풍부해진 부영양화를 기본으로 프랑크톤이 이상증식하여 그 결과 적색내지는 갈색 또는 녹색 등으로 변색되는 현상을 말한다.

(2) 발생조건

- Plankton의 증식에 유리한 강한 햇빛과 높은 수온에서
- 질소(N), 인(P) 등의 영양분이 풍부하고 규소(Si), 칼슘(Ca), 마그네슘 외에 미량의 금속, 비타민 등이 존재시
- 정체수역일 때
- 담수의 유입이나 강수 등으로 비중이 낮아진 해수가 상층에 존재하고 염분농도가 낮을 때
- 해역에서 Up - welling(상승류) 현상으로 저부의 PO_4^{---}가 상부로 이동하여 영양공급이 이루워질 때 발생한다.

(3) 피해내용

- 프랑크톤이 대량 증식후에 죽으면 이의 분해에 따른 DO 결핍으로 H_2S나 CO_2 등의 가스가 증가하고(독수대 형성) 어패류가 질식사한다.
- 적조생물(예: Gymnodinium, Gonyaulay)에 의한 독소(Toxin)나 독성 물질을 포함한 생물로 인해 어류의 폐사
- 점액물질이 많은 프랑크톤이 아가미에 부착하여 호흡장애에 의한 질식사
- 수질변화 및 생태계의 막대한 변형으로 악영향을 끼친다.

그림 3.8은 오염물질의 유입에 따른 적조현상의 발생과 피해과정의 모식도를 나타낸다.

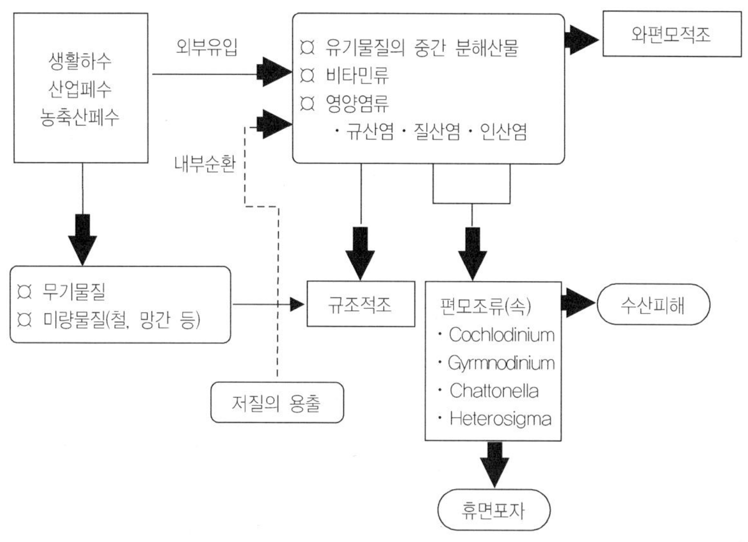

그림 3.8. 적조현상의 모식도.

(4) 방지대책

적조의 대책으로는 적조의 발생자체를 방지하기 위한 예방조치와 일단 적조가 발생한 경우, 그 피해를 되도록 줄이기 위한 사후 방지조치가 있다. 적조가 자주 발생하는 해역에서는 두 가지 모두 병행할 필요가 있고 적조가 악화할 징조가 있는 해역에서는 예방조치에 주력해야 한다. 또 적조의 대책에는 발생의 기본조건으로서 수질오염에서 언급한 부영양화의 대책이 포함되어 있음은 물론이다.

부영양화와 적조예방을 위해서는 퇴적물의 제거가 필요하다. 퇴적물의 제거는 준설 펌프와 퇴적물 회수처리선으로 시행할 수 있다. 이것은 하구해역, 정체해역 등의 유기퇴적물을 준설펌프를 사용하여 준설하고, 그것을 배관으로 처리선에 보내어 응집제를 써서 침전탈수하여, 분리수는 바다에 방류하고 침전물은 고화시켜 육상에 버리는 방법이다.

적조가 일단 발생하였을 경우에는 조기에 발견하여 피해를 최소화하는 것이 중요하다. 따라서 감시 통보할 수 있는 기구가 정비되어 있어야 한다. 그리고 발생한 적조생물을 재빨리 흡수제거하기 위해서는 하천 또는 호소의 부영양화 처리방법과 유사한 적조회수선을 이용하는 것이 바람직하다.

적조 발생을 근본적으로 억제시키는 방법은 부영양화 발생을 방지하는 것으로서 육지의 도시 생활하수, 산업폐수와 농축수산 폐수의 유입을 차단시키는 방법등이 있다. 표 3.8~3.11은 적조발생에 대한 사전 예방대책과 사후 방지대책에 대하여 세분하여 정리하였다.

표 3.8 적조발생 방지대책

발생 방지	과도한 부영양의 해소	질소, 인의 부하 규제와 유기오염니(有機汚染尼)의 제거
	자극물질의 제거	유기물 중금속 등 수질, 저질의 정화
	천해 매립의 제한	매립에 의한 정체 수역의 출현, 공사에 동반된 저니 교반에 의한 재용출, 새로운 부사의 유입 등지 방지

표 3.9 적조피해 방지대책

피해 방지	예고와 조기 발견	발생 기구의 해명, 감시·예보태세의 정비
	적조 생물의 회수	흡취, 파괴, 부작용에 주의
	폐사 대책	피해 기구의 해명, 차단, 도피, 양식 기구의 개량

表 3.10 저질 개량방법

사 업	대상 어장	실시 방법	기대 효과
준설	심하게 오염된 저질	준설선 이용	오염원 근본적 제거
석회산포	저절이 흑색이고 황화수소가 많이 발생하는 곳	6~9월 중에 생석회나 소석회를 1(㎡)당 100~200(g) 가량 살포	유기물 분해 촉진 H_2S 생성 억제
점토산포	저층 산소를 많이 소비하는 유기물질이 많이 퇴적한 곳	5~8월 중에 점토를 1(㎡)당 1~2(㎏) 살포	영양염류 용출 억제
경운(耕耘), 포기	황화물, 질소성분이 많은 곳	30(m) 이상의 어장 바닥을 갈아 주거나, 포기	산소공급 환원상태 방지

표 3.11 적조생물의 구제와 제거방법

방 법	이용 원리	응용 물질
화학약품 살포법	치사 · 파괴	황산동 · 무기화합물
초음파처리법	파괴	초음파(160~4000kHz)
오존처리법	독성중화	오존
해면여과 · 침강법	응집 · 여과 · 원심분리	무기응집제 · 계면활성제
점토 살포법	흡착 · 치사	활성점토
Bio~control법	해양식물 추출물질 포식압 · 발생 환경 제어	생리활성물질 · 섬모충류 갑각류 · 규조류

3.6.2 온배수

발전소에서 배출되는 냉각수(온배수)의 처리방식에는 해양 혹은 하천, 취수원으로부터 취수하여 냉각시설을 거친 다음 동일수역에 그대로 방류하는 관류방식(Once-through system)과 발생된 온배수를 냉각탑등의 열교환시설로 거친 후 다시 냉각수로 재사용함으로서 자연수계에 전혀 배출하지 않는 무배출방식(Closed cycly system)이 있다. 지금까지 설치된 대부분의 발전소는 관류방식이지만 최근 몇몇 국가에서는 이런 관류방식 적용을 제한하는 경향도 있다.

우리나라 및 일본에서는 화력 및 원자력 발전소가 해안에 위치하고 냉각수를 해수에 의존하며 온배수를 관류방식으로 해역에 방출하고 있다. 이렇게 이미 설치된 시설에 대해서는 온배수의 영향을 줄이기 위하여 수심 8~10m 정도의 바닷속에서 산기관이나 노즐로 분출시키는 방식을 취하기도 하는데 확산에 의한 혼합·희석효과를 높임으로서 해면상으로 부상하는 동안에 충분한 수온의 저감을 꾀하자는 것이다.

3.6.3 유류오염

일반적으로 해상에 기름이 유출되었을 경우, 해면 그 자체가 기상조건의 영향을 강하게 받기 때문에 기름은 단시간에 이동하고 확산하며 그 밖에 기름의 성질에 따른 차이 때문에 응고하거나 일부가 침하하여 보통의 방제작업이나 기름흡수제로 대처할 수 없는 경우가 생기기도 한다. 일반적으로는 우선 기름방벽(Oil-fence)를 펴서 기름을 포위하고 그 후에 방벽내의 기름을 회수선이나 회수장치(유출흡인기)로 회수하며, 이 방법으로 처리되지 못한 것은 유류 흡착제나 유처리제 등으로 처리한다. 이것은 유류오염량이 많은 경우이다. 유출유가 소량인 경우에는 흡유재 또는 흡유재로 만든 방벽등에 의하여 처리함이 좋으며, 유처리제를 써서 분산시킬 수도 있다. 이경우는 살포기로 유처리제를 살포하여 적당히 교반한다. 그러나 처리제는 대개 독성이 강하므로 대량으로 사용하지 않는 것이 좋다. 미국의 산타 바바라해저 유전사고에서 이 방법으로 제거하였는데 현재까지 이 방법이 가장 좋은 것으로 알려져 있다.

3.6.4 기타 오염

해양오염에 있어 유출유외에 각종 유기물질이나 중금속 등의 배출원인 산업폐수나 생활하수의 유입에 대해서는 원천적으로 방지하는 방법밖에 없다. 즉, 철저한 사전처리를 한 다음 방류시키는 것이며, 특히 항만이나 해양시설 설치에 대해서는 설치 전에 해류의 영향이나 각종 오염물 유입 가능성 등 해양환경에 미치는 영향에 대하여 조사를 철저히 하여 예방하는 사전관리가 중요하다.

(예제) 해양 유류오염이 해양환경에 미치는 영향과 대책을 제시하라.

(1) 해양 환경에 미치는 영향

㉮ 일사량의 투과율을 저하시켜 광합성 식물의 생장을 저해한다.

㉯ 연안 양식장의 생산성 저하 및 생산 수자원의 품질을 저하시킨다.

㉰ 물의 산소전이 특성을 저하시킴으로써 수중의 용존산소를 낮게 한다.

㉱ 물새 등에 치명적인 손상을 줄 수 있으며, 기름 띠의 표류에 따른 관광자원의 훼손 등이 있다.

㉲ 유화·침전에 따른 수중 먹이사슬에 나쁜 영향을 준다.

(2) 유출 유류의 대책과 제어

㉮ 누출기름의 막이 엷을 때 연소시키는 방법

㉯ 유출기름을 펌프로 흡입하여 수거하는 방법

㉰ 오일 펜스를 띄워 기름의 확산을 차단하는 방법

㉱ 폴리우레탄, 밀집, 톱밥 등의 흡수제에 의한 흡수처리 방법

㉲ 화학약품을 살포하여 기름을 분해시키는 방법

㉳ 계면활성제를 살포하여 기름을 분산시키는 방법

㉴ 미생물을 이용한 기름의 생물학적 분해법 등

3.7 지하수(Ground water) 수질관리

지표면에 내린 빗물은 곧바로 지하로 침투하거나 땅위를 흐르는 사이에 일부는 증발하고 일부는 토양으로 침투하게 된다. 지하로 침투한 물은 지하수를 이루어 지각의 윗부분인 토양층과 암석층에 보존된다. 이중 토양은 통기대로서 공극이 많은데, 이 공극은 공기와 물로 채워져 있으며 식물은 필요한 물을 이 부분에서 흡수한다. 식물에 의해 이용되지 않고 토양층에 남아 있는 물은 중력의 영향으로 통기대를 거쳐 포화대까지 서서히 내려가 모이게 된다. 포화대는 지하수를 보존하는 장소가 된다. 통기대와 포화대의 경계를 지하수면이라 하는데, 지하수면은 대개 지표에서 30m 이내에 있으며 수백 미터 깊이에 있는 곳도 있다.

지하수 오염은 지표수 오염보다 더 심각하다. 그것은 ① 일단 오염된 물은 암석의 깊은 층에 축적되는데 그 곳에는 정화시킬 수 있을 만큼의 산소나 미생물 등이 없어서 정상적인 정화과정이 일어나기 어렵다. ② 지

하수 오염의 발견과 그 정도를 추정하거나, 인위적으로 정화시키기가 어렵다. ③ 지하수는 매우 천천히 흐르는데, 1년에 1.5m를 흐르는 곳에 있어서 오염물질이 바다로 씻겨내려 가는데는 수십년이나 심지어는 수백년이 걸리는 경우도 있다. ④ 관개시설 등에 의해 지하수가 고갈되면 암석입자가 서로 더 밀착되어 전체 암석층의 부피가 감소되므로 지하공간이 커지게 되어 지반이 무너질 위험성도 있다. 따라서 폐공(廢孔)을 통한 외부 오염물질이 지하수로 유입되는 것을 막기 위한 적절한 관리가 요구된다.

3.7.1 지하수 오염

토양오염에 의하여 야기되는 지하수오염의 특징은 일단 한번 오염되면 원상복구가 불가능하거나 복구에 시간과 비용이 많이 소요된다는 점이다. 즉, 지하수 오염이 확인되고 이 오염의 원인이 토양오염에 기인한다는 것이 밝혀져도 대부분의 경우 지하수 오염은 무척 넓은 지역에 퍼져있고, 오염 토양에서 오염물질을 제거하는데에도 상당한 노력이 필요하며, 오염물질을 제거하지 않는 경우에는 지속적으로 오염원으로 작용하게 된다.

토양오염물질이 지하수를 오염시키는 경우에는 물에 대한 용해도에 의해 직접 물에 녹아서 이동하거나 유류나 유기용매와 같이 물과 섞이지 않는 별도의 층을 형성하면서 서서히 녹아 나오면서 지하수를 오염시킨다. 유류와 같이 물보다 가벼운 것은 지하수면 위에서 기름층을 형성하게 되는데, 이를 LNAPL(Light Nonaqueous Phase Liquid)이라고 부른다. 트리클로로에틸렌과 같은 염소계 유기용매류는 물보다 무거워서 불투수층에 도달할때까지 지하수층 아래로 침강하여 바닥에 깔리게 되는데, 이를 DNAPL(Dense Nonaqueous Phase Liquid)이라고 부른다. 특히, DNAPL에 의하여 오염된 지하수층은 오염을 복원하는데 많은 어려움이 있다.

지하수의 오염유발이 가능한 시설 및 지역으로는 표 3.12에서 보는 바와 같이 생활주거지역의 폐건축물, 산업지역의 산업시설, 유류저장시설, 유해화학물질 저장시설, 농업지역의 농약저장시설, 그 밖의 휴·폐광산, 폐기물매립지 등이 있다. 토양/지하수 오염원에 따른 오염물질의 종류는 표 3.13에서 보는 바와 같이 정리할 수 있다.

표 3.12 토양/지하수 오염을 유발할 가능성이 있는 지역 및 시설

지　　역	토양오염 유발시설
생활주역지역	유류저장시설, 유해화학물질 저장시설, 폐건축물
산업지역	산업시설, 유류저장시설, 유해화학물질 저장시설
농업지역	농약저장시설
기타지역	광산(금속 및 석탄 광산), 폐기물 매립지, 과거 군부대주문지역

표 3.13 토양/지하수 오염의 배출원에 따른 오염물질의 종류

오 염 원	오염요인	예상 오염물질
석유류 제조 및 저장시설	저장탱크 배관 부식, 누출사고	BTEX, TPH, PAHs 등
유독물질 저장시설	저장탱크 배관 부식, 누출사고	휘발성 유기화합물(VOCs), PAHs
산업지역	저장탱크 배관 부식, 누출사고	유류 유기용제(TCE, PCE, 1,1,1-TCA 등), 석유화학 원료(톨루엔, 페놀 등), 중금속(카드뮴, 납, 6가크롬, 비소, 수은 등)
폐기물 매립지	침출수 누출	유기물, 중금속, VOCs등
폐기물 소각장	배출가스 및 소각재	다이옥신, PAHs, 납·카드뮴 등 중금속
휴·폐광산	폐광재, 갱내수	폐광재(중금속), 갱내수(중금속, 산성 폐수)
군부대	폐기물 매립, 유류 누출, 사격장, 훈련장, 군항, 비행장 등	BTEX, PAHs, 중금속 등

3.7.2 토양/지하수 오염의 특징

(1) 시차성

토양오염은 눈에 보이지 않는 오염으로서 오염의 발생과 오염에 따른 문제의 발생 간에는 시간차를 두고 있다. 따라서, 오염이 발견되거나 오염문제가 발생했을 때에는 이미 많은 양의 오염물질이 배출되었고, 토양 내 지하수를 통해 넓은 범위로 확산된 경우가 대부분이다.

(2) 오염물질 및 오염지역에 따른 특지성

토양오염은 토양오염물질의 특성에 따라 오염의 양상이 달라지며, 또한 오염지역의 토양특성에 의해서도 큰 영향을 받는다. 즉, 오염물질의 물리화학적 및 생물학적 특성에 따라 이동특성과 주요 이동경로가 크게 달라진다. 대표적인 오염물질의 특성은 다음과 같다. 무기오염물질의 경우에는 ①용해도적, ② 착염물질의 형성 등이 중요하며, 유기오염물질의 경우에는 ① 증기압, ② 헨리상수(공기/물 분배계수), ③ 분해상수, ④ 옥탄올/물 분배계수(K_{ow}) 등이 중요한 인자이다. 한편, 오염지역의 토양성질도 오염물 확산 및 처리에 있어 중대한 영향을 미치는데, 중요한 특성에는 다음과 같은 것들이 있다.

- 토양의 투수계수 및 토양의 함수율
- 토양내 유기물질함량(Organic carbon content) 및 양이온교환용량(CEC)
- 지하수위
- 토양의 pH 및 알칼리도

(3) 다른 매체와의 상호연관성

토양오염은 단지 토양오염만으로 끝나는 것이 아니라 지하수오염, 하천
오염, 대기오염 등 다른 매체로 오염물질이 이동하여 오염을 야기시키는
원인이 된다. 한편, 토양은 오염물질의 최종적인 종착지로서 토양에서 오
염물의 농축이 이루어지므로 중금속이나 난분해성 유기오염물질의 농도
가 높아지기도 한다(그림 3.9).

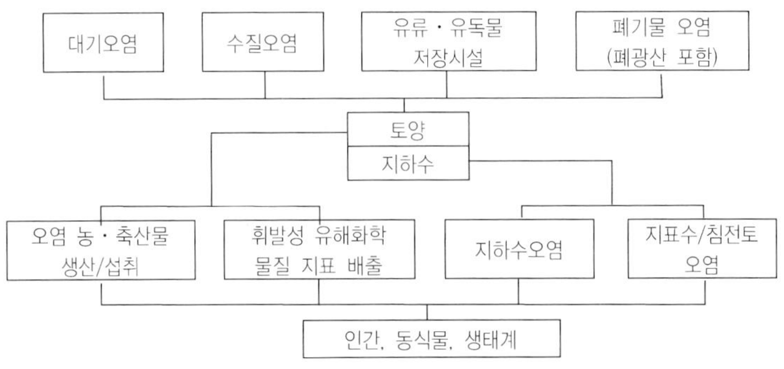

그림 3.9. 토양오염과 이에 따른 피해경로.

(4) 지속성 및 잔류성

일단 토양이 오염되면 오염물질은 흙입자 표면에 흡착되므로 제거하는
것이 쉽지 않다. 특히, 토양입자에의 흡착성이 큰 오염물질은 지하수나
토양공기 등을 통해서 오염물질을 제거하는 경우에 단기간의 정화효과는
보이지만 처리를 중단하면 다시 토양입자와 주변 공극 사이에서 오염물
질의 재평형을 통해 오염물질이 배출되므로, 특히 저농도에서도 환경유해
성을 갖는 오염물질이 토양에 오염되는 경우에는 처리에 많은 노력과 비
용이 소요된다.

3.7.3 토양/지하수의 복원기술

토양 오염방지 및 복원기술은 토양오염물질의 종류 및 오염된 토양의 특성에 의하여 그 처리방법이 결정된다. 여기에서는 개략적으로 토양오염 복원기술의 종류에 대해서만 소개하도록 한다.

토양오염물질의 특성에 따른 토양/지하수 오염방지 복원기술은 표 3.14 에서 보는 바와 같다.

표 3.14 토양 및 지하수 오염방지 및 복원기술.

처리 매체	처리위치	처리방법	처리기술	오염물 특성
토	원위치(in-situ)	생물학적	생분해(Biodegradaton) Bioventing(생물환기)	생분해성 생분해성
		물리 화학적	토양세척(Soil flushing) 고형화/안정화(Solidification/stabilization) 토양증기추출(Soil vapor extraction)	중금속.반휘발 중금속 휘발성
		열적	고온이용 토양증기추룰(Thermally enhanced SVE) 유리화(Vitrification)	반휘발성 중금속
양	현장내(on-situ) 또는 현장 밖(off-situ)	생물학적	퇴비화(Composting) 토지경작(Landfarming)	생분해성 생분해성
		물리화학적	토양세척(Soil washing) 고형화/안정화	중금속 중금속
		열적	소각(Incineration) 조온열이용 탈착(Low temperature thermal desorption) 유리화	유기성 유기성 중금속
지	원위치	생물학적	공기분사에 의한 산소보강(Oxygen enhanced by air sparging) H₂O₂에 의한 산소보강(Oxygen enhanced with H₂O₂)	생분해성 생분해성
하		물리화학적 기타	공기분사(Air sparging) 자연정화(Natural attenuation)	휘발성 생분해성
수	현장내 또는 현장 밖	물리 화학적·생물 학적	양수 후 처리(Pump and treat)	

3.7.4 지하수오염 방지대책

지하수의 오염은 대기오염 및 수질오염, 오염물질의 배출원에 의한 토양오염으로부터 야기되는데, 그 대책을 요약하면 다음과 같다.

- 지하수를 개발하거나 이용시설을 설치, 폐쇄할 때는 오염물유입 방지시설 설치
- 지하수개발 이용시설을 설치할 때는 취수정으로부터 오염물 유입방지시설 설치
- 지표상에 콘크리트로 상부 보호공을 설치하고 지표 하부에는 보호벽을 암반까지 설치
- 폐쇄할 때는 유공관이나 보호벽을 제거한 후 불투수성 재료로 되메움 실시
- 유류 또는 유해화학물질 지하 저장시설 주변의 지하수 관측정설치, 수시검사
- 유입 오염물질의 근원적 억제 및 오염확산을 방지하기 위한 차수막 설치
- 지하수의 이용기술, 오염방지 기술의 연구와 보급 확대
- 생물막공법, 플라즈마 등을 이용한 오염지역의 원상회복 등

(예제) BTEX

① BTEX의 정의
BTEX 그룹은 Benzene, Toluene, Ethylbenzene 그리고 Xylene의 3가지

이성질체로 구성된다.

② 오염원

- 자동차 관련부분, 페인트 및 합성 도료, 석유화학 관련 산업
- 유류 저장소에서 누출 및 사고
- 세탁업, 인쇄업
- 아스팔트
- 폐광산, 비위생적 매립 시설 등

③ 영향

- 난분해성으로서 장기간 넓은 범위로 확산되어 토양과 지하수를 오염시킨다.
- 벤젠 등은 발암을 유발하는 유독성 유기화합 물질로 작용한다.
- 동식물에 심각한 피해를 가져올 우려가 있다.

3.8 수질관리 모델링

하천, 호수, 해양 등에서 수질관리모델을 정립하는 것은 대기오염의 예측보다 더욱 복잡한 경우가 많다. 하천, 호소, 해양 등 수계에서 일어나는 반응은 물리·화학적 반응 뿐만 아니라 상당한 부분이 수계내부에 존재하는 생물체, 즉 동·식물은 물론 미생물까지 관여하므로 이러한 내부적인 복잡한 반응기작을 수치적으로 정형화하는 것은 한계가 있다.

수질관리모델에서는 복잡한 시스템의 단순화를 위하여 공간성과 시간

성에 따라 분류하는데, 수계내에서의 물질이동이 완전혼합(Completely mixed) 또는 단계적 혼합(Plug flow)인 공간성의 측면에서 접근하는 경우가 많다. 완전 혼합모델의 경우 어느 작은 구획(Sector)내에서의 물질이동은 완전히 혼합되어 전체의 농도가 동일하다는 이상적인 상태로 가정한 것이다. 단계적 혼합(Plug flow) 모델의 경우 한구획내의 전체가 동일농도가 아니지만 매단계에서는 오염물질의 농도가 동일한 것으로 가정하고 있다.

시간적 측면에서 장기모델(Long – model)은 일차원 모델의 경우가 많고, 단기모델(Short – term model)은 시간, 일, 계절별 수질변화를 예측하는데 이용된다. 정상상태 모델(Steady – state model)은 시간변화에 관계없이 일정한 반면에 동적 모델(Dynamic model)은 유입출 유량, 일사량, 일조시간, 침전율, 혼합 등의 영향을 고려하여 접근한다. 수질 모델링의 분류를 요약하면 다음과 같다(표 3.10).

그림 3.10. 수질 모델링의 분류.

수질관리 모델링은 일반적으로 수계내에서 일어나는 물리·화학, 생물학적 작용을 감안하여 1차 또는 2차 반응으로 접근하는 것이 일반적이다.

1차반응(1st order reaction)이란 오염물질의 변화가 시간에 따라 항상 일정하게 변화한다는 것이다.

$$dC/dt = -KC \tag{3.1}$$

여기서, dC/dt = 오염물질 농도의 시간에 따른 변화($mg/\ell \cdot$ 일)

$\qquad K$ = 1차반응 상수(1/일)

$\qquad C$ = 오염물질의 농도(mg/ℓ)

식(3.1)을 적분하여 오염물질의 농도와 시간과의 관계를 나타내면 식(3.2)와 같다.

$$C_t = C_o \cdot e^{-kt} \tag{3.2}$$

여기서, C_t = 시간 t일 때의 농도(mg/ℓ)

$\qquad C_o$ = 초기농도(mg/ℓ)

2차반응(2nd order)은 오염물질의 분해반응이 식(3.3)과 같이 일어난다고 가정한 것이다.

$$dC/dt = -KC^2 \tag{3.3}$$

식(3.3)을 적분하면

$$\frac{1}{C_t} - \frac{1}{C_o} = e^{-kt} \tag{3.4}$$

수질관리모델은 하천, 호소, 해양 등에 대하여 여러 가지 모델이 제시되고 있으며, 이와 같은 모델은 실제 시스템에서 생태계 모델까지 포함하여 많은 경우 컴퓨터 팩키지(Package)화하여 실용화 되고 있다.

이상에서 언급한 외에도 수질관리모델에서 하천등에 기본적으로 응용되고, Streeter – Phelps 모델은 하천에는 유기오염물질의 감소가 용존산소의 증감과 직접관계가 있음을 고려하여 유도된 「반실험모델」의 일종이다.

$$D_t = \frac{K_1 L_a}{K_2 - K_1}(10^{-K_1 t} - 10^{K_2 t}) + D_a 10^{-K_2 t} \tag{3.5}$$

여기서 D_t = t 일후의 DO 부족량(mg/ℓ)

L_a = 완전혼합된 하천의 BOD(mg/ℓ)

D_a = 완전혼합된 하천의 DO 부족량(mg/ℓ)

K_1 = 탈산소계수(일$^{-1}$)

K_2 = 재폭기계수(일$^{-1}$)

t = 오염물질이 투입된 후 경과된 시간(일)

Streeter – Phelps 모델은 BOD가 단순히 세균에 의한 산화에 의해서 감소되며, 침전, 휘발, 저질생물의 산화에 의해서 감소되지 않고 또한 산소는 조류의 광합성에 의해 공급되지 않으며 산소는 조류의 재폭기에 의해서 공급되는 것으로 가정하고 있다. 하천에 오염물질이 유입되었을 때 용존산소곡선은 일반적으로 그림 3.11에서 보는 바와 같으며, 이것을 용존산소곡선(oxygen sag curve)이라 한다.

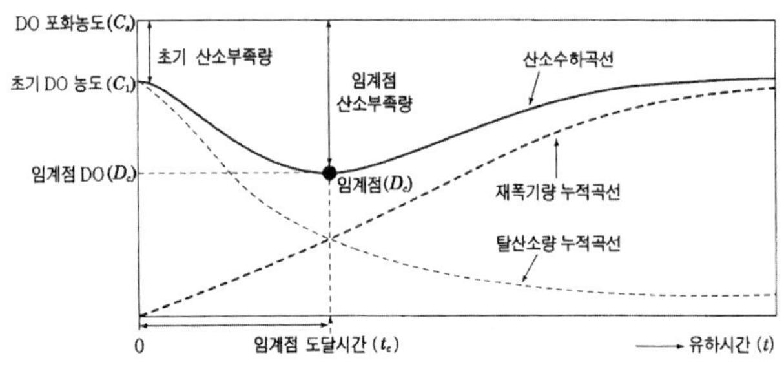

그림 3.11. 하천의 용존산소 곡선.

 환경영양평가 모델링

어떤 사업의 시행이 주변 환경에 미치는 영향에 대하여 정확히 평가한다는 것은 쉬운 일이 아니다. 환경영향평가에서 포함되어야 할 내용으로는 대기오염, 수질오염, 환경생태계에 미치는 영향 등이 포함되어야 하며, 현대적 종합과학이 총동원되어야 할 입장이다. 환경영양평가기법의 개발은 당면한 기술개발 과제중의 하나이다. 환경영향평가에 대한 계량화는 환경영향평가의 성공 여부와 직결되는 문제이다. 계량화된 과학적인 환경영향평가가 이루어지지 못한다면 환경영향평가의 본래 목적을 달성할 수 없을 뿐만 아니라 대부분의 사업에 대한 결정이 정치적 또는 사회경제적 요인에 의해 좌우되기 쉬울 것이다.

환경영향평가시 이용되는 평가기법으로 ① 체크리스트(Check list) ② 마트릭스(Matrix) ③ 비용·효과분석(Cost benefit analysis) ④ 네트워크법(Netwark method) ⑤ 중첩법(Overlay method) ⑥ 동적모사법(System dynamic method) ⑦ 시뮤레이션법(Simlation method) ⑧ 체계적인 평가법(Environmental evaluation system) 등이 있다.

현실적으로 환경영향평가에서는 체크리스트법과 마트릭스법, 비용·효과분석 및 체계적인 평가법 등이 많이 이용되고 있으며 그 적용과정은 그림 3.12와 같다.

$$
\text{자료수집 및 모델설계}
$$
$$
\downarrow
$$
$$
\text{모델링 선택 및 운영}
$$
$$
\downarrow
$$
$$
\text{보 정}
$$
$$
\downarrow
$$
$$
\text{검 증}
$$
$$
\downarrow
$$
$$
\text{감응도 분석}
$$
$$
\downarrow
$$
$$
\text{수질예측 및 평가}
$$

그림 3.12. 환경영향평가 모델링 과정.

① 모델의 설계 및 자료수집

- 대상수계의 지역특성, 형상, 수문학적 요소등을 고려하여 모델을 설계한다.
- 현지조사 및 문헌조사 등을 통하여 입력자료를 수집한다.

② 모델링 프로그램(COED) 선택 및 운영

- 모델링 프로그램(COED)은 모델을 산술적으로 풀어나가기 위한 알고리즘을 포함한 컴퓨터 프로그램을 말한다.
- 프로그램의 선택 및 검증은 하나 또는 여러 개의 분석결과를 가지고 있는 모델을 운영하여 나타나는 결과들을 비교함으로써 수행한다.

③ 보정(Calibration)

- 모델에 의한 예측치가 실측지를 제대로 반영할 수 있도록 각종 매개변수의 값을 조정하는 과정을 말한다.
- 예측치와 실측치의 차가 10~20(%)를 넘지 않도록 보정한다.

④ 검증(Verification)

- 보정이 완료되면 보정시에 사용되지 않았던 유입 지천의 유량과 수질 또는 오염부하량 본류 수질 등의 입력자료를 이용하여 모델을 검증한다.
- 이 과정에서 예측치와 실측치 간의 차가 클 경우에는 모델의 보정과 검증을 반복하여 최종적으로 검증한다.

⑤ 감응도 분석(Sensitivity analysis)

- 감응도 분석이란 수질관련 반응계수, 수리학적 입력계수, 유입 지천의 유량과 수질 또는 오염 부하량 등의 입력자료의 변화정도가 수질항목 농도에 미치는 영향을 분석하는 것이다.
- 어떤 수질항목의 변화율이 입력자료의 변화율보다 클 경우에는 그 수질항목은 입력자료에 대하여 민감하다고 볼 수 있다.

⑥ 수질예측 및 평가

- 완성된 모델에 대하여 미래에 발생이 예상되는 오염물질 관련자료를 입력함으로써 예측을 실시하다.
- 예측을 위한 모델 운영시에는 최적 및 최악의 경우에 대하여 모델링을 실시 한다.

3.10 참고문헌

강호정(1999), 폐기물 매립시설의 설계경향에 대한 사례 검토, 제1회 매립기술
　　연구 Work-shop, 1~27.

구자공 외 14인(2003), 토양환경공학, 향문사, 73~91.

국립환경과학원(2008), 수자원 현황과 전망.

김가현(1999), 상·하수도공학, 청문문화사, 141~154.

김성기 외 1인(1999), 환경미생물학, 한국방송통신대학교 출판, 38~122.

김재덕(1999), 환경복원 기술자료집, 환경과학기술연구원.

박석환 외 5인(2002), 환경생태학, 신광출판사, 228~229.

배제근 오 1인(1998), 토양오염학, 신광문화사.

배우근(1993), 불량매립지 현장복구책-생물학적 현장처리, 매립신기술의 이론
　　과 실제, 한국과학기술원, 297~323.

삼성물산(주)(1997), 오염토양/지하수 정화기술 개발, 환경부 G7 프로젝트 제1
　　단계 최종보고서.

신현국 외 1인(1998), 환경과학총론, 동화기술, 135~ 141.

이승원 외 1인(2007), 수질환경기사·산업기사, 성안당, 53~75.

장준영(1992), 수질환경기사 실기, 성안당, 1·3~1·69.

팽종인(1999), 수질관리, 신광문화사, 37~39.

한국건설기술연구원(1990), 하수도시설의 유지관리개선방안에 관한 하수처리
　　장 중심으로, KICT, 90-EC-111.

환경부(2008), 수질관리, 환경보전협회, 19.

환경부(1997), 하수도시설기준.

환경부(1997), 환경백서.

환경청(1994), 수환경정책자료집, 행정자료편.

환경청(1981), 전국 주요하천유역 기초조사(제1차년도).

Barnes, D., and P.J. Bliss. (1983). *Biological Control of Nitrogen in Wastewater Treatment*. E. & F.N. Spon, London.

Chistensen, M.H., and P. Harremoes. (1978). Nitrification and denitrification in waste water treatment. 391 – 414. In : *Water Pollution Microbiology*. Vol. 2, Mitchell, Ed. John Wiley & Sons, New York.

Ehrlich, H.L. (1981). *Geomicrobiology*. Marcel Dekker, New York.

Ford, T., and R. Mitchell. (1990). The ecology of microbial corrosion. Adv. Microb. Ecol. 11 : 231 – 262.

Meganck, M.T.J., and G.M. Faup. (1988). Enhanced biological phosphorus removal from waste waters. pp. 111 – 203. In : *Biotreatment Systems*, Vol. 3, D.L. Wise, Ed CRC Press, Boca Raton, FL.

Widdel, F. (1988). Microbiology and ecology of sulfate and sulfur – reducing bacteria, 469 – 585. In : *Biology of Anaerobic Microorganisms*. A.F.B. Zehnder, Ed John Wiley & Sons, New York.

3.1 다음 용어의 정의를 설명하시오.

1) Point source

2) Non-Point Source

3) 수인성전염병

4) Self-purification capacity

5) Whipple의 4 지대

6) Dissolved oxygen sag curve

7) 성층현상(Stratification)

8) 부영양화

9) 전도(Turnover)

10) AAP(AlgalAssay Procedure)

11) Red tide

12) BTEX

13) Green tide

14) VOCs

15) 수질관리모델링

3.2 지난 20년간 수질을 개선시키기 위해 많은 노력이 행해져 왔으나, 주로 산업폐수나 도시하수와 같은 점오염원으로부터의 오염을 정화시켜 왔다. 그러나 앞으로는 수질오염의 55% 이상을 유발하는 비점오염원의 특별한 관리가 요구된다. 점오염원과 비점오염원의 발생원에 따른 대책을 제시하라.

3.2 생활환경의 악화는 질병의 발생과 밀접한 관계가 있으며 그것을 효과적으로 해결하기 위해서는 기본적인 해결방안이 있어야 한다. 인간이 일상생활을 영위하는데 있어 생물적 환경이든, 물리적 환경이든 서로 관련이 있으므로 쾌적한 생활환경의 개선이 요구되는 바, 수질오염으로 인한 영향과 그 대안으로는 무엇이 있는가.

3.3 해양이나 호소에 있어서 영양염류가 적은 곳은 프랑크톤이 적고 투명도가 높은데 이와 같은 수역을 빈영양이라고 하는 반면 영양염류가 많은 곳에서는 조류(Algae)가 많이 발생하여 투명도가 낮은데 이와같은 수역을 부영양이라고 한다. 호소 내 빈영양상태와 부영양상태의 특징을 설명하라.

3.4 바다는 지구상에서 가장 큰 물의 저장소로 육상의 모든 담수가 일단 최종적으로 도달하는 목적지이다. 그리고 지상에서 일어나는 물질순환과 에너지이동의 기본적 저장소로서 지구환경에서 가장 중요한 역할을 담당하고 있다고 할 수 있다. 해양오염의 원인과 피해, 오염방지대책을 기술하라.

3.5 토양오염에 의하여 야기되는 지하수오염의 특징은 일단 한번 오염되면 원상복구가 불가능하거나 복구에 시간과 비용이 많이 소요된다는 점이다. 즉 지하수 오염이 확인되고, 이 오염의 원인이 토양오염에 기인한다는것이 밝혀져도 대부분의 경우 지하수 오염은 무척 넓은 지역에 퍼져있고, 오염 토양에서 오염물질을 제거하는데에도 상당한 노력이 필요하며, 오염물질을 제거하지 않는 경우에는 지속적으로 오염원으로 작용하게 된다. 지하수오염의 발생원인과 특징, 복원방법에 대하여 알아보라.

3.6 하천, 호수, 해양 등에서 수질관리모델을 정립하는 것은 대기오염도 예측보다 더욱 복잡한 경우가 많다. 수질관리 모델링은 일반적으로 수계내에서 일어나는 물리, 화학, 생물학적 작용을 감안하여 1차 또는 2차 반응으로 접근하는 것이 일반적이다. 1차반응과 2차 반응에 대하여 설명하라.

3.7 어떤 사업의 시행이 주변환경에 미치는 영향에 대하여 정확히 평가한다는 것
은 쉬운 일이 아니다. 환경영향평가에서 포함되어야 할 내용으로는 대기오염,
수질오염, 환경생태계에 미치는 영향 등이 포함되어야 하며, 현대적 종합과학
이 총동원되어야 할 입장이다. 환경영향평가 모델링의 과정을 도시하라.

수처리 기본계획

상수도계획에서 우선 결정해야 할 부분은 급수량(給水量)이며. 하수도 계획에 있어서는 하수량이다. 본장에서는 상하수도시설의 기본계획시 고려사항과 물의 공급, 배제시에 이용되는 펌프의 선정, 관거의 설계 등 환경부에서 제시한 기본시설기준을 정리하고자 한다.

상하수도시설의 기본계획은 대상지역 장래의 발전계획과 조화를 이루어 계획되어야 한다. 상하수도는 다른 어떠한 시설보다도 중요한 기반시설로서 장래의 급수(給水)와 배수(排水) 문제를 해결하여 아울러 최적의 처리방법에 의해 목표수질을 달성할 수 있도록 계획되어야 한다. 상하수도 기본계획시 고려하여야 할 사항은 다음과 같다.

① 대상지역 내의 과거, 현재, 미래의 여건에 부합되는 인구변화, 토지이용상황, 경제상태의 변화 등이 잘 반영하여야 한다. 특히 미개발된 지역을 대상으로 하는 경우에는 장래 토지이용계획에 유의하여야 한다. 그림 4.1은 수질과 관련된 토지이용 규제현황과 관련법규를 나타내주고 있다.

② 현존시설과의 관계: 현존시설과 유기적으로 잘 연결된 시설이어야 한다.

③ 설계목표: 상하수도시설은 대상지역에 적합한 각종 기준을 적용시
  켜야 한다. 특히 국가간에는 적용되는 기준을 서로 상이할 수 있으
  며 또한 지역적으로 적용되는 수질기준이 다를 수도 있기 때문이
  다. 설계목표연도, 즉 설계기간 산정에서 보통 처리시설의 경우에는
  3~5년, 관거의 경우는 20년으로 보고 있다.

④ 추천되는 시설: 대부분의 계획에서 시설물은 단기와 장기로 구분되
  며, 장기의 경우에는 특히 장래의 여건변화에 적용할 수 있도록 하
  여야 한다. 따라서 기본설계시 보통 두 개 이상의 기본계획(안)이
  제안되며 각 사안별 비용분석과 운전상의 난이점 등이 충분히 비교·
  검토되어야 한다.

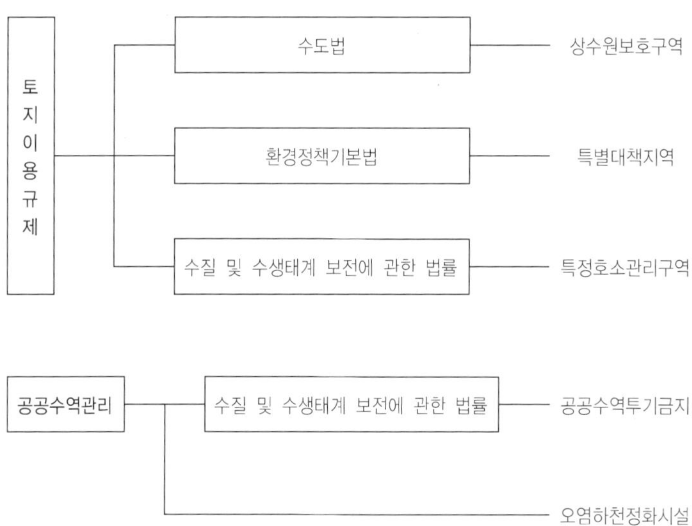

그림 4.1. 수질보전을 위한 토지이용 규제와 관련 법규.

⑤ 실행계획: 적절한 기본계획은 실현 가능하고 재정적인 투자계획을
포함하여야 할 것이다.

⑥ 설계시공: Project에 대한 설비나 그에 관련된 서비스, 즉 계획 및
설계 구매, 시공, 시운전 등은 통합관리를 고려 할 필요가 있다.

건설사업 관리과정에 따른 CM/PM의 정의 및 설계시공 방식의 장단점
을 요약하면 다음과 같다(그림 4.2).

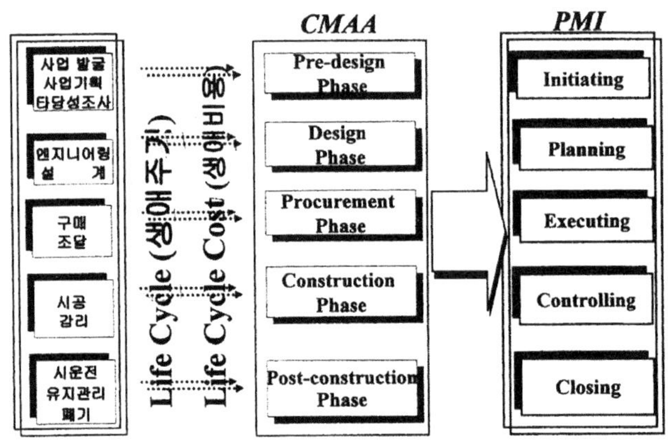

그림 4.2. 건설사업 관리과정.

미국 CM 협회와 PM협회, 건설사업기본법, 국가계약법에서는 통합관리
를 다음과 같이 정의하고 있다.

• 미국 CM협회(CMAA, Construction Management Association of America)
사업기간(Time), 사업비(Cost), 품질(Quality), 사업범위(Scope)의 효율적
관리를 목적으로 건설사업의 기획부터 완료에 이르기까지 전 단계를 전

문적으로 관리하는 과정.

- 미국 PM협회(PMI, Project Management)

Project 진행과정에서 사업범위, 사업기간, 사업비, 품질 등에 대한 이해 당사자의 요구를 만족시킬 수 있도록 관련된 지식, 기술, 도구, 기법 등을 적용하는 것.

- 건설사업기본법(제2조 제6호)

건설공사에 관한 기획, 타당성조사/분석, 설계, 조달 계약, 시공관리, 감리, 평가, 사후관리 등에 관한 관리업무의 전부 또는 일부를 수행하는 것을 말한다.

- 국가계약법(시행령 제91조 2항)

공사에 관한 기획, 타당성조사, 설계, 시공, 감리, 유지관리 등에 관하여 그 전부 또는 일부를 종합관리하는 업무를 말한다.

표 4.1 설계시공분리 방식의 장단점

장 점	단 점
- 익숙한 발주방식 - 공사 범위가 잘 정의됨 - 설계와 시공에 대한 각각의 단일 책임부여 - 공개된 예정가격에 대한 공격적 입찰방식으로 가격 하락 유도 가능	- 시공업체로부터 설계단계 참여 불가능 - 타 방식에 비해 공사기간이 김 - 설계와 시공사간 분쟁 발생시 조정난이 - 설계변경에 대한 대처가 미흡 - 이해 당사자 상호간 적대적 관계형성

표 4.2 설계시공일괄 방식의 장단점

장 점	단 점
- 계약자 선정의 유연성 - 설계와 시공에 대한 단일 책임부여 기능 - 공사기간 단축 - 팀 개념 적용 가능	- 비용증가 - 발주자가 관리하기 어려움 - 발주자와 턴키 계약자 사이에 적대 관계형성 가능

4.1 상수도 기본계획

수도법의 기본이념은 수도사업자는 합리적인 경영에 기초하여 저렴한 요금으로 위생상 안전하게 필요한 양의 물을 적정한 수압으로 공급함으로써 공중위생의 향상과 생활환경의 개선에 이바지 할 것을 요구하고 있다.

상수도의 기본계획은 수도사업의 기본으로서 장래의 용수수요를 정확하게 예측하고, 그것에 의거하여 수도의 계획적 정비를 위한 기본적인 사항을 밝혀주는 것이다. 따라서 계획을 세울 때에는 장래의 수자원 개발상황과 장래수질의 변화동향을 파악함과 동시에 광역적이고 장기적인 관점에서 지역의 종합개발과 장기계획을 관련시켜 고려한 종합적이고 면밀한 검토가 요구된다.

일반적으로 수도는 수원으로부터 취수, 도수, 정수, 송수, 배수 및 급수를 원칙적인 구성요소로 하지만 원수의 수질, 지형, 기타 조건에 따라 각 요소의 시설이나 조작이 간단하게 되고 복잡하게 된다.

상수도의 구성은 수원 → 취수 → 도수 → 정수 → 송수 → 배수 → 급수를 원칙적인 구성요소로 하고 있다. 기본계획의 순서는 그림 4.3과 같으며, 수도법 제3조에서 나타난 용어의 정의를 요약하면 다음과 같다.

- **"원수(원수)"**란 음용(음용)·공업용 등으로 제공되는 자연상태의 물을 말한다. 다만 『농어촌정비법』제2조 제3호에 따른 농어촌용수는 제외한다.
- **"상수원"**이란 음용·공업용 등으로 제공하기 위하여 취수시설(취수시설)을 설치한 지역의 하천·호소·지하수 등을 말한다.

- **"광역상수원"**이란 둘 이상의 지방자치단체에 공급되는 상수원을 말한다.

- **"정수(정수)"**란 원수를 음용·공업용 등의 용도에 맞게 처리한 물을 말한다.

- **"수도"**란 관로(관로), 그 밖의 공작물을 사용하여 원수나 정수를 공급하는 시설의 전부를 말하며, 일반수도·공업용수도 및 전용수도로 구분한다. 다만, 일시적인 목적으로 설치된 시설과 『농어촌정비법』제2조 제6호에 따른 농업생산 기반시설은 제외한다.

- **"일반수도"**란 광역상수도·지방상수도 및 마을상수도를 말한다.

- **"광역상수도"**란 국가·지방자치단체·한국수자원공사 또는 국토해양부장관이 인정하는 자가 둘 이상의 지방자치단체에 원수나 정수를 공급(제43조 제4항에 따라 일반 수요자에게 공급하는 경우를 포함한다)하는 일반수도를 말한다. 이 경우 국가나 지방자치단체가 설치할 수 있는 광역상수도의 범위는 대통령령으로 정한다.

- **"지방상수도"**란 지방자치단체가 관할 지역주민, 인근 지방자치단체 또는 그 주민에게 원수나 정수를 공급하는 일반수도로서 광역상수도 및 마을상수도 외의 수도를 말한다.

- **"마을상수도"**란 지방자치단체가 대통령령으로 정하는 수도시설에 따라 100명 이상 2천500명 이내의 급수인구에 정수를 공급하는 일반수도로서 1일 공급량이 20세제곱미터 이상 500세제곱미터 미만일 수도 또는 이와 비슷한 규모의 수도로서 시장·군수·구청장이 지정하는 수도를 말한다.

- **"공업용수도"**란 공업용 수도사업자가 원수 또는 정수를 공업용에

맞게 처리하여 공급하는 수도를 말한다.

- "전용수도"란 전용상수도와 전용공업용수도를 말한다.

- "전용상수도"란 100명 이상을 수용하는 기숙사·사택·요양소, 그 밖의 시설에서 사용되는 자가용의 수도와 수도사업에 제고되는 수도 외의 수도로서 100명 이상 5천명 이내의 급수인원(학교·교회 등의 유동인구를 포함한다)에 대하여 원수나 정수를 공급하는 수도를 말한다. 다만, 다른 수도에서 공급되는 물만을 상수원으로 하는 것 중 대통령령으로 정하는 것과 그 수도 시설의 규모가 대통령령으로 정하는 기준에 못 미치는 것은 제외한다.

- "전용공업용수도"란 수도사업에 제공되는 수도 외의 수도로서 원수 또는 정수를 공업용에 맞게 처리하여 사용하는 수도를 말한다. 다만 다른 수도에서 공급되는 물만을 상수원으로 하는 것 중 대통령령으로 정하는 것과 그 수도시설의 규모가 대통령령으로 정하는 기준에 못 미치는 것은 제외한다.

- "소규모급수시설"이란 주민이 공동으로 설치·관리하는 급수인구 100명 미만 또는 1일 공급량 20세제곱미터 미만인 급수시설 등 시장·군수·구청장이 지정하는 급수시설을 말한다.

- "중수도"란 사용한 수돗물을 생활용수·공업용수 등으로 재활용할 수 있도록 다시 처리하는 시설을 말한다.

- "빗물이용시설"이란 빗물을 모아 생활용수·조경용수·공업용수 등으로 이용할 수 있도록 처리하는 시설을 말한다.

- "수도시설"이란 원수나 정수를 공급하기 위한 취수(취수)·저수(저수)·도수(도수)·정수(정수)·송수(송수)·배수시설(배수시설), 급수

설비 그 밖에 수도에 관련된 시설을 말한다.

- **"수도사업"**이란 일반 수요자 또는 다른 수도사업자에게 수도를 이용하여 원수나 정수를 공급하는 사업을 말하며, 일반수도사업과 공업용 수도사업으로 구분한다.

- **"일반수도사업"**이란 일반 수요자 또는 다른 수도사업자에게 일반수도를 사용하여 원수나 정수를 공급하는 사업을 말한다.

- **"공업용수도사업"**이란 일반 수요자 또는 다른 수도사업자에게 공급용 수도를 사용하여 원수나 정수를 공급하는 사업을 말한다.

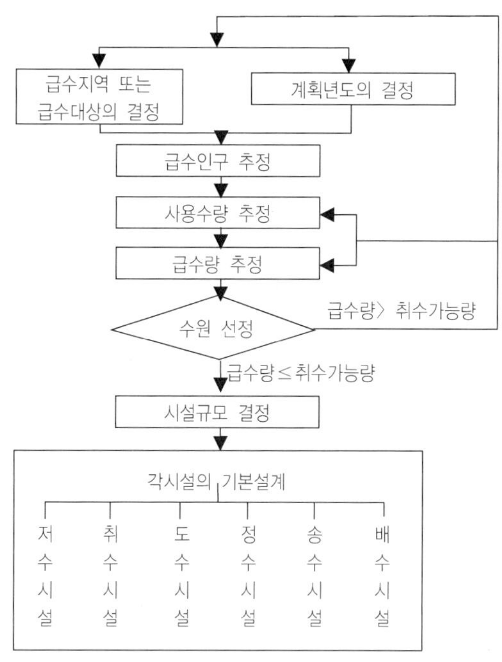

그림 4.3. 상수도 기본계획의 순서.

4.1.1 계획년도(Design period)

　상수도시설의 신설이나 확장은 장래 5～15년간의 경제성 등을 고려하여 계획년도를 결정하는데 정수시설, 배수시설 등은 확장이 용이하므로 10～15년, 수원지시설, 송수관, 배수본관 및 펌프설비 등은 확장이 어려우므로 20～30년을 기준으로 한다. 단, 장기적인 인구추정이 불가능한 경우이거나 혹은 급수량 추정이 불확실한 경우에는 예외로 한다.

　만약 본 기준에서 설정한 5년을 기준으로 하여 시설하는 경우에는 준공과 더불어 확장계획 혹은 공사를 실시하게 될 경우가 있으므로 되도록 장기계획을 수립하여 설치하는 것이 바람직하다. 만약 30년 가량의 장기계획을 세우는 경우에는 건설비의 추정이 어렵고, 또한 설치한 시설의 노후로 계획상의 결함이 많아 비경제적이 될 수도 있다.

　개개 시설의 규모결정에 있어서 계획년도는 앞으로의 공사의 난이도를 고려하여 서로 다른 계획년도를 설정할 수 있다.

　Fair와 Geyer의 수도시설물에 대한 설계 계획기간은 표 4.3과 같다.

표 4.3 상수도시설의 계획년도(계획 기간)

항　　목	내　　용	계획기간(년)
큰 댐 및 대구경 관로	확장이 어렵고 비싸다.	25～50
정호, 배수 관로 및 여과지	확장이 쉬우나 ① 이자율이 3% 이하인 경우 ② 이자율이 3% 이상인 경우	20～25 10～15
지름 30cm 이상인 관	장기적으로 볼 때 대체비용이 비싸다.	20～25
지름 30cm 이상인 관	장기적으로 필요한 크기로 시설한다.	완전 이용에 이르는 연수

계획기간 혹은 계획년도는 계획 당시의 자금사정, 건설비, 유지관리비, 시설의 수명 등에 의하여 결정된다.

4.1.2 계획 급수구역

급수면적 및 급수지역 계획기간 내에 배수관을 매설하고 급수하는 지역이 급수지역이다. 막연히 시내 일원이라고 하여도 급수지역이 아닐 수 있다.

인구밀도가 매우 적은 산림지역이나 장래 도시의 발전전망이 적은 곳에 급수지역을 설정하는 것은 특별한 경우를 제외하고는 건설비가 많이 소요된다.

계획급수 구역은 계획년도에 급수가 되는 급수지역으로 지형, 거리 등에 따라 결정되며, 도시계획상 장래 발전가능성을 고려하여 경제적, 기술적으로 결정된다.

4.1.3 급수인구의 추정

계획급수 인구는 상수도의 물을 공급받는 인구로서 계획기간 내 추정된 인구수에 보급률을 곱하여 결정한다. 일반적으로 계획급수인구는 계획년한을 크게 잡으면 시설규모가 커지고 건설비도 많이 들며, 계획년한을 작게 하면 재차 확장해야 하는 등 비경제적이므로 대체적으로 15~20년을 표준으로 하고 있다.

$$\text{계획급수인구} = \text{급수구역 내 총인구} \times \text{급수보급률}(\%)$$

급수구역 내 총인구＝급수구역 내 상주인구(유동인구, 즉 여행자, 주야 유입인구 불포함)

$$\text{급수보급률} = \frac{\text{급수인구}}{\text{급수구역 내 총인구}} \times 100(\%)$$

계획급수인구는 계획급수량의 결정에 필수적인 사항으로 상수도시설에 의하여 물을 공급받을 인구로 급수인구는 다음에 따른다.

- 급수인구는 급수구역 내의 상주인구에 한한다.
- 상주인구 외의 유동인구는 급수인구에 포함시키지 않는다.
- 급수인구의 구역 내 총인구에 대한 비율을 급수보급률이라 한다.

실제에 있어서의 인구는 우리가 추정한 값과 장래의 실제 인구가 꼭 맞아 떨어진다고는 볼 수 없다.

특히, 소도시에 있어서는 대도시에서 보다 큰 오차가 발생되는데 그 이유는 소도시에 있어서는 인구증가에 대한 여러 가지 요소들이 보다 민감하게 작용될 수 있기 때문이다. 따라서 우리가 추정한 값도 장기적인 안목으로 볼 때의 평균적인 장래추정이며, 대체로 20% 혹은 그 이상이 틀린다고 하여도 인구의 증가추세가 우리가 추정한 값과 아주 상이하다고 말할 수 없다.

어느 경우에서나 항상 인구추정의 신뢰도는

- 추정년도가 커질수록
- 인구가 감소되는 경우가 흔할수록
- 인구증가율이 높아질수록 적어진다.

장래 인구추정방법은 과거 약20년간의 기간을 고려하여 도시의 특수성,

발전가능성 등을 고려하여 결정한다. 인구통계가 없거나 비정상적인 발전, 기타 특수한 여건을 갖는 도시는 예외로 하며, 인구추정방법은 다음과 같다.

(1) 등차증가법(等差增加法, Arithmetical progression)

년 평균 인구 증가수를 기준으로 하는 인구추정 방법이다.

$$P_n = P_o + an$$

P_n: 현재로부터 n년 후의 추정인구

P_o: 현재인구

n : 설계기간(Year)

a : 연평균 인구증가수 $= \dfrac{P_o - P_t}{t}$

P_t: 현재로부터 t년전의 인구

이 방법은 추정이 감소해지는 경향이 있으며, 따라서 그 적용은 발전이 거의 끝난 큰 도시나 발전할 가능성이 없는 도시에 이루어진다.

(2) 등비증가법(等比增加法, Geometrical progression)

년 평균 인구 증가율을 기준으로 하는 인구추정 방법이다.

$$P_n - P_o(I + r)^n$$

$$r : \text{년평균 인구 증가율} = \left(\frac{P_o}{P_t}\right)^{\frac{1}{t}} - 1 \left(\because P_o = P_t(I + r)^t \right)$$

이 방법은 매년 인구 증가율이 일정하다고 보는 것으로서, 인구추정이 과대해지는 경향이 있으며, 따라서 장래에 크게 발전할 가망성이 있는 도시에 적용시킨다.

r의 값은 대략 다음과 같다.

r : 2∼3% ⋯⋯⋯⋯⋯ 대도시

r : 0.5∼1% ⋯⋯⋯⋯⋯ 소도시

r : 0∼0.3% ⋯⋯⋯⋯⋯ 읍, 면

(3) 감소증가율법(減少增加率法, Decreasing of rate growth method)

인구가 매년 감소하는 율로 증가한다는 가정에 기초를 두는 방법으로 포화 인구를 먼저 추정하고 구하고자 하는 장래인구를 예측한다.

$$P_n = P_o + (K - P_o)(1 - e^{-bn})$$

K : 포화인구(먼저 추정함)

b : 감소증가율 상수

베기 함수식(지수함수식)에 의한 방법

$P_n : P_o + An^a$

P_n : 계획년도에 있어서의 인구의 지수

n : 실적년도에서 계획년도까지의 경과 년수

P_o : 현재의 인구를 100으로 한 경우의 실적 초년도의 인구 지수

A, a : 상수

(4) 도표상 비교법(圖表上比較法)

비슷한 환경과 더 많은 인구를 가진 타도시와 비교하여 도표상에서 연

장시키는 방법으로 먼저 각 도시의 인구시간 곡선을 그린 다음, 모든 곡
선이 인구를 추정하는 현재 인구점을 지나도록 조정하는 것이 요령이다.

(5) 통계청 적용공식

이 방식은 등차, 등비급수적 추정법의 중간을 나타낸다.

$$P_n = P + (B_n - B_1)\frac{P_1 - P}{B_1 - B}$$

P_n: 계획년도의 도시 추정인구

B_n: 계획년도의 전국 추정인구

P_1 : 최근 국세조사의 도시인구

B_1 : 최근 국세조사의 전국인구

P : 전회 국세조사의 도시인구

B : 전회 국세조사의 전국인구

(6) 논리법(論理法, Logistic method)

논리곡선(S곡선)법, 포화인구 추정법, 수리법(數理法)이라고 불리우며
"인구의 증가에 대한 저항은 인구의 증가속도에 비례한다"고 한 통계학
자 Gedol의 생각을 정식화한 것이다.

$$P_n = \frac{K}{1 + e^{(a - bn)}}$$

P_n : 추정인구

K : 포화인구

n : 기초년부터 경과년수

e : 자연대수의 밑

a, b : 상수

이 방법에 의하면 연구는 무한년전(無限年前)에 0, 연월(年月)이 경과함에 따라 점차 증가하여 중간의 증가율이 가장 현저하게 나타나고 다음에는 증가율이 감소하여 무한연후(無限年後)에 일정의 포화수준(포화치)에 도달되는 변화를 갖는 함수식이다.

인구 증가의 형(型)을 표시하는 식으로는

㉮ 도시의 일정 구역내의 인구에도 한도가 있다.

㉯ 인구 증가율의 변화에는 일정의 S자형의 경향이 있다.

㉰ 인구의 최초한도는 0이다.

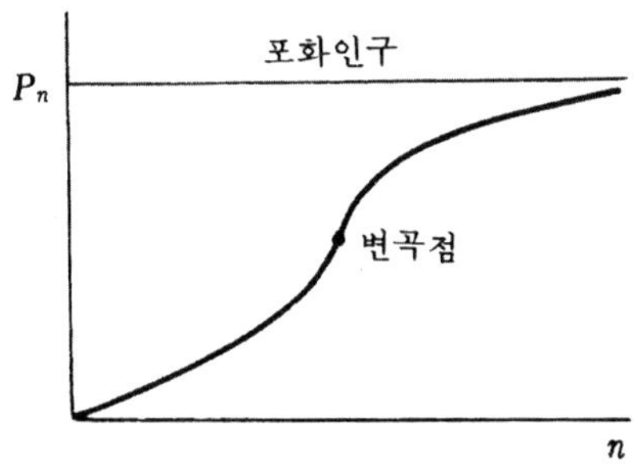

그림 4.4. Logistic curve.

(7) 비상관법(非相關法)

이 방법은 어느 지역의 인구증가율이 다른 더 큰 지역의 인구증가율과 관계가 있다고 가정하는 방법이다.

$$\frac{P_2}{P_2R} = \frac{P_1}{P_1R} = K_r$$

P_2 : 추정인구

P_2R : 더 큰 지역의 추정인구

P_1 : 최근 통계인구

P_1R : 더 큰 지역의 최근 통계인구

K_r : 비율상수

(8) 지수곡선식에 의한 방법(Peggy의 함수식)

보편적으로 일반 도시에서 많이 적용하는 방식이다.

$$y = y_0 + Ax^a$$

상수 A 및 a를 구하기 위하여 위 식을 변형하면

$$\log(y - y_0) = \log A + a \log x$$

여기서, $\log(y - y_0) = Y$

$\log x = X$

$\log A = b$

로 놓으면,

$Y = aX + b$로 되어 X와 Y는 선형관계가 된다. a, b는 최소자승법에 의해 구해지며 이 방법은 많은 도시에 적용할 수 있다.

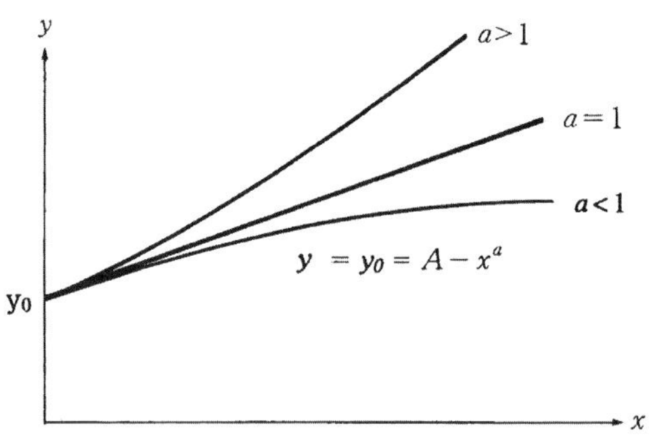

그림 4.5. Peggy 곡선에 의한 경향선.

4.1.4 계획 1인 1일 최대급수량

급수시설을 신설하는 경우에는 계획 1인 1일 최대급수량은 도시의 성격, 발전사항이 흡사한 다른 도시의 실적을 참고로 하고, 결정할 때에는 과거의 실측자료를 기초로 하여 결정한다.

계획 1일 최대급수량은 수도시설의 규모결정의 기초가 되는 수량이다.

- 계획 1일 최대급수량

    = 계획 1인 1일 최대급수량 × 계획급수인구

    = 계획 1일 평균 급수량 × 1.3(대도시, 공업도시)

    1.5(중·소도시)

    2.0(농촌, 주택단지)

- 1일 최대급수량 = 연간에 최대사용수량을 나타내는 날의 수량
- 1인 1일 최대급수량 = 1일 최대급수량 / 급수인구

4.1.5 계획 1인 1일 평균급수량

계획 1일 평균급수량은 약품, 전력사용량의 산정이나 유지관리비나 수
도요금의 산정에 사용되므로 재정계획에 필요한 수량이다. 그리고 계획 1
일 최대급수량의 70~85%를 표준으로 하여야 한다.

- 1일 평균급수량 = 연간 총급수량 / 365
- 계획 1일 평균급수량

$$= 계획\ 1일\ 최대급수량 \times 0.7(중 \cdot 소도시)$$

$$0.8(대도시, 공업도시)$$

- 1인 1일 평균급수량 = 1일 평균급수량 / 급수인구

$$= 연간\ 총급수량\ /\ (365\ x\ 급수인구)$$

- 월 최대급수량 = 월 평균급수량 $\times (1.2 \sim 1.5) \times 30$일
- 1일 최소급수량 = (1일 평균급수량) $\times 0.6$

4.1.6 계획시간 최대급수량

1일 사이에서 시간변동량이 최대로 될 때의 1시간당 급수량을 시간 최
대급수량이라 하며, 계획년차의 계획 1일 최대급수량이 출현하는 날의 시
간 최대급수량을 산정해서 이것을 계획시간 최대급수량이라 하여 배수관
계산의 설계에 사용된다.

시간변화는 계절에 따라 그 형태가 다소 다르나 오전 10시 및 오후 18
시경에 최대가 되며 2시경에 최소가 된다(그림 4.6).

일 변화는 계절에 따라 다르나 하절기의 경우 가장 더운 날의 최대사용량이 되며, 월 변화는 주로 기온에 의하여 여름철인 7~8월이 최대이고, 겨울철인 1~2월은 최소인 것이 보통이다.

- 계획시간 최대급수량

$$= (계획 1일 최대급수량 / 24) \times 1.3(대도시, 공업도시)$$

$$1.5(중 \cdot 소도시)$$

$$2.0(농촌, 주택단지)$$

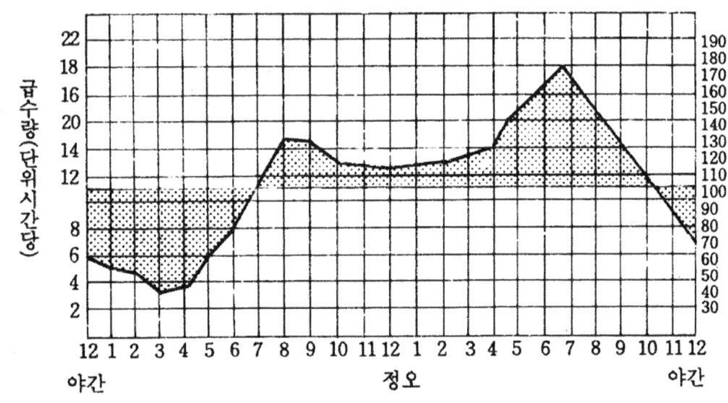

그림 4.6. 급수량의 시간적 변화도.

4.1.7 수원의 선정

수원(Water source)은 수질적으로 청정(淸淨)하고, 장래에 오염의 우려가 적으며, 계획취수량을 확보할 수 있는 곳이라야 한다. 따라서 수원을 선정할 때는 다음과 같은 사항을 고려할 필요가 있다.

- 수질이 양호하며 수량이 풍부하여야 한다.
- 가능한 한 주위에 오염원이 없는 곳이어야 한다.
- 소비지로부터 가까운 곳에 위치하여야 한다.
- 계절적으로 수량 및 수질의 변동이 적은 곳이어야 한다.
- 수리학적 가능한한 자연유하식을 이용할 수 있는 곳이어야 한다.
- 장래의 확장 및 건설비, 유지관리가 용이하며 안정성이 확실 하여야 한다.

수원은 크게 천수, 지표수, 지하수원으로 분류되며 그 특징은 다음과 같다.

- **천 수**: 우수, 눈 등 강수(降水)를 총칭해서 천수라 하며, 이는 산소, CO_2, 세균, 매연, 먼지 등을함유한다.

- **지표수**: 하천수, 호소수, 저수지수

  SS가 많고 공기 성분이 용해되어 있고 경도가 낮다.

- **지하수**: 전층수, 심층수, 용천수는 경도가 높고, SS가 낮고, 세균수도 적다. 무기성 용해질이 풍부하다.

  복류수는 하천이나 호수의 저부 또는 측부의 모래층중에 포함된 물 로써, 어느 정도 여과된 것이므로 지표수보다 양호하여 대개의 경우 침사지를 생략할 수 있다.

  지하수의 분포도는 그림 4.7과 같다.

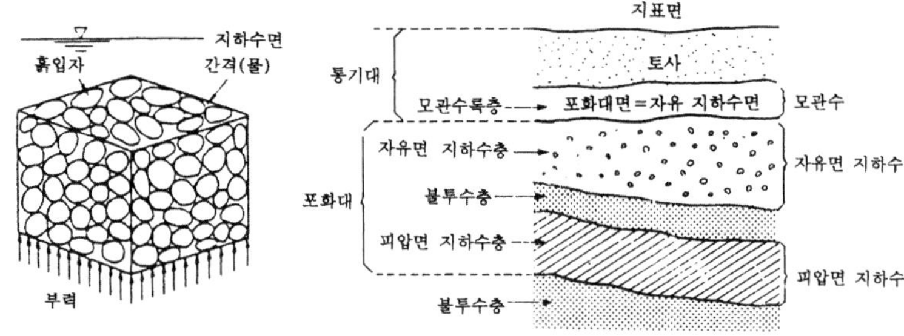

그림 4.7. 지하수의 연직 분포도.

4.1.8 하천표류수의 유량 및 취수지점 선정

수위(水位, Water level)는 하천의 각 지점에서의 수면(水面) 높이를 하나의 기준면(基準面)으로부터 측정해서 정하고, 또 유량(流量, discharge)이란 수로(水路)의 1단면에서 1초간에 흐르는 수량을 말한다.

하천수위(그림 4.8)는 어떤 기준면에서 잰 수면의 높이를 표시하는 것이고, 그 기준면으로서는 인천만(仁川灣)의 평균해면(平均海面)을 취하고 이것을 인천만중등조위(仁川灣中等潮位)라고 부른다. 이것을 T. P(Turning Point, 전환점, 이기점)라는 기호로 표시한다.

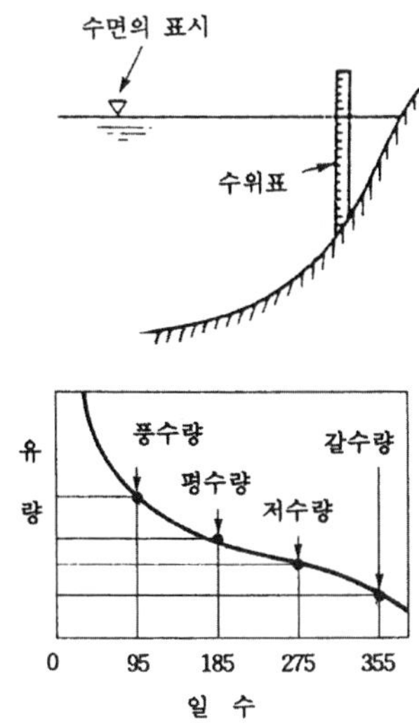

그림 4.8. 하천표류수의 유량 및 수위.

- 수위는 일정한 기준면으로부터 하천의 수면을 높이로 표시한 것을 말한다.

- 평수위 평수량은 1년을 통하여 185일은 이보다 저하하지 않는 수위를 말한다.

- 저수위 저수량은 1년을 통하여 275일은 이보다 저하하지 않는 수위를 말한다.

- 갈수위 갈수량은 1년을 통하여 355일은 이보다 저하하지 않는 수위를 말한다.

하천 표류수에서 취수할 때 그 취수지점을 다음과 같은 것에 주의하여 정하여야 한다.

- 장래에 일어날 수 있는 유심의 변화, 하상의 상승 혹은 저하에 대비해서 유속이 완만한 지점.
- 취수지점과 그 주위 지역은 지질이 견고한 상태여야 하며 홍수나 산사태에 의해서 취수가 방해를 받거나 취수시설이 피해를 받지 않는 지점.
- 취수지점은 하수에 의한 오염이 생기지 않는 곳이어야 하며 바닷물의 역류에 의한 영향이 없는 지점.
- 장래의 하천 개수계획을 고려해서 그 실시에 지장이 생기지 않는 지점이어야 한다.

취수시설로는 일반적으로 크게 취수탑, 취수관, 취수문으로 구성되어 있는데, 취수관 입구에는 스크린(Screen)을 설치하여 부유물이나 물고기가 유입되지 않도록 해야 하며, 설치되는 스크린의 개구면적은 관 단면적의 1.5∼2배가 되도록 하여 유입속도를 가능한 한 낮추도록 한다.

취수탑은 수위의 변화가 크거나 혹은 적당한 깊이에서의 취수가 요구될 때 사용되며, 수위의 변화에 대비하여 취수할 수 있도록 통상 여러 개의 취수구(取水口)로 구성된다. 최소수심이 2m 이상인 취수지점이 적합하다. 취수구로의 유입속도는 하천의 경우 15∼30cm/s이 적당하며, 저수지의 경우는 1∼2m/s로 크게 해도 좋다.

취수문은 하천의 중류부로부터 상류부에 걸쳐 하안부나 혹은 제방을 축조한 부분에 직접 수문을 설치하여 취수하는 방법으로 취수지점 표고가 높아서 자연유하식으로 도수(導水)할 수 있는 곳에 많이 사용한다. 취수문은 취수문을 통한 유입속도가 1m/s 이하가 되도록 그 크기를 정하여야 한다.

취수틀은 호소, 하천 등의 수중에 설취되는 취수설비로서 하상이나 호상의 변화가 심한 곳에는 부적당하므로 안정된 장소에 설치하는 것이 중요하다. 만약 선로에 근접한 지점이라면 최소수심이 3m 이상은 되어야 한다.

유입속도는 하천의 경우 15~30cm/s, 저수지의 경우에는 1~2m/s이 되도록 한다.

4.1.9. 저수지의 용량 및 위치선정

저수지 유효저수량은 과거의 기록 중 최대 갈수년을 기준으로 산출하는 것이 이상적이나, 이것은 저수지 용량을 너무 크게 하므로 비경제적이다. 따라서 일반적으로는 10년빈도 정도의 갈수년을 기준으로 하는 경우가 많으며, 용량결정 방법에는 경험법, 가정법, 이론법, 유량도법이 있다.

(1) 경험법
저수지의 용량은 대체로 우량(雨量)이 많은 지방에서는 급수량의 120분, 우량이 적은 지방에서는 200일분 가량을 저수할 수 있도록 결정하는 것이 필요하다.

(2) 가정법(假定法)

$$C = \frac{5000}{\sqrt{0.8R}}$$

여기서, C : 용량(1일 계획급수량의 배수)

$\qquad R$: 연평균 강우량(㎜)

일례로 연평균 강우량을 1,135㎜라고 하면 다음과 같다.

$$C = \frac{5000}{\sqrt{0.8 \times 1135}} = \frac{5000}{30} = 167일$$

따라서, 167일분의 저수용량이 필요하다.

(3) 이론법(理論法)

이것은 하천의 유출량 누가곡선(累加曲線, Run－off mass curve)을 그려서 이론적으로 산출하는 방법이며, 일명 Ripple's method라고도 한다(그림 4.9).

① 각 월마다의 하천유출량을 계산하여 누가곡선 OA를 그린다.

② 각 월마다의 소요수량(소비량) 누가곡선 OB를 그린다.

③ 유출량이 소요수량보다 적은 시기 즉, 하천유량 누가곡선과 소비량 누가곡선이 만나려는 시기(EG, LM)를 찾는다.

④ 이 기간에서 부족수량은 E점에서 OB와 평행한 직선을 그어 최대세로길이가 된다.

⑤ 이와 같은 최대 세로길이 중 가장 큰 것(IG)을 택해 저수지 용량으로 정한다.

⑥ 저수지 용량으로 결정된 지점에서 OB와 평행하게 그어 OA와 만나는 점(K)부터 저수지에 물을 저수하는 시기가 된다.

유출량의 단위를 ㎥/s로 하면 IG의 단위는 ㎥/s × month가 되며, 용량은 여기에 30×24×60×60을 곱하여 주면 ㎥의 단위를 가지게 된다. 이상은 이론적 방법이나 실제로는 계산값에 20～30%의 여유를 주는 것이 보통이다.

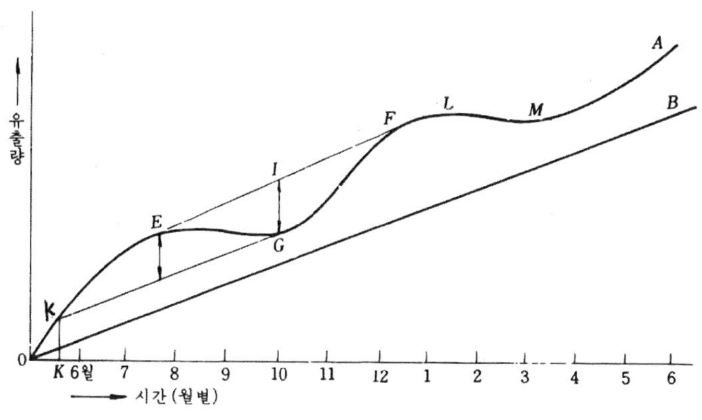

그림 4.9. 하천 유출량 누가조건(Rippe's method).

(4) 유량도법

매월의 하천의 유효유입량을 그림 4.10과 같이 표시하여 계획취수량의 직선을 그어 이 양자간의 범위의 면적 중 최대의 것을 가지고 사용한 통계년간의 최대갈수기에 필요한 이론 저수량으로 한다.

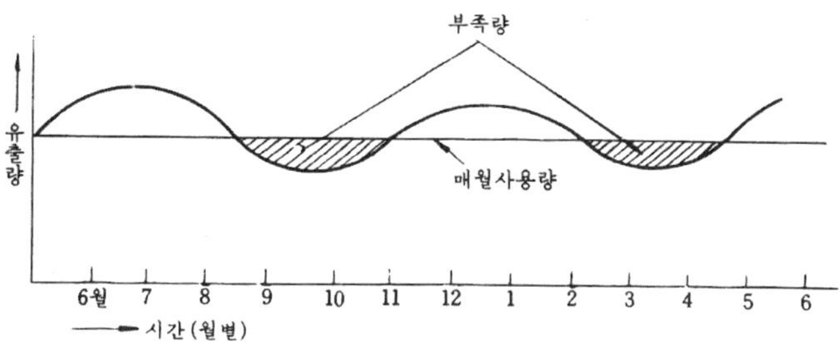

그림 4.10. 유량도법.

저수지는 하천의 소요수량(Demand)이 그 하천의 갈수량을 초과하는 경우에는 유출량이 많은 시기의 여수(餘水)를 저류하였다가 유출량이 적은 시기에 부족한 수량을 보충할 필요가 있는데, 이 점이 바로 저수지의 필요성을 말하는 것이다. 저수지는 그 위치에 따라 다음 3종류로 구별한다.

- 하천을 막아서 그 상류측을 저수지로 하는 것.
- 하천으로부터 물을 도수하여 다른 적당한 장소에 저수지를 만드는 것.
- 하천과는 관계없이 단순히 지형이 요형(凹形)으로 된 곳을 막아 흘러들어온 물을 저수하는 것.

그리고 저수지의 위치를 선정하는 데에는 다음과 같은 요소를 고려하여야 한다.

- 가능한 한 작은 댐으로 필요한 저수량을 얻을 수 있어야 한다.
- 댐의 설치지점과 저수지 바닥의 지질이 좋아야 한다.
- 저수지 축조로 인한 용지 내의 보상대상이 적어야 한다.
- 집수면적이 넓고, 수원보호가 유리하여야 한다.
- 댐의 건설재료를 얻기 쉬운 장소로 한다.
- 도시로부터 가까울수록 좋으며, 가급적 자연유하식으로 도수 할 수 있도록 한다.
- 수심이 비교적 깊은 곳이 좋다.

4.1.10 지하수의 취수지점 및 채수층의 결정

지하수를 수원으로 하는 경우에는 다음의 조건을 만족시킬 수 있는 취수지점을 선정하여야 한다.

- 해수의 영향을 받지 않는 지점이어야 한다.
- 주변으로부터 오염원의 영향을 받지 않는 지점이어야 한다.
- 복류수의 경우에는 장래의 가능한 유로 변화 혹은 하상의 저하 등을 고려하여 하천 개수계획에 지장이 없는 지점을 택하여야 한다.
- 갈수기에도 충분한 수량이 확보될 수 있는 지점을 택한다.
- 부근의 우물이나 집수매거에 가급적 적은 영향을 미치는 지점을 선정한다.

지하 채수층 즉, 자유면 피압면지하수의 경우에는 시추을 실시하여 Sample과 전기 검층에 의하여 알맞은 대수층을 결정한다.

① 굴착 중에 각 지층 표본을 깊이에 따라서 채취하여, 특히 대수층을 관찰함으로써 지층입자의 크기, 형상과 색깔 등을 조사하는데, 지질표본을 통한 선택기준은 다음과 같다.

- 입자의 크기가 크고 깨끗한 자갈층은 함수율이 크다.
- 조사층은 자갈층 다음으로 함수율이 크다.
- 두께가 큰 점토층에 끼어 있는 세사층으로부터 취수할 수 있지만 그런 경우에는 가능한 한 집수면적이 큰 Strainer를 사용하여야 한다.
- 점토층이나 암층으로부터는 일반적으로 취수가 곤란하다. 암층 내부의 절리 등이 있어서 물이 흐를 수 있으나 그 양이 대단히 적은 경우가 대부분이다.

② 굴착종료 직후에 전기검층을 실시하여 각 지층에 맞는 비저항곡선도를 작성한다. 전기검층에 의한 대수층의 비저항치는 일반적으로 약층(자갈층)($200 \sim 500\,\Omega/m$), 사층(모래층)($100 \sim 150\,\Omega/m$) 순이다. 사층 또는

사력층에 있어서도 비저항치가 $100\,\Omega/m$ 이하인 경우에는 염분, 철분 혹은 하수의 영향을 받는 경우가 대단히 많으므로 채수의 대상으로부터 제외하는 편이 좋다. 지하수의 기계적 조사법에는 다음과 같은 종류가 있다: ㉠ 전기탐사법 ㉡ 전기검층법 ㉢ 탄성파탐사법 ㉣ Boring 등이 있다.

③ 굴착 중 일수(逸水)의 유무를 조사하고 가능한 한 일수가 일어나는 지점을 확인해야 한다. 일수는 굴착에 사용하는 물이 굴착 도중에 대수층을 빠져나가는 것을 말하며, 이러한 일수현상은 대수층의 공극이 큰 곳에서 일어나기 때문에 좋은 대수층이라고 말할 수 있다.

4.1.11 집수매거의 구조 및 취수량

하천이 바닥 또는 투수층에 메쌓기 암거나 구멍 뚫린 관을 매설한 하천에서 침투한 복류수를 취수하는 것은 수도나 관개에 잘 이용되는데, 이것을 집수암거 또는 집수매거(Filter garelly)라 하며 설치구조는 다음과 같다(그림 4.11).

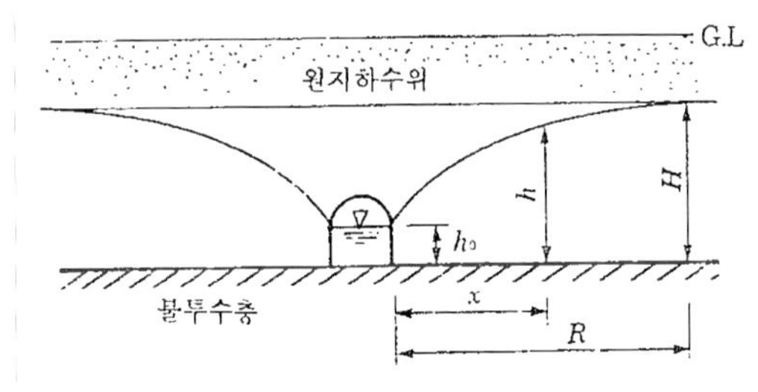

그림 4.11. 집수매거 내의 수면.

- 집수매거는 철근 콘크리트로 만들어진 유공관거로서 그 단면은 원형 또는 장방형으로 한다.

- 관거의 내경은 포설 직후의 점검, 수리 등 유지관리의 편리를 고려해서 600mm이상으로 한다.

- 제내지 또는 사구(砂丘) 등의 비교적 얕은 곳에 개거식 구조, 하상이나 제내지 등의 비교적 깊은 곳으로부터 집수하는 경우에는 터널식 구조로 한다.

- 집수매거의 방향은 복류수의 흐름은 방향에 직각이 되도록 설치한다.

- 집수관거의 매설 깊이는 5m를 표준으로 하나 불투수층이 얕은 위치이거나 하층의 수질이 나쁜 경우에는 얕게 매설할 수 있다.

- 집수매거의 유속을 결정할 때 모래가 유입하여 집수공을 폐쇄시키지 않도록 유입속도는 3cm/s 이하가 되어야 한다.

- 집수매거의 집수공은 지름 10∼20mm로 하며 그 수는 관거 표면적 1㎡당 20∼30개 정도가 되도록 한다.

- 집수매거의 경사는 수평하거나 1/500 이하의 완만한 경사로 하며 매거 내의 유속은 집수매거 유입단에서 1m/sec 이하가 되도록 한다.

- 집수매거의 이음(Joint)은 수구(受口)와 삽구(揷口)를 갖는 방식이나 칼라식 이음으로 하는 것이 보통이며, 이음부분을 밀폐시키지 않음으로써 이음부분을 통해서 복류수가 유입되도록 한다.

- 집수매거의 둘레에는 모래의 유입을 방지하면서 복류수의 유입을 원활히 하기위하여 매거 내측에서부터 외측으로 굵은 자갈, 잔자갈, 굵은 모래를 각 50cm이상의 두께가 되도록 채운 다음 되메운다.

- 집수매거는 점검과 수리 등의 편의를 위하여 종점, 분기점, 합류점,

굴곡점, 기타 중간의 적당한 지점에 접합정(接合井, Junction well)을 설치하고, 접합정의 안지름은 1m 이상이 되어야 하며 철근콘크리트로 만들고 수밀구조가 되어야 한다.

자유수면 지하수의 불투수층 위에 수평으로 집수매거를 설치하여 복류수가 집수매거의 양측으로부터 유입하는 경우 수량은 다음과 같다.

$$q = \frac{kL(H^2 - h_0^2)}{R}$$

여기서 q : 양수량(m^2/s)

H : 대수층의 두께(m) 혹은 원지하수의 수심(m)

h_0 : 집수매거 내의 수면과 불투수층 간의 높이 차(m)

L : 매거이 길이(m)

R : 영향 반지름(m)

k : 투수계수(m/s)

표 4.4 각종 지질의 투수계수(k)

종 류	입자의 크기(㎜)	$k(m/s)$
점 토	0.00~0.01	−
실 트	0.01~0.05	−
아주 가는 모래	0.05~0.10	−
모 래	0.10~0.25	0.016
중간 모래	0.25~0.50	0.086
굵은 모래	0.50~1.0	0.64
잔 자 갈	1.0~5.0	2.8

4.1.12 도수 및 송수방식의 노선선정

도수 및 송수방식은 노선의 시점과 종점간의 수위차가 노선의 지형에 따라 자연유하식 또는 가압식으로 구분된다.

중력식(자연유하식)은 펌프를 사용하지 않고 수원의 위치가 배수지보다 높을 경우에 채택되며 그 특징은 다음과 같다.

- 유지관리가 안전하며 확실하다.
- 동력이 필요없으므로 유지비가 저렴하다.
- 수로의 길이가 길어지며, 건설비가 많이 든다.
- 급수구역을 자유로이 선택할 수가 없다.
- 오수의 침입우려가 있다.

펌프압송식(가압식)은 수원과 배수지의 시점수위가 종점수위보다 낮을 때 사용되며 그 특징은 다음과 같이 요약된다.

- 수원은 급수구역이 가까운 곳에서 자유롭게 택할 수 있다.
- 도수로를 짧게 할 수 있어 건설비를 절감할 수 있다.
- 전력 등의 유지비가 요구된다.
- 정전 등으로 인하여 도수의 안정성이 적다.
- 수압으로 인한 누수의 우려가 있다.

도수시설의 계획도수량은 계획취수량을 기준으로 하고, 송수시설의 계획송수량은 원칙적으로 계획 1일최대급수량을 기준으로 한다. 송수방식의 선정에 있어서는 정수장과 배수지 사이의 고저관계, 계획송수량의 대소 및 노선의 입지조건 등에서 비교 검토하여 결정하여야 한다. 송수방식은 관수로에 의함을 원칙으로 하고 개수로로 할 때는 터널 또는 수밀성의 암거로 해야 한다. 노선 선정시 고려 사항은 다음과 같다.

- 물이 최소저항으로 수송되도록 한다.

- 가급적 단거리가 되어야 한다.

- 이상 수압을 받지 않아야 한다.

- 수평·수직의 급격한 굴곡을 피해야 한다.

- 가능한 공사비를 절약할 수 있는 위치이어야 한다.

- 관로 도중에 감압을 위한 접합정(Junction well)을 설치해야 한다.

- 개수로의 노선선정은 관수로에 비해 대단히 단점이 많다.

- 개수로에는 도중에 역사이폰, 교량, 터널이 필요할 때가 많아 관수로를 일부 혼용한다.

- 거리를 단축하기 위해서 곳곳에 역사이폰, 교량, 터널을 사용하여 산이나 계곡의 장애물을 통과하는 경우가 있다.

4.1.13 정수시설의 입지계획 및 기본설계

정수장의 입지는 수도시설 전체의 배치와 고저를 고려하여 경제적, 기술적, 환경적으로 용이하여야 하는데, 그 고려사항은 다음과 같다.

- 수도시설 전체의 배치와 고저를 고려하여야 하며, 경제적이고 관리하기 좋은 위치라야 한다.

- 오염의 염려가 적은 위생적인 환경이라야 한다.

- 재해를 받을 염려가 적고 배수하기 좋은 환경이라야 한다.

- 형상이 좋고 충분한 면적의 용지가 확보될 수 있어야 한다.

- 유지관리상 유리한 위치이어야 한다.
- 건설하기에 유리한 위치이어야 한다.

또한, 정수시설은 다음 각 항의 조건을 구비하도록 단위공정을 배치하여야 한다.

- 착수, 침전 약품처리, 여과, 소독, 송수 및 배출수처리 등의 시설이 각기 기능을 충분히 발휘할 수 있고 양수장 관리와 상호연결이 편리하도록 배치하여야 한다.
- 정수장 내의 변소와 오수 저유시설 및 폐기물 투기상의 오염원은 오수누출이 되지 않도록 수밀구조로 하고, 처리시설로부터 먼 거리에 위치하도록 한다. 부득이한 경우에도 15m 이상의 거리를 두도록 한다.
- 정수장 내 각 시설간의 필요 수위차는 최대유량에 각 시설의 손실수두와 여과수두 등에 의하여 정한다.

정수시설의 단위공정은 수질의 안정성 확보와 풍부한 수량을 소화 할 수 있도록 설계 하여야 한다(표 4.5).

표 4.5 상수처리장 설계기준

단위 공정	설 계 기 준
착수정	• 체류시간 : 1.5분 이상 • 수심 : 3～5m • 고수위와 주벽 상단 간의 여유고 : 0.6m 이상
혼화지	• 체류시간 : 20～60초 • 교반기 회전속도 : 750～1,000 rpm • 교반기 주변속도 : 1.5m/s 이상 • 속도경사(G) : 1000_s^{-1}
플록 형성지	• 체류시간 : 20～40분 • 교반기(Flocculator) 주변속도 : 0.15～0.80m/s • 속도경사(G) : $10～75_s^{-1}$ • Horizontal shaft paddle flocculator 사용시 1 Compartmtent의 　－ 길이(L) : 6～30m 　－ 너비(W) : 3～5m 　－ 깊이(D) : 3～5m • Vertical flocculator 사용시 　－ 정사각형 Compartment : 최대 6 × 6 　－ 깊이(D) : 3～5m
약품 침전지	• 체류시간 : 3～5시간 • 표면부하(Surface loading rate) : 20～60㎥/㎡/d(보통 ㎥/㎡/d) • 길이(L)/너비(W) : 3～8배(보통 5:1) • 유효수심 : 3～5.5m • 슬러지 퇴적심도 : 0.3m 이상 • 고수위와 침전지벽 상단까지의 여유고 : 0.3m 이상 • 평균유속 : 0.4m/분 이하(보통 0.3m/d)
여과지	• 표면부하(Surface loading) 　－ 완속모래여과(Slow sand filter) : 4～5㎥/㎡/d 　－ 급속모래여과(Rapid snad filter) : 120～150㎥/㎡/d 　－ 이중, 다중여재여과(Dual and mixed media filter) : 240㎥/㎡/d 이하 • 1지의 면적 : 150㎡ 이하 • 사면상의 수심 : 1m 이상 • 고수위로부터 여과지 상부까지의 여유고 : 0.3 이상 • 여과지 10지당 1지의 비율로 에비지 확보
농축조	• 고형물부하 : 1kg/㎡/d • 표면부하 : 4～8㎥/㎡/d • 유효깊이 : 3.5～4m
회수조	• 체류시간 : 24시간 이상

4.1.14 정수지

정수지는 정수를 펌프로 양수하거나 또는 자연유하에 의하여 송수할 때 정전이나 수요량의 급변 등에 의하여 생기는 여과수량과 송수량 간의 불균형을 조절하고, 염소 혼화지가 없을 때 주입한 염소를 균일하게 혼화하는 목적으로 설치한다. 정수지는 정수시설의 최종단계라고 할 수 있으며, 정수장에 배수지가 있을 경우에는 배수지가 상기 목적에 사용된다. 정수지 설계시 고려사항은 다음과 같다.

- 구조적으로나 위생적으로 안전하고 내구성 및 수밀성을 가져야 한다.
- 지내의 수온이 외부로부터 영향을 받을 것을 방지하기 위하여 $30 \sim 60\,\text{cm}$ 정도의 복토를 둔다.
- 원칙적으로 2지 이상으로 하고, 1지의 경우는 격벽으로서 2등분하여야 한다.
- 정수지의 유효수심은 $3 \sim 6\text{m}$ 정도를 표준으로 한다.
- 고수위로부터 정수지 상부 슬래브까지는 $30\,\text{cm}$ 이상의 여유고를 둔다.
- 정수지저는 저수위보다 $15\,\text{cm}$ 이상 낮게 한다.
- 지점에서 저수위 이하의 물을 제거하기 위하여 배출관을 설치하며, 배출구를 향하여 $1/100 \sim 1/500$ 정도의 경사를 둔다.
- 정수지의 유효율양은 계획정수량의 1시간분 이상으로 한다.

4.1.15 배수지

배수지의 위치는 가능한한 급수구역 내나 이와 인접한 장소에 설치해야 한다. 배수지의 위치는 급수구역 중심에 설치하는 것이 이상적으로 수압을 전체적으로 고르게 조절할 수 있으며 배수관의 관경을 작게 하는 이점이 있다. 배수지에 연결된 배수관은 시간최대급수량을 기준으로 설계하며 송수관은 1일 최대급수량이 기준이 된다. 배수지는 급수구역에 인접한 표고 30~50m의 고지대에 설치하는 것이 이상적이며 이러한 고지대가 없는 경우에는 배수탑이나 펌프직송식으로 해야 한다.

배수지의 높이는 최소 kg/㎠의 동수압이 요구되며 고려사항은 다음과 같다.

- 배수지의 위치는 가능한 급수구역 내나 이와 인접한 장소에 설치한다.
- 배수지의 위치는 급수구역 중심에 설치하는 것이 이상적이다.
- 수압을 전체적으로 고르게 조절할 수 있어야 한다.
- 배수관의 관경을 작게 하는 것이 이점이 있다.
- 배수본관의 말단 고지대에 배수지를 설치하여 야간에는 배수본관을 통과하여 배수지에 물이 저수되고 주간에는 배수지에서 반대로 배수본관에 유출하는 방식이다.
- 급수량이 계획급수량 이상으로 많아지면 배수지에 저수되지 않고 도중에서 소비되므로 적절한 방법이 되지 못한다.
- 배수지에 연결된 배수관은 시간최대급수량을 기준으로 설계하며 송수관은 1일 최대급수량이 기준이 된다.

- 배수지는 급수구역에 인접한 표고 30~50m의 고지대에 설치하는 것이 이상적이다.
- 고지대가 없는 경우는 배수탑이나 펌프직송식으로 해야 한다.
- 배수지의 높이는 최소 1.5kg/㎠의 동수압을 유지할 수 있게 계획해야 한다.
- 급수구역을 고지배수구역과 저지배수구역으로 나눈다.
- 저지배수구역은 배수본관에는 감압밸브를 설치하여 수압을 낮춘다.
- 고지배수구역은 배수본관에 증압펌프를 설치하여 수압을 높인다.

배수방식은 자연유하식(Gravity system)과 펌프직송식(Direct pumping system)이 있으며 자연유하식은 물을 수원에서 배수지까지 자연유하로 보내는 방법과 펌프로 양수하여 보내는 방법이 있고, 펌프직송식은 펌프를 항상 가동하여 배수관을 수압을 유지 시키는 방식으로 동력을 정지하면 바로 단수가 되고 펌프운동의 변화에 따라 수격작용이 일어나 배수관의 이음을 이완시킬 우려가 있다.

따라서 펌프직송식은 전원을 2계통으로 하든지, 예비동력원을 두어 배수의 안전성을 기할 필요가 있다. 그러나 화재시는 양정이 높은 소화용 펌프로 바꾸어서 수압을 높일 수 있으며 야간과 같이 급수량을 적게 필요로 할 경우에는 수압을 낮출 수 있다. 배수지의 용량은 종래의 수도실적에 의하면, 평균 시간급수량을 초과하는 수량은 5~6시간분이며, 여기에 소화용수 등의 여유를 두어 8~12시간분이면 충분하나 최저 6시간분이 필요하다.

배수관 내이 최소동수압인 1.5kg/㎠(15m 수두)가 확보될 수 있도록 배수지와 급수구역 내의 배수관까지의 높이가 50~60m 정수두를 얻을 수 있는 높은 곳에 축조하면 좋다.

배수탑의 계획용량은 유효수위 이상의 사용량으로 설계하며 그 높이는 직경의 1.5～3.0배 정도이고 수심은 약 20m가 한계이다. 수심이 크므로 수밀에 특히 주의하여 두께 3㎜ 정도의 철판과 콘크리트 속에 넣은 경우도 있으며 기초는 지반의 침하가 생기지 않을 정도의 지지면적이 필요하다. 유입관과 유출관은 하나의 관의 저부에 설치하여 공용하고 월류관 및 배수관은 배수지와 같이 설치한다.

소규모 수도인 경우 배수탑이나 고가탱크 대신에 지상에 기압탱크를 설치하여 배수를 조절한다.

이 방식은 소규모 자가용 우물펌프에도 채택되고 있으며 기압탱크의 자동스위치에 의하여 압력이 어떤 값으로 저하하면 펌프가 운전하고 소정의 압력에 이르면 정지되도록 되어 있으며 공기는 에어콤프레서에 의하여 가끔식 보급한다.

고가탱크는 소요저수위가 높을 때는 배수탑보다 유리하며 구조로는 철큰 콘크리트조, PSC, 강구조 등이 있다.

수심은 3～6m로 높이와 직경의 관계는 소형일 때 높이를 직경과 같이 하든지 조금 크게 하고 대형일 때 높이를 작게 하는 것이 외관상, 경제상 이상적이다. 강구조인 경우는 바닥을 반구형이나 회전타원체로 하는 것이 역학적으로 유리하며 이 때 탱크와 지관의 연결은 매우 주의해서 해야 한다.

4.1.16 급수시설

배수관의 관경은 배수관의 계획최저수압(1.5 kg/㎠)일 때에도 그 소요수량을 충분히 공급할 수 있는 크기어야 하며, 가정용 급수전의 관경은 13 $mm\varnothing$, 급수량은 $20 \sim 30\ell$/분으로 한다. 소요수량에 대한 배수관의 유·출입구에 있어서의 손실수두, 관의 마찰에 의한 손실수두. 그 외관의 굴곡, 분기, 단면변화 등에 의한 손실수두를 더한 총손실수두가 유효수두 이하가 되도록 계산에 의해서 정하는데, 이 손실수두들 중에서 주된 것은 관의 마찰에 의한 손실수두이다.

급수시설에서의 급수관 총연장은 배수관 총연장의 몇 배가 되며 배관이 아주 복잡하다. 이러한 이유로서 누수의 주된 원인은 급수장치시설에 있다고 보며 배수관 계통의 누수와 급수장치의 누수의 비는 수도에 따라서 다르지만 대개 2 : 8 내지 3 : 7이라고 한다.

누수의 원인을 요약하면
- 두 철관이 연이음의 누출
- 메카니컬 접합의 누수
- 강관의 부식으로 인한 누수
- 관의 절손으로 인한 누수
- 박킹재료의 노후에 의한 누수
- 이음시공의 불량으로 인한 누수 등이 있다.

누수를 방지하기 위해서는 먼저 누수조사가 필요한데, 누수율의 한도는 정해져 있지 않지만 약 17%를 넘지 않으면 양호한 것으로 본다. 누수율은 배수량에 따라 다르므로 연간평균을 생각해야 한다. 누수방지를 계획적으로 하려면 급수구역을 몇 개의 조사구로 분할하여 3∼5년에 한 번씩 각 조사구를 순차적으로 조사하는 것이 좋다. 누수의 판별법으로는 잔류염소, 전도도, 수온, pH 값에 의한 방법 등이 있다.

급수방식에는 직결식과 탱크식 급수법이 있으며, 공급하는 대상과 대상 높이에 따라 결정된다. 탱크식에는 고치탱크식과 기압탱크식 급수법이 있는데 그 조건은 다음과 같다.

(1) 탱크식 급수방법

- 배수관의 수압이 소요수압에 비해 부족한 경우
- 일시에 많은 양의 물이 필요한 곳
- 배수관의 수압변동에 영향을 받지 않고 일정수량을 원할 경우
- 배수관의 단수시에도 일정량의 급수량을 확보해야 할 경우

(2) 고치탱크식 급수법

배수관으로부터 저장탱크에 물을 받은 뒤 다시 펌프로 옥상의 고치탱크에 양수한 후 자연유하로 각 층에 물을 공급하는 방식이다.

- 배수관 내 수압이 작을 경우에 적합
- 수압은 충분하나 관경이 작을 경우
- 가정용 소규모 급수장치에 사용
- 저장탱크 용량은 1인분 탱크수량의 4∼6시간분
- 고치탱크 용량은 1인분 탱크수량의 0.5∼1시간분

(3) 기압탱크식 급수법

고치탱크식과 비슷하나 고치탱크 대신 기압탱크를 이용하여 각 층에
일정한 수압으로 물을 공급하는 방식이다.

- 대규모 건축물에 적용
- 호텔 등 각 층별 일정수압으로 물을 공급하고자 할 때 사용
- 물을 다량으로 사용하는 경우

(4) 압력탱크(Presure tank)

탱크 내의 물이 감소되어 기압이 저하되면 펌프가 자동적으로 작동해
서 물을 보충하여, 급수압을 유지할 수 있는 장치이다.

(5) 직결식 급수법

배수관 내의 수압이 충분히 확보된 경우에 사용하는 방법으로 배수관
에서 수요자까지 곧바로 공급되며, 보통 3층 정도까지 공급된다.

- 소규모 저층건물에 사용
- 일반 가정주택에 많이 사용
- 수압조절이 불가능

4.1.17 급수량

급수량 산정은 상수도에서 중요한 것으로 모든 시설의 기준이 되므로
장래의 수요량을 예측하여 신중하게 결정해야 한다. 설계에 사용할 급수

량은 다음 세 가지 방법으로 구한 값을 표준으로 하여 결정한다.

- 업종별 1일 1인당 사용수량 × 사용인원
- 단위면적당 사용수량 × 총면적
- 용도별 급수전 사용수량 × 동시 사용률 × 수도꼭지수

표 4.6 건물별 사용수량

건 물 별	1인 1일 평균사용수량(ℓ)	건물별	1인 1일 평균사용수량(ℓ)
일반주택	100~200	극 장	8~15
영업겸용	150~300	관 공 서	40~80
아 파 트	80~160	은 행	50~100
요 리 업	70~140	회사·사무소	50~100
레스토랑	40~80	병 원	200~400
여 관	70~140	학 원	30~60
백 화 점	6~12		

4.1.18 급수전

급수관 말단에 접속되어 있으며 사용자가 각자 개폐하여 소요수량을 얻는 장치가 급수전이다.

급수전은 횡수전, 동장횡수전, 입수전, 위생수전, 횡형자재수전, 샤워밸브, 살수전 등 오늘날까지 고안된 종류는 대게 50여 종에 달한다. 대부분 놋쇠제로 니켈도금이 되어 있으며 직접 벽 또는 수전주에 설치한 것으로 전용전과 공동전이 있으나 구조상으로는 별다른 차가 없다. 이러한 장치와 공공수도를 연결시킬 때, 역지변이 완전하지 않다든가 지수변 조작을 잘못하면 역류가 생긴다.

- 여과장치 · 연수장치용으로 펌프를 설치하는 경우
- 온수 · 냉수장치용으로 펌프를 설치하는 경우
- 공기조절장치용으로 펌프를 설치하는 경우
- 냉동장치의 냉각수나 그 밖의 공업 · 영업용 설비에 펌프를 설치할 경우
- 소화 스프링클러용으로 펌프를 설치하는 경우
- 고압가스의 세정장치에서 가스압 때문에 역류가 생기는 경우 등이 있다.

이러한 펌프류는 계통이 다른 장치로 되어 있지만, 보통 양정이 공공수도의 수압보다 높기 때문에 역지변 등을 통하여 역류가 생기는 것이다.

또한 관 내에 압력저하가 생기면 급수장치에 연락시킨 사설수도의 수압이 공공수도의 수압보다 높아지고, 지수변이 불안전할 때에 공공수도 방향으로 역류한다. 사설수도와 크로스커넥션이 되어도 배수관이 단수상태가 되면 배수관보다 높은 위치에 있는 급수장치 내의 물은 배수관 내로 흘러들어가 급수관 내의 압력이 저하되거나 진공상태가 발생한다.

음료수로 사용될 수 없는 물이 음료수용 급수시설로 직접 또는 간접으로 들어갈 수 있게된 물리적 연결을 교차연결이라 하며, 이로 인해 음료수가 오염되어 전염병이 퍼진 예가 많으며 앞으로도 그 가능성이 다분하므로, 급수시설에서 교차연결이 되지 않도록 주의해야 한다(그림 4.12).

교차연결(Cross connection)현상의 방지대책을 요약하면 다음과 같다.

- 수도관과 하수관을 같은 위치에 매설하지 않도록 한다.
- 수도본관에 진공이 발생하는 경우에 진공발생을 제거하는 공기밸브를 부착 시킨다.

- 급수를 받는 수조의 월류면과 급수전 사이에 공간을 두며 그 간격은 관경 이상으로 한다.
- 화장실의 Flush valve에 진공 브레이크(Vacuum breaker)를 부착시키거나 진공이 발생하였을 때 자동적으로 밸브가 닫히는 피스톤(Piston)형을 사용한다.
- 공장 등에 급수하는 경우 공장 내의 장치가 역류를 일으킬 염려가 있을 때는 일단 저수탱크에 집어넣어야 한다.

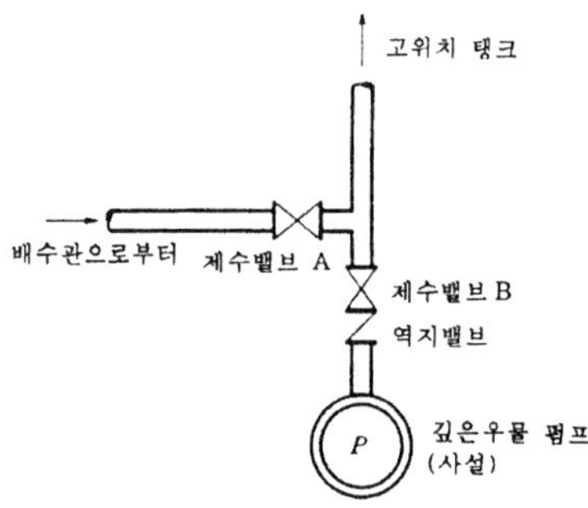

그림 4.12. 사설수도와 교차연결.

4.2 하수도 기본 계획

정부는 국민의 건강을 보호하고 쾌적한 환경을 조성하기 위하여 환경기준을 설정하여야 하며 환경여건의 변화에 따라 그 적정성이 유지되도록 하여야 한다.

수질에 관한 환경기준은 하천 호소 해역으로 구분하여 규정하고 있다. 하수도 계획은 구상, 조사, 예측 및 시설 계획이 서로 관련을 가지고 있기 때문에 그림 4.13과 같이 그 상호관계를 나타낼 수 있다.

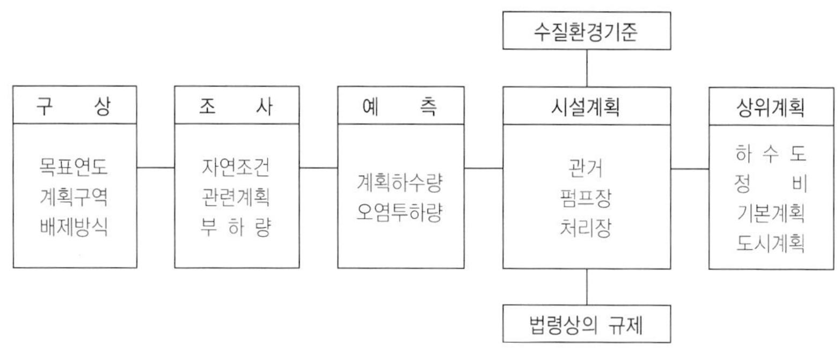

그림 4.13. 하수도 계획의 절차.

도시의 하수도는 하수를 배제하기 위한 관거, 하수 처리를 하기 위한 처리시설 및 그 시설을 보완하기 위한 펌프시설, 기타 시설로 구성된다.

따라서 하수도 계획은 하수도 시설을 적절히 배치하는데 따라 하수도에 가해지는 기능을 발휘할 수 있도록 하는 것이 기본적 요건이기 때문에 계획의 책정에 있어서는 경제·기술·행정면에서 종합적으로 검토하고 최적의 계획을 책정하는 것이 요구된다.

하수도 계획에 있어서는 그 구역을 답사해서 토지의 상황을 세밀히 파악하여야 한다. 답사시에는 도로의 폭, 측구의 유무, 건축물의 종류, 상업지역, 주거지역, 공장지역의 배치 등을 충분히 염두에 두어야 한다.

하수를 대별하면 오수(Sanitary sewage) 및 우수(Storm sewage), 공장폐수(Industrial waste)등으로 구분된다. 하수를 처리하는 데 있어 신선하수(Fresh sewage), 부패하수(Putrefied sewage or septic sewage) 등의 여러 가지로 나눌 수 있는데 하수도법에서 사용하는 용어의 정의를 요약하면 다음과 같다.

- **“하수”**라 함은 사람의 생활이나 경제활동으로 인하여 액체성 또는 고체성의 물질이 섞이어 오염된 물(이하 “오수”라 한다)과 건물·도로 그 밖의 시설물의 부지로부터 하수도로 유입되는 빗물·지하수를 말한다. 다만, 농작물의 경작으로인한 것을 제외한다.
- **“분뇨”**라 함은 수거식 화장실에서 수거되는 액체성 또는 고체성의 오염물질(개인하수처리시설의 청소과정에서 발생하는 찌꺼기를 포함한다)을 말한다.
- **“하수도”**라 함은 하수와 분뇨를 유출 또는 처리하기 위하여 설치되는 하수관거 공공하수처리시설·분노처리시설·중수도 · 개인하수처리시설 그 밖의 공작물 시설을 총체를 말한다.
- **“공공하수도”**라 함은 지방자치단체가 설치 또는 관리하는 하수도를 말한다. 다만, 개인하수도를 제외한다.
- **“개인하수도”**라 함은 건물·시설 등의 설치자 또는 소유자가 당해 건물·시설 등에서 발생하는 하수 유출 또는 처리하기 위하여 설치하는 중수도·배수처리·개인하수처리시설과 그 부대시설을 말한다.
- **“하수관거”**라 함은 하수의 공공하수처리시설로 이송하거나 하천·바다 그 밖의 공유수면으로 유출시키기 위하여 지방자치단체가 설치 또는 관리하는 관로와 그 부속시설을 말한다.
- **“합류식하수관거”**라 함은 오수와 하수도로 유입되는 빗물·지하수가 함께 흐르도록 하기 위한 하수관거를 말한다.

- **"분류식하수관거"**라 함은 오수와 하수도로 유입되는 빗물·지하수가 각각 구분되어 흐르도록 하기 위한 하수관거를 말한다.
- **"공공하수처리시설"**이라 함은 하수를 처리하여 하천·바다 그 밖의 공유수면에 방류하기 위하여 지방자치단체가 설치 또는 관리하는 처리시설과 이를 보완하는 시설을 말한다.
- **"분뇨처리시설"**이라 함은 분뇨를 침전·분해 등의 방법으로 처리하는 시설을 말한다.
- **"중수도"**라 함은 건물·시설 등에서 발생하는 오수를 다시 처리하여 생활용수, 공업용수 등으로 재이용하는 시설을 말한다.
- **"배수설비"**라 함은 건물·시설 등에서 발생하는 하수를 공공하수도에 유입시키기 위하여 설치하는 배수관 및 그 밖의 배수시설을 말한다.
- **"개인하수처리시설"**이라 함은 건물·시설 등에서 발생하여 오수를 침전·분해 등의 방법으로 처리하는 시설을 말한다.
- **"배수구역"**이라 함은 공공하수도에 의하여 하수를 유출시킬 수 있는 지역으로서 제15조의 규정에 따라 공고된 구역을 말한다.
- **"하수처리구역"**이라 함은 하수를 공공하수처리시설에 유입하여 처리할 수 있는 지역으로서 제15조의 규정에 따라 공고된 구역을 말한다.

4.2.1 계획목표 연도

하수도 계획의 목표연도는 너무 길게 잡으면 초기 축조비가 커서 매우 비경제적이고, 반대로 너무 짧으면 자주 확장공사를 하여야 하는 불합리한 점이 있으므로 도시발전의 추세를 감안하여 적절히 정해야 한다. 설계하는 연도로부터 설계조건이 충족되는 연도까지의 연수를 설계기간이라 한다. 이 기간은 하수도시설의 유형에 따라 다르나 일반적으로 적절한 설계기간은 다음과 같은 것에 기초를 두고 선정한다.

- 장비, 축조물 등의 내용년한
- 시설을 확장하게 될 때의 난이도와 그 위치
- 그 도시의 인구증가와 하수량
- 차입금에 대한 이자의 증가율
- 최소부하를 받는 초기에서 공사완료 시기까지 보통 채택되는 설계기간은 표 4.7과 같다.

표 4.7 하수도 시설의 설계기간

시 설	특 성	설계기간
지름 37㎝ 이하의 부간선, 간선, 토구, 차집관 처리장	요구도가 빨리 변함	완전이용에 이르는 연수
	확장이 어렵고 고가일 때	40~50
	도시 성장률과 금리가 낮을 때	20~25
	도시 성장률과 금리가 높을 때	10~25

4.2.2 계획구역

계획구역(공동처리구역)은 원칙적으로 계획목표연도까지 조성될 공업단지, 공업지역, 농공단지 등에 대하여 환경부 장관 또는 지방자치단체장이 하천 및 호소의 수질보전을 위하여 필요하다고 인정하여 지정·고시하는 지역으로 한다. 또는 경우에 따라 계획구역 이외의 장래 개발예상구역에 대하여도 신중한 고려가 있어야 한다. 즉 공업단지 및 농공단지개발계획상의 계획구역이 확장될 가능성을 검토해야 한다. 이 경우 현재의 계획구역 인근의 주거구역 및 상가지역 및 인근 배후지역의 각종 편의시설의 발생오수가 장차 폐수종말처리시설로 유입되어 합병처리될 가능성에 대하여도 검토해야 한다. 한편 새로 추가 조성되는 공업단지, 공업지역 및 농공단지의 계획구역 설정시 단지개발계획을 참고하여 필요한 경우 기존 공업단지, 공업지역 및 농공단지를 포함하여 계획구역을 정한다.

계획구역 설정시 당해지역의 하수처리구역과 상충되지 않고 상호보완될 수 있도록 조정해야 하며, 지역의 특수성 등을 충분히 고려하여야 한다. 행정상의 경계에만 의존하지 말고 종합적, 광역적으로 판단하여 합리적으로 정하며, 공업단지개발계획, 농공단지개발계획 및 도시계획을 고려하여 결정한다.

4.2.3 배제방식

하수와 우수는 지하에 매설된 하수관거에 의하여 수집되어 처리장이나 처분되는 장소까지 수송된다. 도시의 하수와 우수를 배제하는 방법에는 하수와 우수를 동일관거에 의하여 배제하는 합류식, 우수관과 오수관거로 각각 분리하여 배제하는 분류식이 있다(그림 4.14~4.15).

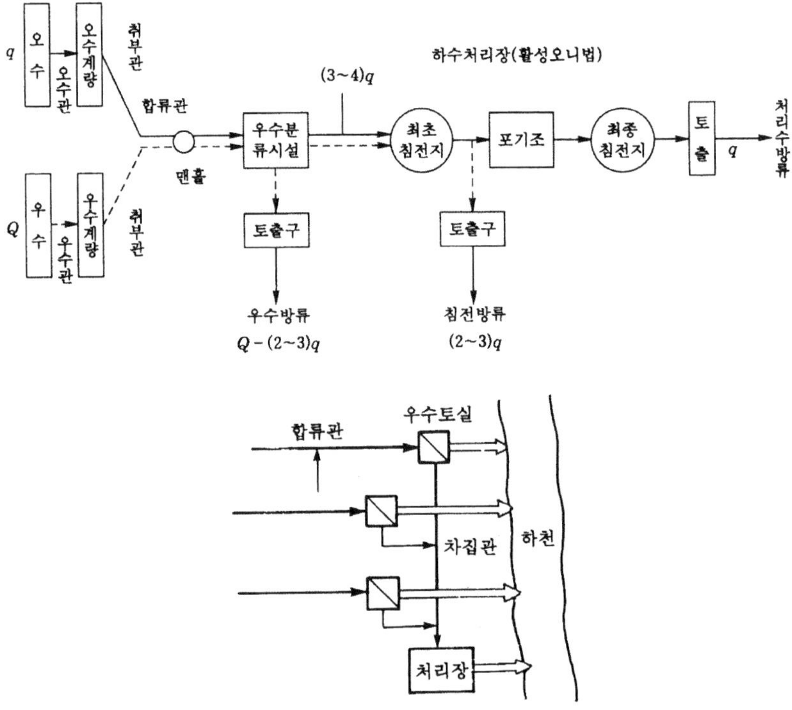

그림 4.14. 합류식 하수도의 구성.

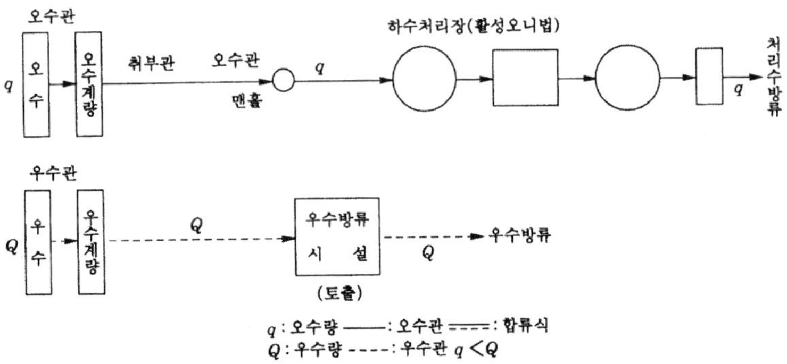

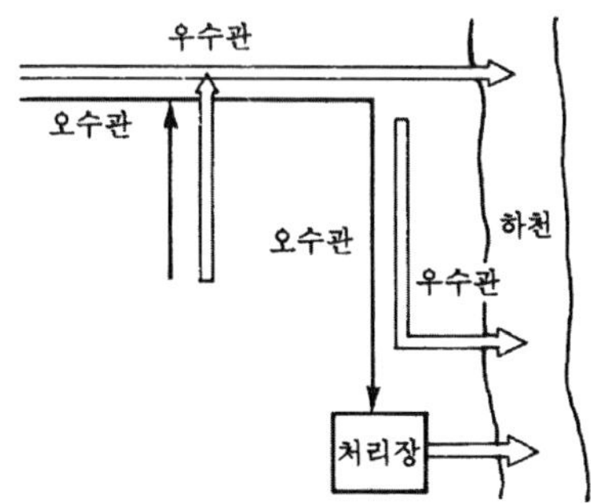

그림 4.15. 분류식 하수도의 구성.

　　합류식과 분류식에 대한 장·단점을 표 4.8에 요약 하였다. 분류식은 수집한 전오수를 정화한다는 점에서 공공수의 수질보전 및 환경위생상 이상적이다. 그러나 도심지에서 두 계통의 관거를 부설한다는 것은 간단하지는 않고, 도시 및 도로계획의 실시와 동시에 공사하는 경우에도 기존의 시가지를 대상으로 하는 경우에는 큰 차이가 있다. 표 4.9는 합류식과 분류식 하수도의 설계, 시공, 유지관리 측면에서 비교분석 하였다.

　　우리나라는 대부분이 합류식을 채용하고 분류식의 전환은 신시가지 등에서 전환되어야 될 것이다.

표 4.8 합류식 및 분류식 하수도의 배제방식

합 류 식	분 류 식
① 우천시 미처리된 체 방류	① 전오수를 처리장에 유입
② 수량이 불균일	② 수량이 균일
③ 펌프용량이 변화(청천, 우천)	③ 용량이 고정
④ 우수도 깊은 곳에 유입	④ 오수관만 깊이 매설
⑤ 1개의 관으로 충분	⑤ 2개의 관이 필요
⑥ 처리수질의 변동	⑥ 처리수질이 일정
⑦ 관의 검사가 편리	⑦ 방류장소 선정이 쉽다.
⑧ 시설하수관에 연결되기 쉽다.	⑧ 강우초기 불결한 우수가 유출된다.

표 4.9 배제방식의 비교

구분	검토사항	분 류 식	합 류 식
건설면	관로계획	오수와 우수를 별개의 관로에 배제하기 위해 오수의 배제계획이 합리적으로 한다.	우수를 신속히 배수하기 위해서 지형조건에 적합한 관로망이 된다.
	시공	오수관거와 우수관거와의 2계통을 동일 도로에 매설하는 것은 매우 곤란하다. 오수관거에서는 소구경 관거를 배설하므로 시공이 용이하지만, 관거의 경사가 급하면 매설깊이가 크게 된다.	대구경의 관거가 되면 좁은 도로에서의 매설에 어려움이 있다.
	건설비	오수관거와 우수관거의 2계통을 건설하는 경우는 비싸지만, 오수 관거만을 건설하는 경우는 가장 저렴하다.	대구경 관거가 되면 1계통으로 건설되어 오수관거와 우수관거의 2계통을 건설하는 것보다 저렴하지만, 오수관거만을 건설하는 것보다는 비싸다.
유지관리면	관거의 오접	철저한 감시가 필요하다.	없음
	관거 내의 퇴적	관거 내의 퇴적이 적다. 수세효과는 기대할 수 없다.	청천시에 수위가 낮고 유속이 적어 오물이 침전하기 쉽다. 그러나 우천시에 수세효과가 있기 때문에 관거 내의 청소빈도가 적을 수 있다.
	처리장의 토사유입	토사의 유입이 있지만 합류식 정도는 아니다.	우천시에 처리장으로 다량의 토사가 유입하여 장기간에 걸쳐 수로 바닥, 침전지 및 슬러지 소화조 등에 퇴적한다.
	관거 내의 보수	오수관거에서는 소구경 관거에 의한 폐쇄의 우려가 있으나 청소는 비교적 용이하다. 측구가 있는 경우는 관리에 시간이 걸리고 불충분한 경우가 많다.	폐쇄의 염려가 없다. 검사 및 수리가 비교적 용이하다. 청소에 시간이 걸린다.
	기존 수로의 관거	기존의 측구를 존속할 경우는 관리자를 명확하게 할 필요가 있다. 수로부의 관리 및 미관상의 문제가 많다.	관리자가 불명확한 수로를 통폐합하고 우수배제계통을 하수도관리자가 총괄하여 관리할 수 있다.
수질보전면	우천시의 월류	없음	일정량 이상이 되면 우천시 오수가 월류한다.
	청천시의 월류	없음	오수량의 증가가 있으면 발생한다.
	강우초기의 노면 세정수	노면의 오염물질이 포함된 세정수가 직접 하천 등으로 유입된다.	시설의 일부를 개선 또는 대량하면 강우초기의 오염된 우수를 수용해서 처리할 수 있다.
환경면	쓰레기 등의 투기	측구가 있는 경우나 우수관거에 개거가 있을 때는 쓰레기 등이 불법투기되는 일이 있다.	없음
	토지이용	기조의 측구를 존속할 경우는 뚜껑의 보수가 필요하다.	기존의 측구를 폐지할 경우는 도로 폭을 유효하게 이용할 수 있다.

하수도의 관거 배치방식은 배수구역 내의 지형에 따라 가급적 펌프양수를 피하고 자연유하식으로 배치한다. 부득이 펌프장을 설치하더라도 양정을 낮게 하여 쓸모없는 손실수두가 생기지 않도록 한다.

배수계통은 하수도 계획의 근본이 되는 것으로 그 잘못은 관거매설에 있어서 중대한 영향을 미치게 하므로 유수의 유속을 고려하여 기술적으로 결정해야 한다. 경우에 따라서는 여러 방식을 병용하여도 좋다.

배수계통에 관해서는 대체로 다음 종류로 구별한다(그림 4.16).

① 직각식(수직식, Perpendicular system)

하수관을 방류수면에 직각으로 배치하는 것으로 하천이 도시의 중심을 지나거나 해안에 따라 발달된 도시에서 하수처리장이 없는 경우 이들 수역에 거의 직각으로 하수관을 배치하는 방식이다. 이 방식은 하수관의 연장이 짧아지나 투구의 수는 많아진다. 또 하천, 호수, 바다 등이 오염되기 쉬우므로 잘 적용되지 않는다.

② 차집식(Intercepting system)

직각식을 개량한 것으로, 오염을 막기 위해서 하천, 호수, 바다 등에 나란히 차집거를 설치하여 차집간선에 따라 방류하는 방식이다. 그러므로 맑은 날씨에는 하수를 차집거에 의하여 처리장에 보내고 그 곳에서 일단 처리 후에 방류하고, 비가 올 때는 하수가 빗물로 충분히 희석되면 바로 방류한다.

③ 편형식(Fan system)

지형이 한쪽 방향으로 경사되어 있을 때 하수관을 수지상으로 배치하여 하수를 1개소로 모아 배제하는 방식이다. 이 방식은 지세가 단순하고 쉽게 한 지점으로 하수를 집결할 수 있을 경우 경제적이나, 시가지 중심의 밀집지역에 하수간선이나 펌프장이 집중된 대도시에는 부적당하다.

④ 방사식(Radial system)

지역이 광대해서 하수를 한 곳으로 배수하기가 곤란할 때 배수지역을 수 개 또는 그 이상으로 구분해서 중앙으로부터 방사형으로 배관하여 각 개별로 배제하는 방식이다. 관거의 연장이 짧고, 단면은 작아도 되나 하수처리장의 수가 많아지는 결점이 있다. 중소도시에는 부적당하나 대도시에서 편리할 때가 있는 배치방식이다.

⑤ 평행식(Parallel system)

계획구역 내의 고저차가 심할 때 고저에 따라 각각 독립된 간선을 만들어 배수하는 방식으로, 대상식(Zone system)이라고도 한다. 즉, 고지대는 자연유하식에 의하고 저지대는 펌프배수로 하여 적합한 배수계통으로 나누어 처리장까지 하수를 이끌어가는 방식이다. 이 방식은 광대한 대도시에서는 합리적이고 경제적인 방식이다.

⑥ 집중식(Centralization system)

사방에서 1개소로 향하여 집중적으로 흐르게 해서 다음 지점으로 집중시켜 양수할 경우에 이용하는 방식이다.

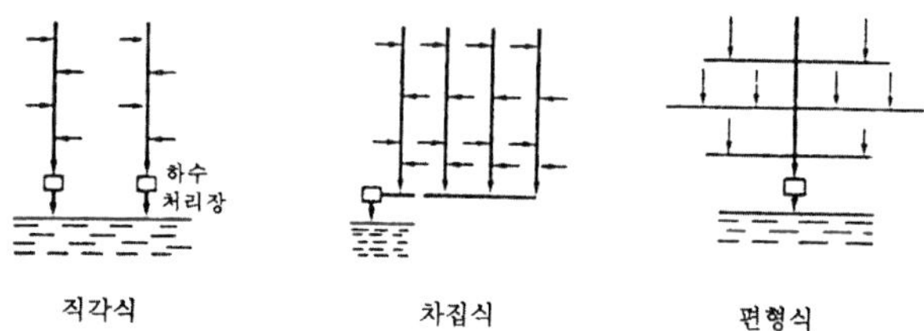

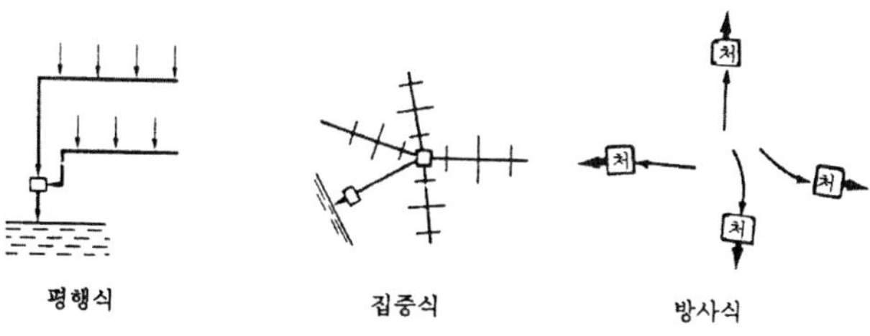

그림 4.16. 관거의 배치방식.

4.2.4 자연 현황

하수도시설의 배치, 구조 및 기능은 유지관리상의 조건, 지형, 지질 등의 자연적 조건, 방류수역의 상황, 주변의 환경조건, 시설의 단계적 정비계획, 시공상의 조건 및 건설비 등의 비교에 의해서 결정한다.

① 답사(踏査, Reconnaissance)

하수계획(下水計劃)에 있어서는 그 구역을 답사해서 토지의 상황을 세밀히 파악하여야 한다. 답사시에는 도로의 폭, 측구(側溝)의 유무, 건축의 종류, 상업지역, 주택지역, 공장지역의 배치 등을 충분히 염두에 두어야 한다.

② 지형(地形)

주위의 지세 및 계획구역의 지형에 대하여 상세한 관측(觀測)을 하고 언덕, 하해(河海), 호소(湖沼) 등의 관계, 계획구역의 위치, 교통량, 고저차, 배수로 등의 결정에 있어서 중요한 기준자료가 된다.

③ 지질(地質)

전계획구역지에 대하여 시추(試錐)를 하여 지질 및 지하수위를 조사하고 기초공사, 배수공법 등을 결정해야 한다.

④ 지하매설물(地下埋設物)

도로에는 지상과 지하에 각종 공공시설이 있다. 특히 지하(地下)에는 가스, 수도, 전선 등을 연결하는 관거가 많이 시설되어 있으므로 이들의 위치, 고저, 크기 등을 도로 매설물대장, 도로확정도 등에서 또는 시추에 의하여 정밀히 조사하고 관계자와 협의한 후 하수관 위치를 결정해야 한다.

하수도는 자연유하시키는 것이 원칙이며 무질서한 굴곡은 허용하지 않는 관계로 지장이 없도록 정확한 조사가 필요하다.

⑤ 하천(河川)의 수위(水位)

하천, 호소(湖沼) 등의 수위 및 유량은 하수의 방류(放流)에 중대한 관계를 가진다. 이것은 펌프장의 필요 유무, 토구(吐口)의 선정, 나아가서는 배수계통(排水系統)에 영향을 미치므로 부근에 있는 자기수위계(自記溲位計) 또는 기록에 의하여 혹은 기록이 없을 때는 장기간 실지측정(實地測定)에 의하여 저수위(L.W.L), 평수위(M.W.L), 고수위(H.W.L), 홍수위(F.W.L) 및 조류(潮流)의 간만의 차이 등 각종수위에 있어서의 유량(流量) 등을 충분히 조사할 필요가 있다.

⑥ 재래 배수로 상황(在來排水路狀況)

어느 도시를 막론하고 오수(汚水)와 우수(雨水)를 배제시키는 재래배수로가 있으므로 이에 대한 유역계통(流域系統), 유량(流量), 유속(流速), 수위(水位) 등을 조사하여야 한다. 이것은 배수계통 결정에 중요한 참고가 된다.

⑦ 강우시(降雨時)에 있어서 배수상황(排水狀況)

강우시 기존 배수로의 배수상황을 관찰하고 배제가 불량(不良)하여 범람(氾濫)하는 장소, 주택지에서 침수되는 장소 등을 충분히 조사한다. 특히 그 지역에 연장자에게 기왕의 상태를 청취하여 강우시마다 현장을 답사해서 공사의 순서, 배수계통(排水系統)의 결정에 필요한 자료를 수집하여야 할 것이다.

⑧ **기상 환경**

자연환경현황조사를 위해 계획구역에 대한 기온, 강수량, 적설량, 일사량, 풍향 및 풍속을 조사하고 과거 태풍 및 폭풍발생빈도 등을 조사한다. 또한 과거 침수경험이 있는 지역은 침수기록 및 침수피해상황을 파악한다.

자연환경현황 조사는 중앙기상대에 소장되어 있는 한국기후표, 기상월보 및 기상년보 등의 자료조사를 바탕으로 한다. 그러나 자료가 부족하거나 신빙성이 없을 경우 현장조사를 통해 문헌조사기록을 수정, 보완한다. 현지조사의 경우 중앙기상대에서 발행한 지상관측지침을 참고로 조사한다.

4.2.5. 관련 계획

하폐수처리시설은 기본계획 수립시 당해 지역의 개발계획 및 공업단지 혹은 농공단지 개발계획등의 관련 계획을 충분히 검토하여 상위계획의 일부로서 조화를 이루며, 처리시설 공사중 및 운전중에 관련계획과 상충되지 않도록 하여야 하다.

① 도시 장·단기 계획
- 구획정리, 주택단지, 공업단지 및 농공단지
② 공업단지(농공단지) 조성계획
- 계획구역
- 토지이용계획

- 주요 유치업종 및 면적구성계획
- 공업단지의 개발기간 및 개발방법에 관한 계획
- 지하매설계획
- 기반시설 설치계획(전기, 통신, 용수 등)
- 기타 필요한 사항

③ 하천종합계획
- 계획 홍수위 및 홍수량
- 계획 저수지 및 저수량
- 유황개선계획
- 기타 필요한 사항

④ 기타 관련계획
- 사업비 조달계획
- 국가 또는 지방자치단체의 개발지원 계획
- 지역발전, 주변환경 및 문화재 보존계획
- 지가상승 및 토지투기 방지계획
- 개발토지등에 대한 처분계획
- 주민이주계획
- 인력유치계획
- 기타 필요한 사항

4.2.6 계획 오수량

상수도의 급수량은 시간에 따라 변화하여 오수량도 그에 따라 변화하나 그 시간은 대체로 급수량의 변화보다 조금 늦게 나타난다. 이와 같은 변화는 도시의 규모와 하수관 길이가 작을수록 크게 나타나는 경향이 있다. 하수도 계획에 있어서는 오수량은 지체현상의 변화를 참작하여 하수도 각부의 시설을 정하는데, 그때의 기준이 되는 오수량에 따라 계획1일 최대오수량, 계획1일 평균오수량, 계획시간 최대오수량, 시설계획의 기초가 되는 계획 오수량 등으로 구분된다. 이러한 계획오수량은 관거, 차집관거, 펌프장 등의 시설계획에 이용된다(그림 4.10).

표 4.10 시설계획을 위한 오수량

구 분	처 리 장			펌프장	관 거	차집관
	도수거, 침사지	최초침전지 소독설비	포기조, 최종침전지			
분류식	시간 최대	1일 최대	1일 최대	시간최대	시간최대	–
합류식	시간최대×3	시간최대×3	1일 최대	시간최대×3	시간최대	시간최대×3

계획1일 최대오수량은 하수도 계획의 규모와 기준을 표시하는 것으로서, 1인 1일 최대 가정오수량에 계획인구를 곱하고, 필요에 따라 지하수 침투량, 영업 및 공장폐수 등을 가산한다.

계획 1일 최대오수량 = 1인 1일 최대오수량 × (계획인구 + 지하수량
+ 공장 폐수량)

계획1일 평균오수량은 하수처리장 시설의 기준이 되는 기본적 하수량

으로서, 연간 오수량을 365로 나눈 오수량을 1일평균 오수량이라 한다. 계획1일 최대오수량의 70%(중·소도시)~80%(대도시 및 공업도시)를 표준으로 한다.

계획시간 최대오수량은 오수거의 단면을 산정할 때 기준이 되는 것이며, 계획1일 최대오수량의 1시간분의 1.8배(중·소도시)~1.3배(대도시 및 공업도시)를 취함이 보통이다.

합류식에서 우천시 계획오수량은 원칙적으로 계획시간 최대오수량의 3배 이상으로 하고 있으나, 시설의 종별에 따른 고려가 요구된다(그림 4.11).

표 4.11 합류식의 계획하수량

종　　별	하　수　량
관거(차집관거 제외)	계획시간 최대오수량 + 계획우수량
차집관거 및 펌프장	계획시간 최대오수량의 3배 이상
처리장의 최초침전지까지 및 소독설비(부대설비 포함)	계획시간 최대오수량의 3배 이상
처리장에서 상기 이외의 처리시설	계획1일 최대오수량

합류식 하수도에 있어서 오수관거에 의하여 배제할 계획오수량은 생활오수량, 영업 및 공장배수량, 지하수의 침투량 등으로 구분하여 정한다.

생활오수량의 1인 1일 최대오수량은 계획 목표 연도에서 계획지역 내 상수도 계획상의 1인 1일 최대급수량을 감안하여 결정하며, 용도지역별로 가정오수량과 영업오수량의 비율을 고려한다(표 4.12).

영업 및 공장배수량은 공장용수 및 지하수 등을 사용하는 공장 및 사업소 중 폐수량이 많은 업체에 대해서는 폐수량 조사를 기초로 장래의 확장이나 신설을 고려하며, 그 밖의 업체에 대해서는 출하액당 용수량 또는 부지면적당 용수량을 기초로 결정한다.

지하수의 침투량은 하수관거가 매설되는 지역에서의 지하수위가 높으면 지하수가 하수관거의 연결부나 파손된 부분으로 침투(Infiltration)하여 하수량을 증가시키므로 하수도 시설의 규모를 결정할 때 이점을 고려하여야 한다. 지하수의 유입률은 길이 1km당 2,400~9,500ℓ/day 혹은 그 이상으로 변하며, 큰 강우가 내릴 경우에는 지하수 유입 외에 맨홀 뚜껑으로의 유입도 있으므로 그 유입율은 240,000ℓ/day·km 이상이 될 수도 있다.

표 4.12 개별건축법 오수량 산정방법

	분 류	용 도	1일 오수량	BOD(mg/ℓ)	비 고
1	급수시설	주택시설,의료시설, 점포시설,학교시설, 사무소,작업소,집회장시설,오락시설, 사회복지시설,자동차차고,역,버스터미널 등	15L/급식	350	
2	주택시설	주택, 공동주택, 하숙사, 합숙소	200L/인	200	
3	숙박시설	여관, 호텔, 모텔, 콘도미니엄	300L/인	200	1. 온천수는 포함하지 않음. 2. 인원은 숙박객의 정원에 종업원을 가산한 것으로 함. 3. 연회장, 결혼식장을포함한 경우에는 그 용도의 부분면적에 대하여 20L/㎡·일을 가산하고 BOD는 연회장은 300mg/ℓ로 함.
4	의료시설	병원	1,000L/병상	300	면적은 연면적의 20%로 함.
5	점 포	슈퍼마켓, 백화점, 시장	30L/㎡	250	1. 인원의 산정은 학생의 정원으로 함. 2. 직원은 100L/인·일로서 실인원을 가산함.
		식품접객 또는 조리판매업소	300L/㎡	250	
6	학교시설	초등학교,중학 교 고등학고 및 대학교	30L/인 35L/인 40L/인	100	인원의 산정은 통상근무자수로함.
7	사무소	은행, 행정관청, 일반 관청	15L/㎡	100	면적은 연면적의 20%로 함.

	분 류	용 도	1일 오수량	BOD(mg/ℓ)	비 고
8	작업소 및 영화관	작업장, 공장, 연구소, 극장, 연회장, 체육관	10L/인	100	인원의 산정은 통상근무자수로함.
9	기 타	목욕탕	60L/㎡	100	
		당구장, 기원, 헬스클럽, 안마시술소, 골프연습장, 수영장, 볼링장, 스케이트장, 의원, 교회, 탁구장, 주차장, 이·미용실	15L/㎡	100	

배수지역의 하수량을 결정하기 위해서 그 지역의 인구에 의한 단위급수량으로부터 하수량의 특성을 알아보면 다음과 같다.

- 하수배출 도시의 인구, 면적, 상수도의 사용량, 도시의 문화수준에 따라 하수량은 달라진다.
- 하수도에 의한 하수량은 급수량과 같다고 보고 상수량의 70~80%가 하수량으로 된다.
- 하수량은 일정하지 않으며 오전에는 높고, 오후에는 낮은 것이 통상이며, 도시의 크기나 하수관거의 길이에 따라 그 양상이 변한다.
- 하수량의 평균유량에 대한 비를 첨두율(Peaking factor)이라 하는데, 대구경인 하수관거는 1.3 이하, 지선에서는 2.0 이상, 토구하수관거는 2.5의 첨두율을 사용한다. 그리고 소구경에서는 첨두율이 높고 대구경일수록 낮다.

4.2.7 계획 지하수량

외부로부터 하수관거(Sewer)로 유입되는 물의 흐름을 침투(Infiltration)라

하는데, 주로 부실한 관거공사나 관의 부식 또는 관거이음(Joint)부분의 미비, 다공성(Porous) 관로벽 등에 의해서 발생한다. 유입(Inflow)이란 하수 관거로 물이 유입 중 침투 이외의 것을 총칭하는 용어로, 주로 맨홀뚜껑을 통한 우수의 유입이나 지하실배수(Basement drain) 또는 지표면배수(Land drain)등과 같이 인위적인 하수관거로의 배수를 의미한다. 하수의 누출(Exfiltration)이란 침투에 상응하는 용어로서 하수가 관거 밖으로 누수 되는 현상을 말한다.

지하수위가 높을 때는 지하수가 하수관거내로 침투하여 하수량이 증가 하고 처리비용이 커지게 된다. 지하수의 침투율은 길이 1km당 2,400～95,000L/day 또는 그 이상으로 변하며 큰비가 내릴 때에는 지하수의 침투 외에 맨홀뚜껑으로의 유입도 있어서 그 유입율은 240,000L/day/km 이상이 될 수도 있다.

지하수의 침투율은 하수거의 길이, 배수면적, 토양과 지형, 관의 길이와 이음(Joint)수를 결정하는 인구수에 의하여 좌우된다. 따라서 그 양의 추정은 매우 곤란하나 다음과 같은 가정이 이용되고 있다.

- 지하수량은 관거의 구조, 재료, 연장, 유속·매설깊이, 지하수위에 따라 다르다.
- 이음(Joint)구조와 시공에 가장 많이 지배를 받는다.
- 하수관거의 길이 1km에 대하여 0.2～0.4ℓ/s로 가정한다.
- 오수량의 10～20%, 평균 15%로 가정한다.
- 1일 1인당 17～25ℓ로 가정한다.
- 배수면적(ha)당 17,500～36,300ℓ/d/ha로 가정한다.

4.2.8 계획 우수량

① 강우강도(降雨强度)

단위시간에 내린 비의 깊이로써 단위는 mm/hr이다. 강우강도식은 3가지 형이 있으며 지역마다 적용형식이 다르다.

- Talbot형 $I = \dfrac{c}{t+b}$(광주, 전주 등)

- Sherman형 $I = \dfrac{a}{t^n}$(서울, 부산, 목포, 울산 등)

- Japanese형 $I = \dfrac{e}{\sqrt{t}+d}$(대구, 인천, 여수, 포항, 강릉, 추풍령 등)

- I : 강우강도(mm/hr)

- t : 강우지속시간(min)

- a, b, c, d, e, n : 확률 기간 및 지역에 따른 상수

② 강우의 빈도(降雨의 頻度, Frequency of rainfall)

일명 확률년(確率年) 하수도계획에 있어서 확률 강우강도(確率降雨强度)를 과거의 최고 강도로 취할 때는 시설이 과대해지고 따라서 비경제적이 된다. 그리고 장래 그 이상의 큰 비가 절대 없다고 보증하기가 곤란하다.

과거의 기록으로부터 중요 지역에는 확률년수(確率年數) 5～10년, 중요하지 않는 지역이나 큰비가 많은 지역에서는 1～3년에 1회 일어날 정도의 비를 표준으로 사용하는 것이 적당한 방법으로 생각된다.

③ 강우지속시간(降雨持續時間)

우수가 배수구역의 최원격(最遠隔)지점에서 하수관거에 유입할 때까지

의 시간을 유입시간(流入時間, Time of inlet)이라 하며 지표상태(地表狀態), 구배(句配), 면적(面積)에 따라 다르나 대체로 5∼10분 정도이다.

하수관거에 유입한 우수가 관길이 L를 흘러가는데 요하는 시간을 유하시간(流下時間, Time of flow)이라고 하며 관거내이 유속이 V이면 유하시간은 LV가 된다.

유입시간과 유하시간의 합을 유달시간(流達時間, Time of concentration)이라 하는데 강우강도식을 사용할 때 강우지속시간(降雨持續時間)으로 유달시간(流達時間)을 이용한다.

$$T = t_1 + \frac{L}{V}$$

T : 유달시간(min)

t_1 : 유입시간(min)

V : 관거내의 평균유속(m/min)

L : 관거의 길이(m)

④ 지체현상(遲滯現象, Retardation)

전 배수구역의 빗물이 동시에 하수거의 시점에 모이는 일은 없으며 최원격 지점의 우수가 최후로 그 지점을 통과할 때 이보다 가까운 지역에서의 우수는 벌써 그 지점을 통과한 후이다. 이 현상을 지체현상이라 한다. 광대한 배수구역의 최대 우수 배출량을 산출할 경우에는 이 지체현상을 고려한 것이 최대 유출량(最大流出量)이 될 때가 있고, 또 유달시간(流達時間)을 강우지속시간(降雨持續時間)으로 하여 지체현상을 고려하지 않는 편이 최대유출량을 표시할 때가 있으므로 이 양자를 비교해서 큰 편을 채택하는 것이 좋다.

⑤ 유출계수(流出係數, Run – off coefficient)

배수구역 내의 강우는 일부는 증발(Evaportion)하고, 일부는 지하로 침투(Percolation or infiltration)하고, 나머지가 하수관거에 유입하게 된다. 이 하수관거에 유입하는 우수 유출량과 전 강우량의 비를 유출계수라 한다.

$$유출계수(C) = \frac{최대 \ 우수 \ 유출량}{강우강도 \times 배수면적}$$

표 4.13 각종 지표면의 유출계수

지표면의 종류	유출계수(C)
지붕	0.07 ~ 0.95
콘크리트, 아스팔트 포장면	0.90 ~ 0.95
돌, 별돌의 포장면(양호한 상태)	0.75 ~ 0.85
돌, 벽돌의 포장면(불량한 상태)	0.40 ~ 0.70
마카담식 노면 및 보도	0.25 ~ 0.60
자갈로 된 노면 및 보도	0.15 ~ 0.30
비포장 가로면, 공지등	0.10 ~ 0.30
공원, 잔디밭, 정원, 목초지	0.05 ~ 0.20
산림 및 농경지	0.01 ~ 0.20

표 4.13은 포장 종류별로 유출계수를 추정한 것인데 실지에는 상기의 수치를 참작함이 타당하다. 또한 하수도계획은 장래를 예상하여 계획하므로 도시계획상 지역용도에 따라 다음 표준을 채택하는 것이 좋으며, 표 4.14는 일반적으로 사용되는 지구별 유출계수를 나타낸다.

- 상업지역 ·· … ·· … 0.6 ~ 0.7
- 공업지역 ·· … ·· … 0.4 ~ 0.6
- 주거지역 ·· … ·· … 0.3 ~ 0.5
- 공원지역 ·· … ·· … 0.1 ~ 0.2

표 4.14 지구별 유출계수

지 구 별	유출계수(C)
시중의 건물지구	0.7~0.9
주택지구	0.5~0.7
별로 조밀하지 않는 주택지구	0.25~0.5
공원 광장	0.1~0.3
잔디밭, 정원, 목장, 전담	0.05~0.25
산림지방	0.01~0.2

⑥ 우수유출량

　침투, 증발 등으로 인하여 하수관거에 집수되는 강우량은 총강우량의 일부에 지나지 않으나 하수량에 비하면 그 양은 상당히 많고, 특히 합류식 하수관거에서는 설계의 기준이 되므로 강우량산정시 강우상태를 정확히 조사한 다음 지질, 지형, 지표상태에 관한 신중한 조사와 연구가 필요하다. 그림 4.17은 총강우량에 대한 유출의 구성을 나타낸다.

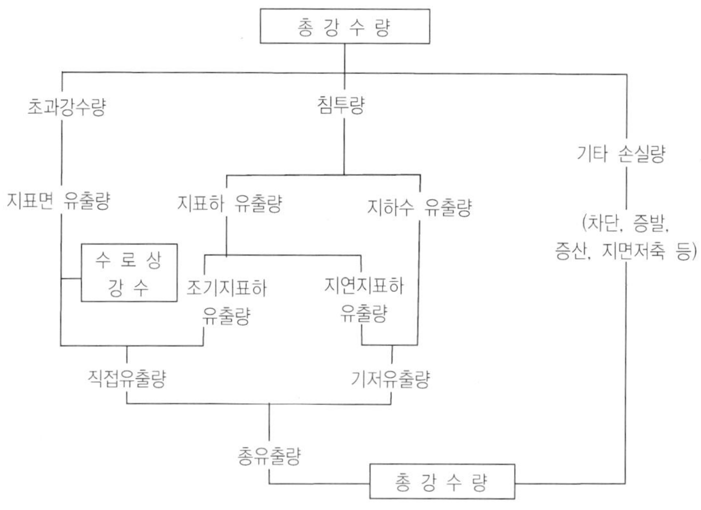

그림 4.17. 총강수량에 대한 유출의 구성.

우수유출량의 산정방법에는 합리식과 경험식이 일반적으로 이용된다. 합리식은 강우강도공식 또는 강우강도곡선에서 우수의 유달시간에 상당하는 강우지속기간과 대응하는 강우강도를 구하고, 그강도의 비가 유달시간 내에 유집할 수 있는 배수구역 전체에 균등하게 내린다는 가정과 지체현상이 생기지 않은 최대한도의 경우에 최대유출이 생기는 것으로 해서 우수유출량을 계산한다.

그림 4.18은 합리식에서 계획우수량의 산정과정을 나타낸다.

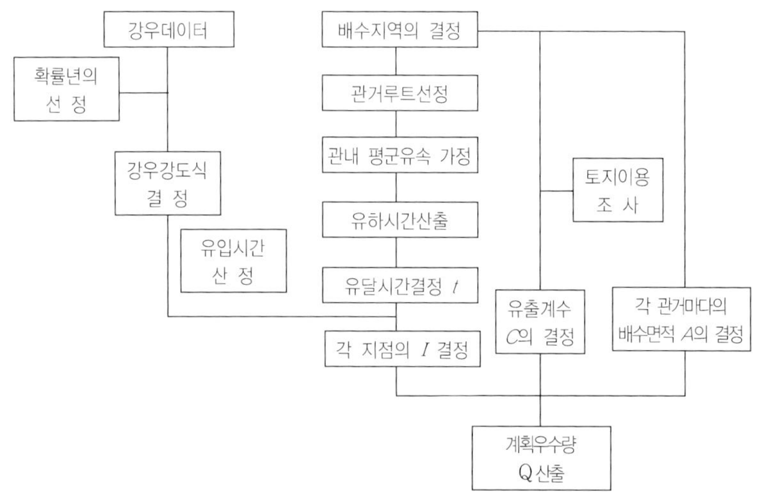

그림 4.18. 합리식에 의한 계획우수량의 산정 프로세서.

계획 대상지역의 도시계획이나 강우특성 등을 정확히 계산과정에 포함시켜 최대 우수유출량의 산정에 많이 사용되고 있는 합리식의 계획우수량을 계산하기 위한 공식은 다음과 같이 정의된다.

$$Q = \frac{1}{3.6}\, C \cdot I \cdot A$$

여기서, Q : 첨두유출량(㎥/S)

C : 유출계수

A : 유역면적(㎢)

I : 강우강도(mm/h)

경험식은 독일의 오펜 등이 특정지역의 우수유출 관측자료를 기준으로 작성된 것으로, 그 채용기준은 다음과 같다.

- 배수면적 100ha 이하의 소도시

- 배수면적 100ha 이상이라도 강우기록을 얻을 수 있는 도시

- 재래도로 측구를 우수거로 이용할 수 있는 도시로서 분류식을 채용하는 경우

- 지표 평균경사 10% 이하는 Bürkli식, 10% 이상은 Brix식을 사용한다.

- 강우량은 15～20분의 단기간의 것을 채용한다.

표 4.15 우수유출량 비교표

구 분	합 리 식	경 험 식
공 식	$Q = \dfrac{1}{360}\, C \cdot I \cdot A$ Q : 최대계획 우수유출량(㎥/s) C : 유출계수 I : 강우강도(mm/h) A : 배수면적(ha)	$Q = \dfrac{1}{360}\, C \cdot I \cdot A \sqrt[n]{S/A}$ Q : 최대계획 우수유출량(㎥/s) C : 유출계수 I : 강우강도(mm/h) A : 배수면적(ha) S : 지표의 평균구배(%) n : 정수 － Burkli － Ziegler식 : 4 － Brix식 : 6

개 요	・ 가장 일반화된 식으로 유달시간에 상당하는 강우강도의 비가 배수구역 내에 균등히 내릴 때 지체현상이 생기지 않는 최대유출량 산출법 이다.	・ 특정 지역의 강우관측자료를 바탕으로 만들어진 것으로 배수구역의 지형, 지세 등에 의해 지체현상이 고려되며 특정 도시에 적용하기 위한 특정계수가 산정되어야 한다.
적 용 면 적	5㎢ 미만(500ha 미만)	1㎢ 미만(100ha 미만)

⑦ 수문곡선의 구성

수문곡선이란 하천의 어떤 단면에서의 수위 혹은 유량의 시간에 따른 변화를 표시하는 곡선으로 수위의 경우는 수위수문곡선(Stage hydrograph), 유량의 경우는 유량수문곡선(Discharge hydrograph)이라 하는데 일반적으로 유량수문곡선을 말한다(그림 4.19).

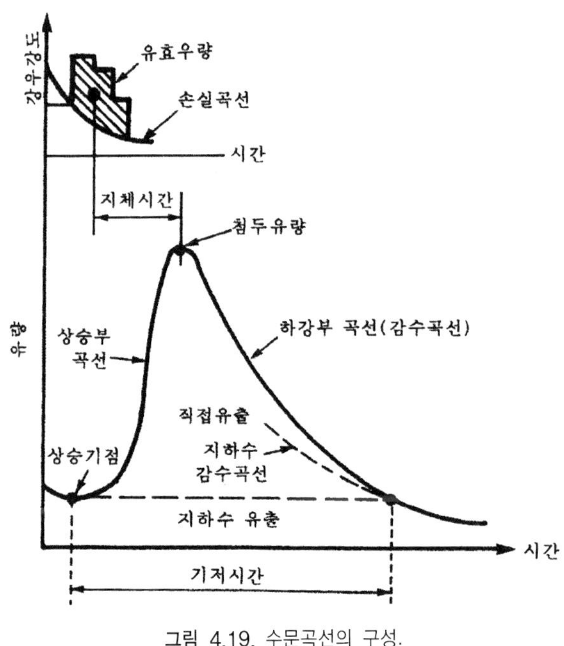

그림 4.19. 수문곡선의 구성.

수문곡선에서 지체시간(Lag time)은 유효우량주상도의 질량중심으로부터 첨두유량이 발생하는 시간까지의 시간차를 말하며, 기저시간(Base time)은 수문곡선의 상승기점부터 직접유출이 끝나는 지점까지의 시간을 말한다. 호우조건과 토양수분 미흡량에 따른 수문곡선의 구성양상은 그림 4.20~4.23과 같다.

그림 4.20은 강우강도(I)가 침투율(f_i) 보다 작고, 침투수량(F_i)이 토양수분 미흡량(M_d)보다 작은 경우이다.

- 지표면 유출, 중간유출 및 지하수 유출이 발생하지 않는다.
- 수로상 강수(Channel precipitation) 때문에 하천유량이 조금 증가한다.

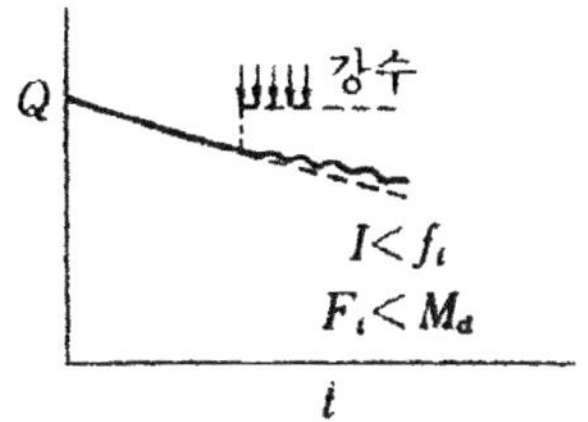

그림 4.20. 수문곡선.

그림 4.21은 강우강도(I)가 침투율(f_i) 보다 작으나 침투수량(F_i)이 토양수분 미흡량(M_d)보다 큰 경우이다.

- 지표면 유출은 발생하지 않고 중간유출(지표하유출)과 지하수 유출이 발생한다.
- 수로상 강수와 함께 하천유량이 증가한다.

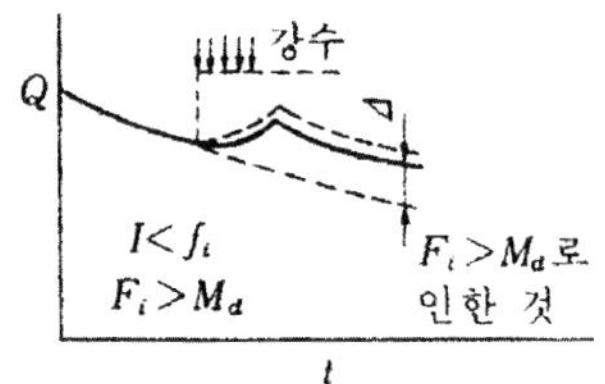

그림 4.21. 수문곡선.

그림 4. 22는 강우강도(I)가 침투율(f_i) 보다 크나 침투수량(F_i)이 토양 수분 미흡량(M_d) 보다 작은 경우이다.

- 지표면 유출이 발생하고 중간유출과 지하수 유출은 발생하지 않는다.
- 수로상 강수와 함께 하천유량이 증가하나 지하수위 상승이 없다.

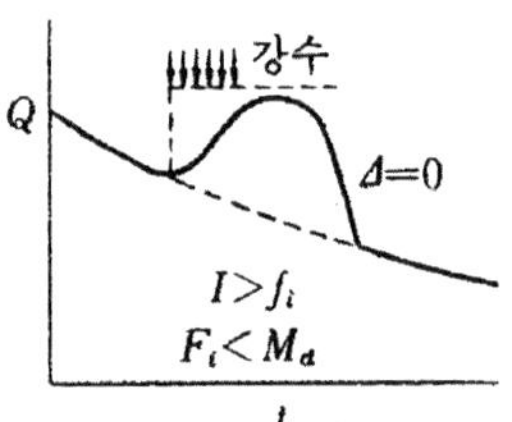

그림 4.22. 수문곡선.

그림 4. 23은 강우강도(I)가 침투율(f_i) 보다 크고 침투수량(F_i)이 토양 수분 미흡량(M_d) 보다 큰 경우이다.

- 지표수 유출, 중간유출, 지하수 유출이 발생한다.
- 수로상 강수와 함께 하천유량이 증가한다. 이런 경우는 통상 대규모 호우기간 동안에 발생한다.

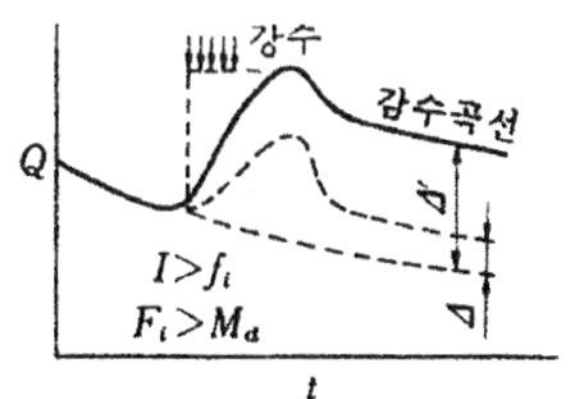

그림 4.23. 수문곡선.

4.2.9 오염 부하량

계획수질은 공장폐수, 공장오수, 생활오수 및 반송수의 계획오염부하량 및 계획유입수량을 추정한 후 다음과 같이 산정한다.

 - 대상 수질항목 : BOD, COD, SS, T-N, T-P 등
 - 계획수질 산정

$$C = \frac{P_1 + P_2 + P_3 + P_4}{Q_1 + Q_2 + Q_3 + Q_4 + Q_5}$$

C : 계획혼합수질 Q_1 : 계획공장폐수유입수량

P_1 : 계획공장폐수오염부하량 Q_2 : 계획공장오수유입수량

P_2 : 계획공장오수오염부하량 Q_3 : 계획생활오수유입수량

P_3 : 계획생활오수오염부하량 Q_4 : 계획지하수유입량

P_4 : 계획반송수오염부햐량 등 Q_5 : 계획반송수량 등

혼합수질 즉, 평균계획수질은 계획오염부하량을 계획수량으로 나누어 산정한다. 적용되는 모든 오염부하량 원단위자료가 일평균수량을 기준으로 산출되었을 경우 계획일평균유입수량의 합으로 나누어주고, 일최대폐

수량을 기준으로 한 경우 계획일최대유입수량의 합으로 나누어 주어야
한다.

4.2.10 관거 계획

배수구역, 면적 및 배수계통이 결정되면 배수관 설계의 기본이 되는 것
은 하수량이다. 하수관에 수용하는 하수는 인간생활에서 사용된 액상폐기
물의 총칭으로서 가정, 공장, 학교, 관공서 등에서 배출되는 오수, 오물
및 강우시의 우수와 하수관거 내에 침투한 지하수를 포함한다. 이 중 오
수, 오물, 지하수의 합계를 관거의 평상시 유량으로 표시하고 이에 대해
서 강우시의 우수량을 가산한 것이 우천시 유량이 된다.

분류식 하수도에서는 이 우수와 오수를 별개로 취급하고 합류식 하수
도에서는 우천시 유량의 배수관 설계를 기본으로 한다.

각 관거별 계획하수량은 다음과 같다.

- 오수관거 : 계획시간 최대오수량으로 한다.

- 우수관거 : 계획우수량으로 한다.

- 합류관거 : 계획시간 최대오수량 + 계획우수량

- 차집관거 : 우천시 계획오수량

하수는 생활오수(生活汚水)에 지하수(地下水)가 포함된 상태를 말하고
있으며 생활오수량은 급수량의 70~80%를 차지하고 있다.

하수발생량의 평균유량에 대한 최대유량의 비율을 첨두율(Peaking factor)
이라고 부르며, 대구경 하수거인 경우에는 1.3보다 작고, 지선(枝線, Lateral)

에서는 2.0이 넘는 경우도 있다. 그림 4.24와 그림 4.25는 각각 하수량의 일중변화와 인구규모에 따르는 첨두율간의 관계를 보여 주고 있다. 일반적으로 시간최대오수량은 일최대오수량의 1.3~1.8배를 기준으로 하고 있으며 일평균오수량의 2배를 흔히 사용하고 있다.

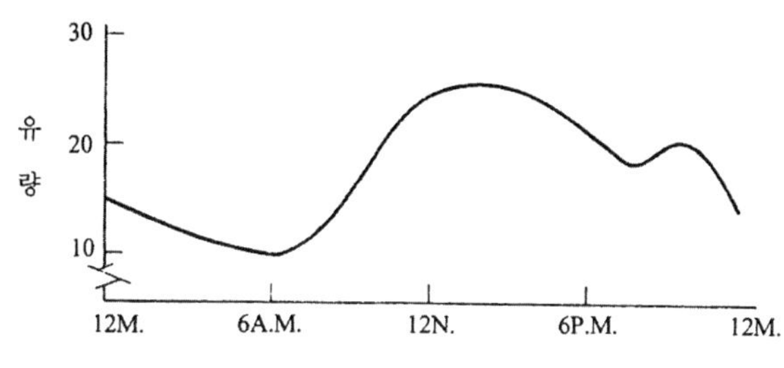

그림 4.24. 하수유량 변화곡선.

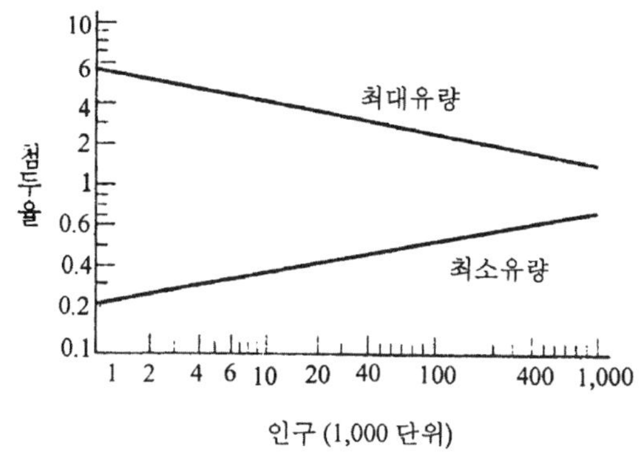

그림 4.25. 인구와 첨두율간의 관계.

관거의 노선계획 측면에서, 노선 선정시 관로의 수평 및 연직방향의 급격한 굴곡은 손실수두를 크게 하고, 수압과 유속에 의해서 관로를 외측으로 밀어내는 작용을 하여 구조상의 약점이 되므로 피하여야 한다. 만약 관로의 동수구배선 위로 관로가 올라가면 관내압이 대기압보다 작게 되어 수중의 용해공기가 분리되어 관로의 최상부에 모임으로써 통수를 방해할 뿐만 아니라, 만약 관이음의 이완이나 관의 균열이 생기면 주위로부터 관내에 오수가 흡입되어 비위생적이므로 관로는 반드시 최소동수구배선 이하로 매설되도록 노선을 선정하여야 한다. 선정된 관로가 최소동수구배선 위로 올라가는 경우에는 단일동수구배에 대한 관경에 비하여 상류측의 관경을 크게 하고, 하류측의 관경을 작게 함으로써 동수구배선을 올려야 한다. 이 경우 상수도 관거에서는 접합정을 설치하는 수도 있으나, 접합정을 생략하고 관경변화에 의하여 동수구배선을 조절함이 경제적이고 유지관리도 편리하다. 관거의 노선선정시 기본적인 고려사항은 다음과 같다.

- 원칙적으로 공공도로 또는 수도용지로 하여야 한다.
- 수평·수직의 급격한 굴곡을 피하고 어느 때라도 최소 동수 경사선 이하가 되도록 해야한다. 만일, 동수경사선이 최소 동수경사선보다도 상승함을 피하지 못할 경우는 그 지점부터 상류측의 관경을 크게하여 동수경사선을 상승시키고 하류측의 관경을 원계획보다 작게하여 그 지점에 접합정을 설치하는 방법이 이용되나, 실제에서는 접합정을 생략하는 편이 경제적이고 유지관리상 편리하다.
- 펌프양수 연장이 길 경우 필요에 따라 관로에 안전밸브 또는 조정탱크 등을 설치하여 수충(수격)작용에 대비해야 한다.

4.2.11 펌프장 계획

펌프장의 위치는 그 용도에 가장 적합한 수리조건, 입지조건 및 동력조건을 구비하고 외부로부터 침수되지 않아야 한다. 배수펌프장은 되도록 방류수면에 근접하여 있고, 펌프로부터 직접 또는 단거리 관로로 방류할 수 있는 위치에 있어야 한다. 또 방류수면의 넓이, 유량, 수질이 방류수의 질과 양에 상응한 위치이어야 하며, 중계펌프장은 되도록 저지로부터 고지에 양수할 수 있는 지형에 선정한다.

시가지 밀집지역에 설계할 때는 방취, 방음, 기타 침사, 스크린 등의 부대시설을 고려해야하며, 동력에 전력을 사용할 때는 전입선의 인입이 용이해야 한다. 펌프장은 그 성격상 저지에 설치되는 일이 많으므로 펌프실을 방수벽, 맨홀, 펌프 역지변, 공기변, 전기설비 등에 대하여는 외부로부터 침투하는 물의 침입 또는 범람 등에 의하여 침수되는 일이 없도록 주의해야 한다.

4.2.12 하수처리시설 계획

하수처리장 계획에 있어서는 하수의 처리와 최종처분을 포함한 일련의 종합계획으로 다루어야 하므로 시설의 유지관리에 대해서 충분히 고려해야 한다. 특히, 처리의 정도는 하류측 수질을 감안해서 수질 오탁방지에 역점을 두고 계획되어야 할 것이다. 기본계획의 개요는 다음과 같다.

- 처리장은 방류수역의 수질보전 효과 및 유지관리가 될 수 있는 한 광역적으로 계획한다.

- 처리장의 위치는 가급적 시가지를 피하고, 간선의 유입에 지장이 없고, 시공상 애로가 없으며 처리수 처분에 적당한 장소를 선택하되, 방류수역의 이수상황 및 주변의 환경조건을 고려한다.
- 처리장의 부지는 장래의 확장 및 고도처리(高度處理) 등을 예상해서 여유를 두어야 한다.
- 처리시설은 계획 1일 최대오수량을 기준해서 계획한다.
- 처리시설은 이상 수위에 의한 침수가 없는 지반고에 선정하거나 보호시설을 하여야 한다.
- 처리장은 주변의 환경이 악화하지 않도록 배려한다.
- 처리시설은 그 기능이 확실하고 유지관리에 불편이 없도록 계획한다.

4.2.13 법령상의 규제

하·폐수배출시설은 환경정책기본법의 수질환경기준을 준수하여야 하며 지역에 따라 배출시설의 설치허가를 제한한다(수질 및 수생태계 보전에 관한 법률 제35조 제5항).

상수원보호구역의 상류지역, 특별대체지역 및 그 상류지역, 취수시설이 있는 지역 및 그 상류지역의 배출시설로부터 배출되는 수질오염물질로 인하여 환경기준의 유지가 곤란하거나 주민의 건강·재산·동·식물의 생육에 중대한 위해를 가져올 우려가 있다고 인정되는 경우에는 관할 시·도지사의 의견을 듣고 관계 중앙행정기관의 장과 협의하여 배출시설의 설치(변경을 포함한다)를 제한할 수 있다(제5항). 배출시설의 설치를 제한할 수 있는 지역의 범위는 대통령령으로 정하고 환경부장관은 지역별 제한대상 시설을 고시하여야 한다(제6항).

허가기관은 배출시설 설치(변경) 허가와 관련된 입지제한 건축물의 건축제한 여부 등 수질 및 수생태계 보전에 관한 법률 외의 다른 법령에의 저촉여부를 해당부서(해당기관)에 조회하여 허가여부를 결정하며, 타법령 검토의견이 상충될 때에는 관계법령을 운영하는 중앙부서의 유권해석을 받아 처리하게 된다.

대표적인 검토대상 관계법규(예시)는 다음과 같다.

- 수도권정비계획법 제7조(과밀억제지역안에서의 행위 제한)
- 산업집적 활성화 및 공장설립에 관한 법률 제20조(공장의 신설 등의 제한)
    - 시행령 제26조(과밀억제지역안에서의 행위제한의 완화)
    - 시행령 제27조(성장관리지역안에서의 행위제한의 완화)
- 국토의 계획 및 이용관리법 제58조(개발행위허가의 기준)
- 제76조(용도지역 및 용도지구에서의 건축물의 건축 제한 등)
    - 시행령 제56조(개별 행위 허가의 기준)
    - 시행령 제71조(용도지역안에서의 건축 제한)
    - 시행령 제78조(취락지역에서의 건축 제한)
    - 시행령 제80조(특정용도제한지구안에서의 건축 제한)
- 산업입지및개발에관한법률 제12조(행위제한 등)
    - 시행령 제14조(행위 허가의 대상 등)
- 건축법 제8조(건축허가), 제18조(건축물의 사용 승인) 등

이상과 같이 타 법령에 의한 배출시설의 설치제한 등은 기본계획시 검토 되어야 할 것이다.

4.3 참고문헌

김가현(1999), 상하수도공학, 청운문화사, 286~334.

건설부(1980), 하수도시설기준.

곽결호(1995), 상수도의 과제와 정책, 수질보전, 1, 11, 17.

박영태(1996), 수리수문학 해설, 청운문화사, 350~358.

유태종 외 2인(2002), 상수도공학, 동화기술, 29.

이승원 외 1인(2007), 수질환경기사·산업기사, 성안당, 131~140.

장준영(1992), 수질환경기사 실기, 성안당, 4·3~4·29.

최의소(2001), 하수도공학, 청문각, 11~25.

최인석(2008), CM/PM 실무와 적용사례, 건설기술교육원, 20~30.

환경부(2007), 수질관리 전문관리과정, 109~122.

환경부(1997), 상하수도시설기준.

환경부 (1995), 폐수종말처리시설의설계.

AWWA (1990). *Water Quality and Treatment*, 4th Ed, McGraw – Hill, Inc, New York,NY.

AWWA. ASCE (1990). *Water Treatment Plant Design*, 2nd Ed., McGraw – Hill Publishing Company.

Cornwell. D. et al. (1987), *Water Treatment Plant Waste Management*, AWWA Research Foundation.

Collins, H. F. et al(1971). Problems in Obaining Aquata Sewage Disinfection, JSED, ASCE, 97, SAS.

Cooke, G.D. et al(1988), Reservoir Management for THM Precursor Control, *Proc AWWA Seminar on Water Quality Management in Reservoirs*, Denver, COLO, 21 – 51.

Us EPA (1991). *Technologies for Upgrading Existing or Designing New Drinking Water Treatment Facilities*. Technomic. Pub. Co.

White, M. C. et al(1997), Evaluating Criteria for Enhanced Coagulation Compliance. *AWWA*. 89, 5, 64.

Williams. G. D. and Carlson. R. E. (1989). *Reservoir Management for Water Quality and THM Precursor Control*. AWWA.

Williams. R. B. and Culp. G. L (1986), *Handbook of Public Water Systems*, NY, NY. Van Nostrand Reinhold Camp.

4.1 다음 용어의 정의를 설명하시오.

1) CM/PM	14) Cross connection
2) 전용수도	15) 직결급수
3) 광역상수도	16) 개인하수도
4) 빗물이용시설	17) 합류식 하수관거
5) 계획년차	18) 차집식(Intercepting system)
6) 급수인구 추정	19) 첨두율(Peaking factor)
7) Logistic curve	20) 유달시간(Time of concentration)
8) 계획급수량	21) 강우강도
9) 복류수	22) 지체현상(Retardation)
10) Ripple's method	23) 유량수문곡선(Discharge hydrograph)
11) 집수매거	
12) 탄성파탐사법	24) 오염부하량
13) 일수(逸水)현상	

4.2 상하수도시설의 기본계획은 대상지역 장래의 발전계획과 조화를 이루어 계획되어야 한다. 상하수도는 다른 어떠한 시설보다도 중요한 기반시설로서 장래의 급수(給水)와 배수(排水) 문제를 해결하고, 아울러 최적의 처리방법에 의해 목표수질을 달성할 수 있도록 계획되어야 한다. 상하수도 기본계획시 고려하여야 할 사항은 무엇이 있는가.

4.3 상수도의 기본계획은 수도사업의 기본으로서 장래의 용수수요를 정확하게 예
측하고, 그것에 의거하여 수도의 계획적 정비를 위한 기본적인 사항을 밝혀
주는 것이다. 상수도의 기본계획순서를 도시하고 설명하라.

4.4 수원(Water source)은 수질적으로 청정(淸淨)하고, 장래에 오염의 우려가 적
으며, 계획취수량을 확보할 수 있는 곳이라야 한다. 수원을 선정할 때 고려사항
을 설명하라.

4.5 저수지 유효저수량은 과거의 기록 중 최대 갈수년을 기준으로 산출하는 것이
이상적이나, 이것은 저수지 용량을 너무 크게 하므로 비경제적이다. 따라서
일반적으로는 10년 빈도 정도의 갈수년을 기준으로 하는 경우가 많은데, 그
용량 결정방법에 대하여 기술하라.

4.6 도수 및 송수방식은 노선의 시점과 종점간의 수위차 또는 노선의 지형에 따
라 자연유하식과 가압식으로 구분된다. 관거의 노선선정시 고려사항과 자연
유하식, 가압식의 특징을 나열하라.

4.7 정부는 국민의 건강을 보호하고 쾌적한 환경을 조성하기 위하여 환경기준을 설
정하여야 하며, 환경여건의 변화에 따라 그 적정성이 유지되도록 하여야 한다.
수질에 관한 환경기준은 하천, 호소, 해역으로 구분하여 규정하고 있는 바,
하수도의 기본계획은 면밀한 검토가 있어야 할 것이다. 하수도 기본계획의
절차를 도시하고 설명하라.

4.8 하수와 우수는 지하에 매설된 하수관거에 의하여 수집되어 처리장이나 처분되는 장소까지 수송된다. 도시의 하수와 우수를 배제하는 방법에는 하수와 우수를 동일관거에 의하여 배제하는 합류식, 우수관과 오수관거로 각각 분리하여 배제하는 분류식이 있다. 이 두 가지 방식에 대한 주요한 장·단점을 기술하라.

4.9 하수처리장 계획에 있어서는 하수의 처리와 최종의 처분을 포함한 일련의 종합계획으로 다루어야 하므로 시설의 유지관리에 대해서 충분히 고려해야 한다. 특히, 처리의 정도는 하류측 수질을 감안해서 수질 오탁방지에 역점을 두고 계획되어야 할 것이다. 하수처리장 기본계획의 개요를 서술하라.

4.10 하·폐수배출시설은 환경정책기본법의 수질환경기준을 준수하여야 하며 지역에 따라 배출시설 설치허가를 제한한다(수질 및 수생태계 보전에 관한 법률 제35조 제5항). 폐수배출시설의 설치허가,신고에 대한 행정절차를 나열하고 설명하라.

수처리시설의 수리학적 설계

　각 단위처리장의 수와 크기가 결정되면 수처리장의 공정설계와 단위처리장의 평면적 배치가 결정되고, 그 다음에는 각 단위처리장을 적당한 길이와 크기의 관으로 연결하여야 한다. 연결 관로들의 수리학적 설계에 대한 검토에서 가장 중요한 것은 수면의 높이이다. 수면의 높이는 설계년수(기간)내에서 예상되는 최소유량에 대해서 뿐만 아니라 최대 및 평균유량에 대해서 계산해야 한다. 또한 이 계산에서는 예상되는 여러가지 운전조건에 대한 상항들을 고려해야 한다. 예를 들면 모든 단위처리장이 동시에 운전되는 상황이라든지 또는 어떤 특정 단위는 유지관리를 위해서 운전되지 않을 수 있고 초기운전시(조건)에도 운전되지 않는 상황들을 생각할 수 있다. 단위처리장들의 수면의 높이는 유효수두와 불가분의 관계이고, 유효수두의 대부분이 처리장 운영경비와 직결되는 항목이므로 매우 신중하게 다루어져야 한다. 수위 계산을 했을 때 어떤 한 장치에서의 에너지손실이 과다할 경우, 이 에너지손실을 줄일 수 있는 방안을 찾아야 한다.

　병렬로 배열된 단위처리장에 유량을 균등하게 배분하는 것은 전체 효율을 증가시키는 것과 직접적인 관계가 있으므로 중요하게 취급하여야 한다. 수리분석 결과 유량배분에 상당한 차이가 나타나면, 유량배분을 위해 사용하는 오리피스나 웨어와 같은 조절장치, 수로의 폭, 관의 직경 등 크기를 재조정해야 한다. 유속도 또한 수리설계에서 중요한 항목이다. 가장 이상적인 경우는 모든 유량조건에 대해서 고형물이 퇴적되지 않는 크기의 연질관로를 설치하는 것이다. 이것은 설계 평균유량에 대한 유속이 0.6m/s 보다 크고, 설계 초기유량에 대한 유속이 0.3m/s 보다 커야 한다는 것을 의미한다. 실제의 경우에는 이와 같은 조절은 대체로 불가능하다. 그러나 유량은 일일(一日)내에서도 변화하므로 낮 시간에 발생하는 최고 유량이 세척류 역할을 하여 도수관을 깨끗하게 유지하는 기능을 기대할 수 있다. 본 장에서는 수처리시설을 기초로 수리학에 대한 개념을 정리하고자 한다.

5.1 평면에 작용하는 정수압

유체가 흐르지 않고 정지상태에 있거나 상대적인 운동이 없는 어떤 점, 혹은 면에 작용하는 힘의 관계를 다루는 분야를 정수역학(Hydrostatics)이라 한다. 정지하고 있거나 등가속도운동을 하고 있는 상대적인 운동이 없는 유체에서는 마찰력 또는 전단력이 작용하지 않는다. 그러므로 정수역학에서는 마찰의 원인이 되는 점성을 무시한다. 정지하고 있는 물 내부의 미소(微小)부분을 생각해 보자 물의 점성(黏性)은 운동하고 있을 때만 작용하고 정지하고 있을 때는 작용하지 않기 때문에 그 주위에 작용하는 힘은 직접응력(直接應力)뿐이므로 전단응력이 작용하지 않는다. 여기서 직접응력이라는 것은 압축응력(壓縮應力)과 인장응력(引長應力)을 말한다. 그런데 인장응력이 작용하고 있다면, 유체는 정지하고 있지 않기 때문에 그곳에 작용하고 있는 것은 압축응력 뿐이며 그 방향은 면에 직각이다. 이 압력(壓力)을 정수압이라 하고 이것은 용기(容器)의 벽면에 대해서도 성립한다.

즉, 정수 중의 한 점에서 정수압 강도는 모든 방향에 대해 동일하며, 정수 중의 물체에 작용하는 정수압의 방향은 물체표면에 직각방향으로 작용한다.

수면에서 깊이(h)와 액체 단위중량(w)에 대한 절대압력과 계기압력은 다음과 같다.

- 절대압력(Absolute pressure)

  수면에 작용하는 대기압(P_a)을 고려한 압력이다.

$$P = P_a + wh$$

- 계기압력(Gauge pressure)

  대기압(P_a)을 "0"으로 기준한 압력이며, 공학에서도 주로 계기압력을 사용한다.

$$P = wh$$

여기서 대기압력은 지구표면을 둘러싸여 있는 약 1500km 두께의 공기층의 무게에 의하여 지구표면이 받는 압력을 대기압이라 하며, 1기압이란 0℃에서 단위표면적(1㎠) 당 76cm 높이만큼의 수은기둥의 무게를 말한다.

$$1기압(표준기압) = 76\text{cmHg} = 13.5951\text{g/㎠} \times 76\text{cm}$$

$$= 1033.23\text{g/㎠}$$

$$= 10.33 t/㎡$$

$$= 1.013 \times 10^5 N/㎡ = 1.013 bar$$

$$= 1013 milibar$$

유체내부 또는 액체 속에 잠겨있는 물체면에서 같은 깊이의 면에 작용하는 수압은 모두같다. 그림5.1에서 액체의 단위중량 w_1, w_2 깊이 h_1, h_2 일 때 M점에서 정수압 p_M 과 N점의 정수압 p_N 은 다음과 같다.

$$p_M = w_1 h_1$$
$$p_N = w_1 h_1 + w_2 h_2$$

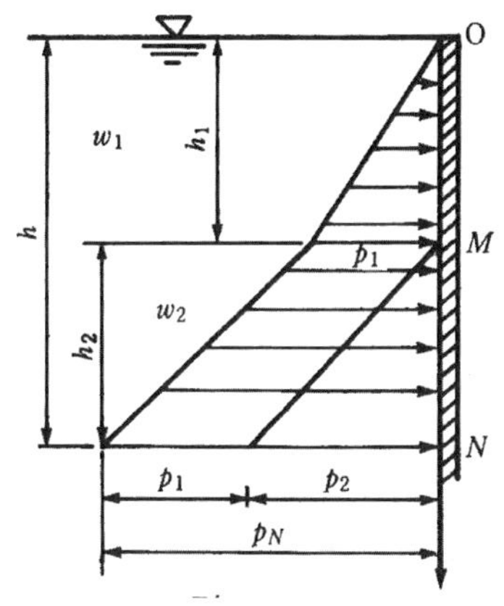

그림 5.1. 단위면적당 작용하는 벽면의 정수압.

또한, 물속에 놓인 고체표면의 정수압은 그 면에 수직으로 작용하고, 표면이 평면이라면 정수압은 그림 5.2와 같이 분포한다.

즉, 수평인 면에서의 면적이 A, 액체의 단위중량이 w인 수면으로부터의 깊이가 h이면, 이 면에 작용하는 전수압 P는 다음과 같다.

$$P = whA$$

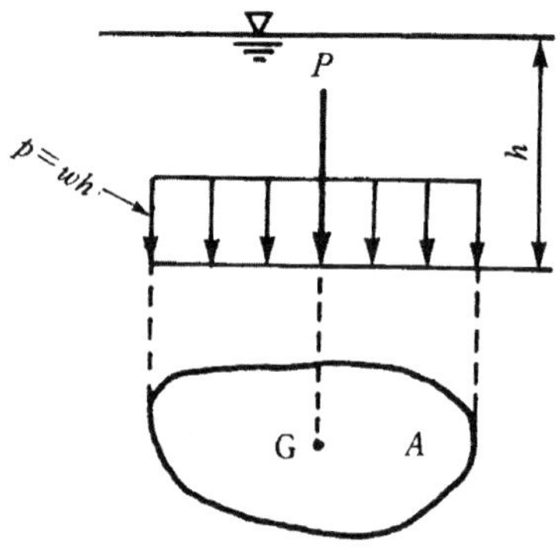

그림 5.2. 수평한 평면에 작용하는 전수압.

그림 5.3과 같이 수면에 대하여 연직인 평면에 대하여는 평면형은 임의의 형이라 하고, x 및 y축을 수면 위에 그리고 x축에 평형한 평행선으로 수심 h인 점에 높이 dh의 미소면적 dA에 작용하는 전수압(dP)은

$$dP = pdA = whdA$$

전면적 A에 대해 적분하면 면적 A에 작용하는 전수압(P)이 된다.

$$P = w \int_A h dA = w h_G A$$

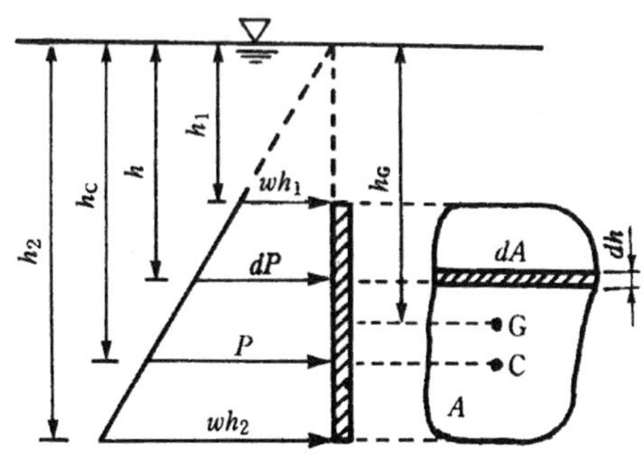

그림 5.3. 연직평면에 작용하는 정수압.

전수압의 작용점 위치까지 깊이(h_c)는 그림 5.3에서,

P의 수면에 관한 모멘트 $P \cdot h_c$는 dP의 수면에 대한 모멘트의 합과 같으므로

$$P \cdot h_c = \int_A h \cdot dP = w \int_A h^2 \cdot dA = wI$$

여기서, $I = \int_A h^2 \cdot dA$ 이며, 수면에 관한 평면의 단면 2차 모멘트이다.

$h_c = \dfrac{wI}{P}$ 에서 $P = wh_G A$, $I = I_X + h_G^2 A$ 의 관계를 이용하여 정리하면

$$h_c = h_G + \frac{I_X}{h_G A}$$

이며, h_G는 수면에서 평면의 도심 G까지의 거리이고, I_X는 평면의 도심을 지나는 관성모멘트로서 수압의 중심은 원심으로부터 $I_X / h_G A$ 만큼 아래에 있는 것을 알 수 있다.

표 5.1 도심 및 단면 2차 모멘트

단 면 형	형 태	단 면 적(A)	도심의 위치(h_G)	단면 2차 모멘트(I_X)
구 형		bh	$h_G = \dfrac{h}{2}$	$I_X = \dfrac{bh^3}{12}$
삼 각 형		$\dfrac{bh}{2}$	$h_G = \dfrac{h}{3}$	$I_X = \dfrac{bh^3}{36}$
원 형		$\dfrac{\pi d^2}{4}$	$h_G = \dfrac{d}{2}$	$I_X = \dfrac{bh^4}{64}$

(예제 1) 그림과 같은 평판이 중심에 연직으로 높여 있을 때 평판에 작용하는 전수압 P와 작용점의 위치(h_c)를 구하여라.

단, $h_1 = 1.0\,\text{m}$, $b = 5.0\,\text{m}$, $h = 2.0\,\text{m}$, $w = 1{,}000\,\text{kg/m}^3$ 이다.

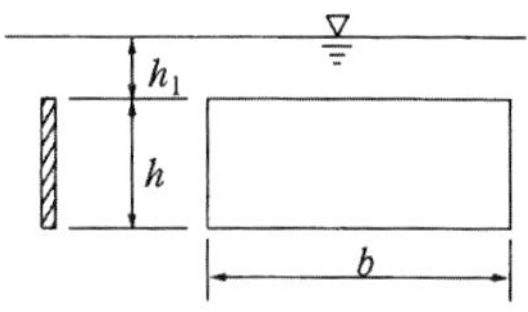

면적 $A = b \times h = 5.0 \times 2.0 = 10.0\,\text{m}^2$

도심위치 $h_G = h_1 + h/2 = 1.0 + 2.0/2 = 2.0\,\text{m}$

단면 2차모멘트 $I_X = \dfrac{bh^3}{12} = \dfrac{5 \times 2.0^3}{12} = 3.33\,\text{m}^4$

전수압 $P = wh_G A = (1{,}000\,\text{kg/m}^3) \times 2.0\,\text{m} \times 10.0\,\text{m}^2$

$$= 2.0 \times 10^4 \, \text{kg}$$

전수압의 작용점 위치 $h_c = h_G + \dfrac{I_X}{h_G A}$

$$= 2.0 + \frac{3.33}{2.0 \times 10.0} = 2.17\text{m}$$

(예제 2) 수심 1,000m의 해저에 있어서의 정수압을 구하라.

단, 해수(海水)의 비중은 1.025이다.

$$w = 1,025\,\text{kg/㎥} = 1.025\,\text{ton/㎥} \quad \text{이므로}$$

$$P = 1,025 \times 1,000 = 1,025,000\,\text{kg/㎡} = 1,025\,\text{ton/㎡}$$

해면에 작용하는 기압이 표준 1기압(10.333ton/㎡)이라고 하면, 해저 수심 1,000m인 점의 절대압력은 약 1,035.333ton/㎡ 이다.

(예제 3) 그림과 같이 수면에 깊이 5.0m.의 정수벽을 3개의 지재(支才)로 누를 경우 각 지재가 전수압을 등분 부담하기 위해서는 지재의 간격을 어떻게 배치하면 되겠는가?

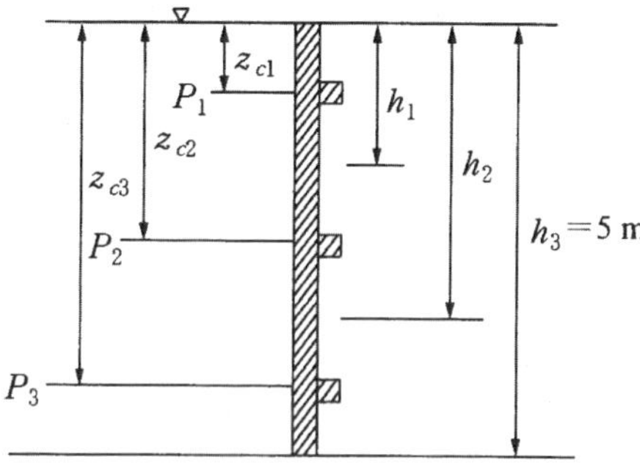

전수압을 3등분하여 각 구간의 수압의 중심에 지재를 배치하여 이 깊이를 z_{c1}, z_{c2}, z_{c3}라 한다. 지수벽을 단위폭으로 하고 $w = 1.0\text{ton/m}^3$이라 하면,

$$P = \frac{1}{2} w_o b h_3^2 = \frac{1}{2} h_3^2$$

$$P_1 = \frac{1}{2} w_o b h_1^2 = \frac{1}{2} h_1^2$$

$$P_2 = \frac{1}{2} w_o b (h_2^2 - h_1^2) = \frac{1}{2}(h_2^2 - h_1^2)$$

$$P_3 = \frac{1}{2} w_o b (h_3^2 - h_2^2) = \frac{1}{2}(h_3^2 - h_2^2)$$

전수압를 3등분해서 분담하므로

$$P_1 = P_2 = P_3 = \frac{1}{3} P$$

$$\frac{1}{2} h_1^2 = \frac{1}{3} P = \frac{1}{3} \times \frac{1}{2} h_3^2$$

$$\therefore \; h_1^2 = \frac{1}{3} h_3^2, \quad h_1 = \frac{h_3}{\sqrt{3}} = 2.89m$$

$$\frac{1}{2} h_1^2 = \frac{1}{2}(h_2^2 - h_1^2) \qquad \therefore \; h_2 = \sqrt{2}\, h_1 = 4.08m$$

$$z_{c1} = \frac{2}{3} h_1 = \frac{2}{3} \times 2.89m = 1.93m$$

$$z_{c2} = \frac{2}{3} \frac{h_1^2 + h_1 h_2 + h_2^2}{h_1 + h_2}$$

$$= \frac{2}{3} \frac{2.89^2 + 2.89 \times 4.08 + 4.08^2}{2.89 + 4.08}$$

$$= 3.52m$$

$$z_{c3} = \frac{2}{3} \frac{h_2^2 + h_2 h_3 + h_3^2}{h_2 + h_3}$$

$$= \frac{2}{3} \frac{4.08^2 + 4.08 \times 5.0 + 5.0^2}{4.08 + 5.0}$$

$$= 4.56m$$

(예제 4) 정수압만을 받는 경우 그림과 같이 등간격으로 3등분하여 그 중심(重心)에 가름대를 배치하였다. 최하단 P_3는 P_1의 몇 배의 수압을 받는가?

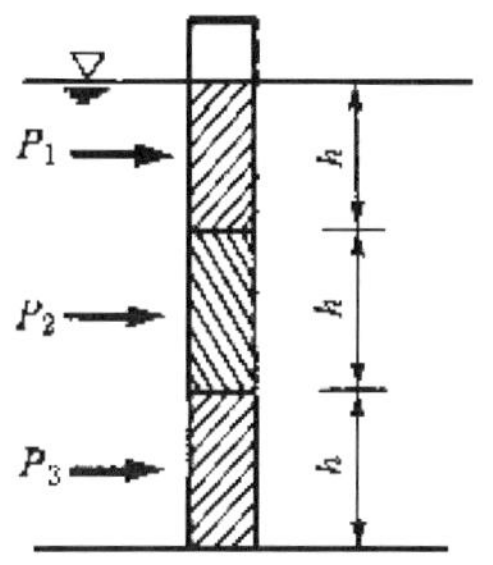

① $P_1 = w h_{G1} A$

$$= 1 \times \frac{h}{2} \times A$$

② $P_3 = w h_{G3} A$

$$= 1 \times \frac{5h}{2} \times A$$

$\therefore$ P_3는 P_1의 5배이다.

(예제 5) 댐(Dam)의 물 폭은 수직면이고, 물의 깊이가 25m이다. 댐의 폭 1m당의 물에 의한 힘은?

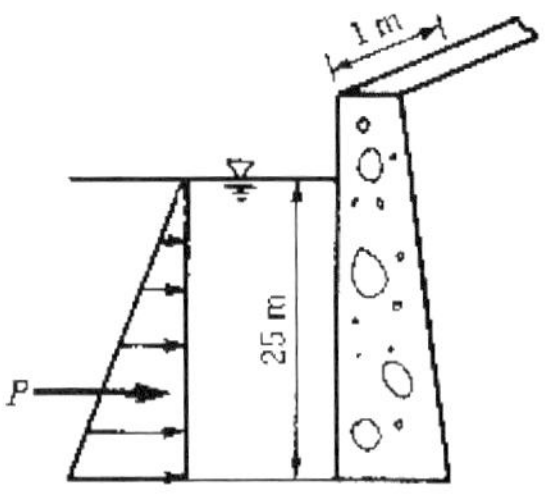

전수압 $P = wh_G A$

$$= 1 \times \frac{25}{2} \times (25 \times 1)$$

$$= 312.5\,t$$

$$= 312,500\,\text{kg}$$

(예제 6) 정지한 담수 중에 잠겨있는 평판에 작용하는 전수압과 전수압의 작용점 위치 S_c를 구하시오.

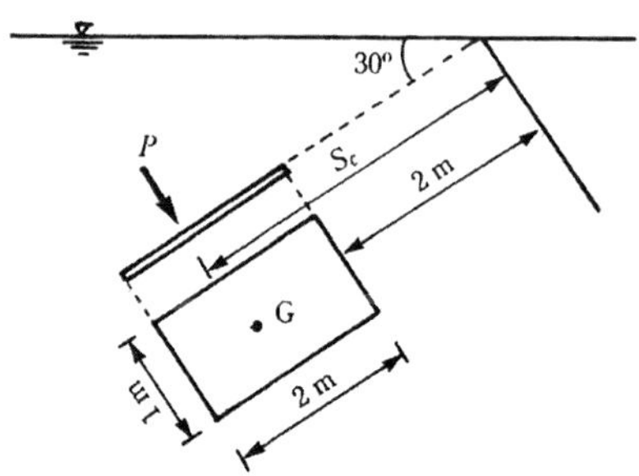

경사평면에 작용하는 수압

① 전수압

$$P = wh_G A = 1 \times 3 \sin 30° \times (1 \times 2) = 3t$$

② 전수압의 작용점 위치(S_C)

$$S_C = S_G + \frac{I_x}{S_G A}$$

$$= 3 + \frac{\dfrac{1 \times 2^3}{12}}{3 \times (1 \times 2)} = 3.11m$$

전수압의 작용점 위치(h_C)

$$h_C = h_G + \frac{I_x \cdot \sin^2 \theta}{h_G A}$$

$$= 3 \sin 30° + \frac{\dfrac{1 \times 2^3}{12} \times \sin^2 30°}{3 \sin 30° \times (1 \times 2)} = 1.56m$$

(예제 7) 강판을 사용하여 밑판을 1m × 1.5m의 직사각형의 탱크로 만들려고 한다. 이곳에 물을 2m의 깊이까지 넣으려고 한다. 밑판의 두께를 얼마로 하면 되는가?(단, 주변은 지지되어 있다고 하며, 재료의 허용응력 800mg/㎠이다.)

밑면에 누르는 수압은 0.2mg/㎠ 이고, 주변을 지지하고 있으므로 다음 식

$$\sigma_{\max} = a_1 p \frac{b^2}{t^2} \quad \text{에서}$$

$b = 50cm$ 변의 비는 $a/b = 1.5$ 이므로 $a_1 = 1.95$이다.

따라서

$$800 = 1.95 \times 0.2 \times \frac{50^2}{t^2} \qquad t^2 = 1.22 \quad t = 1.1\,\mathrm{cm}$$

주위를 자유지지한 정사각형판이 등분포 하중을 받은 경우(그림 1) 짧은 변방향 응력의 최대치가 판의 중앙에 생길 때

$$\sigma_{y\,\max} = a_1\,p\,\frac{b^2}{t^2}$$

길은 변방향 응력의 최대치가 판의 중앙에 생길 때

$$\sigma_{x\,\max} = a_2\,p\,\frac{b^2}{t^2}$$

최대 처짐이 판의 중앙에 생길 때

$$\delta_{\max} = \beta\,\frac{pb^4}{Et^3}$$

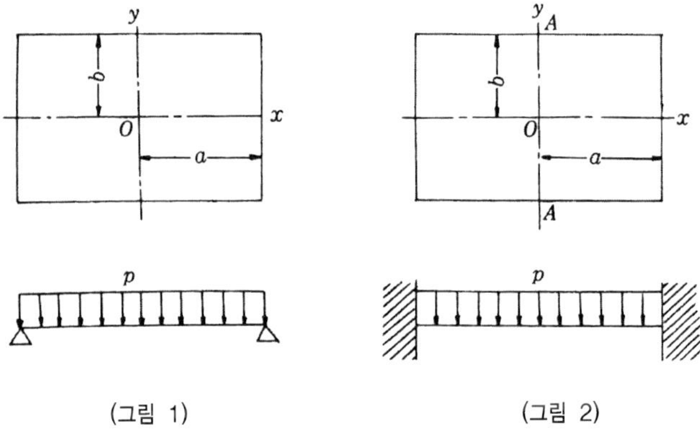

(그림 1)　　　　(그림 2)

여기서, a_1, a_2, β는 변의 길이를 비와 주위의 지지조건에 따라 정한 값

이며 프와송의 비(Poisson's ratio)는 탄성한도내에 가로, 세로 변형율의 비로서 재료에 따라 일정한 값을 가진다. 그리고 E는 탄성계수이다.

5.2 원관에 작용하는 동수압

원관에 수압이 작용할 때는 관벽 내에는 수압에 저항하는 응력이 생기며 이 수압이 관 내에서 작용하느냐 또는 외부에서 작용하느냐에 따라 인장응력 또는 압축응력이 생긴다. 그리고 이 응력을 구하는 데는 곡면에 작용하는 수압의 수평분력을 응용할 수 있으며 수처리 단위 공정의 가압여과기, 관거 등의 설계에 유용하다.

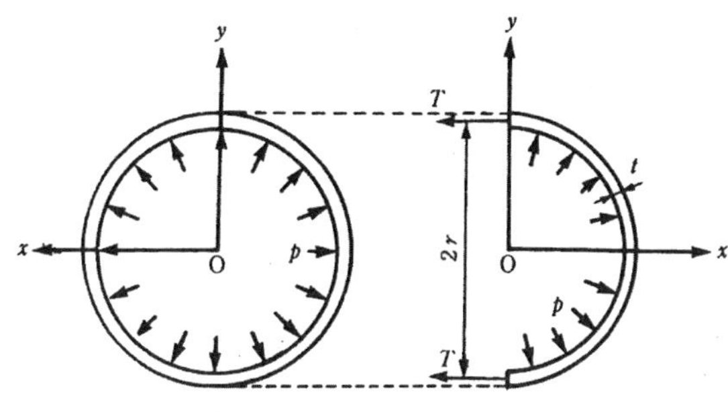

그림 5.4. 원관 내의 압력.

그림 5.4와 같이 관의 지름을 D, 관의 길이를 l, 또한 관내의 수압강도를 p, 전수압의 수평성분을 P라하고 관 단면의 인장력을 T라 하면 원관

은 모든 방향에 대하여 같은 조건이며 따라서 그 반만을 생각하면 된다.

수평으로 x축을 취하면 전수압의 x방향의 분력은 pDl이다. 또한 관 단면은 두 군데이므로 인장력 T와의 관계는 다음과 같다.

$$2T = P = pDl$$

관의 인장응력을 σ, 두께를 t라 하면 길이가 l이므로 $T = \sigma_t l$이므로

$$\sigma_t = \frac{pD}{2}$$

이다. 관의 실제 설계에서는 σ대신 허용응력 σ_{ta}를 사용하여

$$t = \frac{p}{2} \frac{D}{\sigma_{ta}}$$

로 한다. 이식을 인장력 공식이라고 하며, 관의 지름과 수압이 결정되면 그때의 관의 두께를 구할 수 있다. 만일 압축응력이 작용할 때는 이 식의 허용인장응력 대신에 허용압축응력 a_{ca}를 사용한다. 즉, 강관의 두께결정은 다음과 같이 정리된다.

$$2T = P = pDl$$

$$T = \sigma_{ta} tl$$

$$2\sigma_{ta} tl = pDl$$

$$t = \frac{pD}{2\sigma_{ta}}$$

여기서, t : 관체 두께(cm)

D : 관 내경(cm)

p : 관 내 수압(동수압 + 수충(수격)압,

혹은 정수압)(kg/cm^2)

σ_{ta}: 강관의 허용응력(kg/㎠), 통상 강관 항복점

응력의 50%

(예제 1) 내경 1.8m인 강관에 압력수두 120m 물을 흐르게 하려면 강
관의 최소두께는 얼마로 하면 좋은가? 단, 강재의 허용인장응
력을 1,100kg/㎠라 한다.

$$p = w_o h = 1,000 \times 120 = 120,000 \text{kg}/\text{m}^2 = 12 \text{kg}/\text{cm}^2$$

$$t = \frac{pD}{2\sigma_{ta}} = \frac{12 \times 180}{2 \times 1100} = 0.98 cm$$

따라서, 실제 설계에서는 여유를 두고 10㎜의 두께를 갖는 관을 사용
한다.

(예제 2) 그림과 같이 내경 200㎜, 두께 12㎜의 철관에 60kg/㎠의 압
력수를 통과시킬 때 철관에 생기는 인장응력을 구하시오.

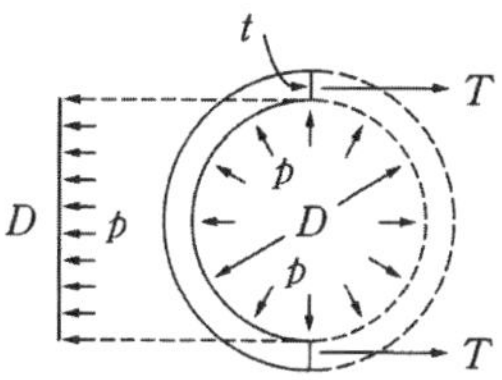

$$\sigma = \frac{T}{A} = \frac{pD/2}{t \times 1} = \frac{pD}{2t} = \frac{60\text{kg}/\text{cm}^2 \times 20\text{cm}}{2 \times 1.2\text{cm}} = 500\text{kg}/\text{cm}^2$$

(예제 3) 그림과 같이 직경 8㎝의 분류가 45m/s의 유속으로 관에 수
직으로 충돌하여 90℃로 만곡된다.

① 판의 충격력(衝擊力)을 구하라.

② 유수가 분류판에 20m/s의 속도로 분류의 방향으로 움직일 때 판의
충격력을 구하라.

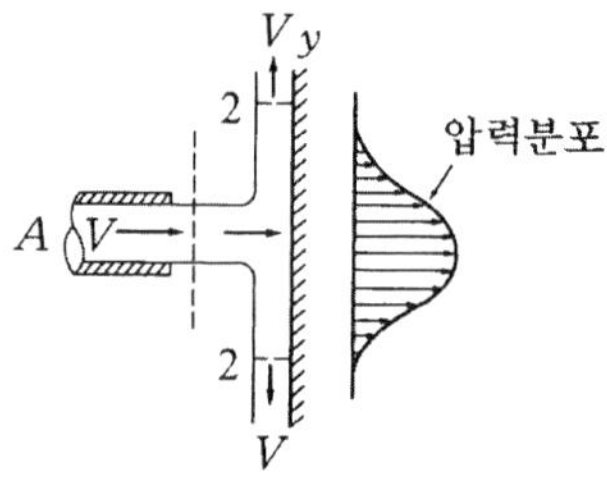

① 단면 1에 유입하는 x방향의 운동량은 ρQv, 단면 2에서 유출하는
운동량은 x 방향이 0이므로

$$P_x = \frac{w}{g}Qv = \frac{1}{9.8} \times \frac{\pi}{4} \times (0.08)^2 \times 45 \times 45 = 1.038\,\text{ton}$$

$$P_y = 0$$

② 판에 v의 속도로 움직일 때, 운동량이 변화는 판의 상대적인 분류
(分流)속도$(V-v)$가 고려되어야 하므로

$$P_x = \rho A(V-v)^2$$

$$= \frac{1}{9.8} \times \frac{3.14}{4} \times (0.08)^2 \times (45-20)^2$$

$$= 0.320$$

$\therefore$ 판의 충격력은 0.320 ton 이다.

(예제 4) 그림과 같이 지름 4cm의 원형단면의 수맥이 구부러질 때 곡면을 지지하는 데 필요한 압력은P_x, P_y이다. 수맥의 속도가 15m/sec 이고, 마찰을 무시할 때 P_x 힘을 구하시오.

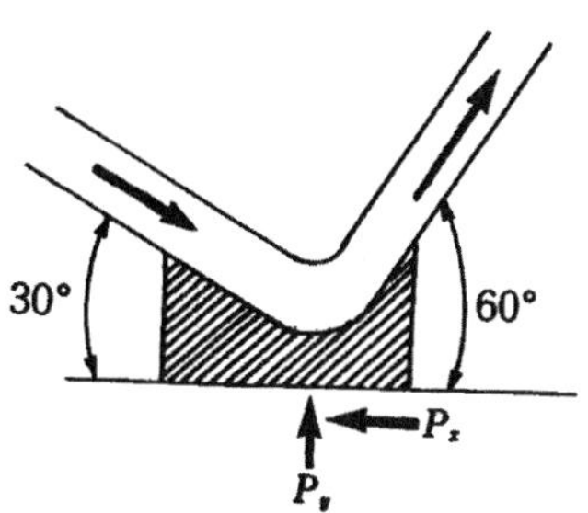

벽면이 받는 힘을 구하기 때문에 $P_x = \dfrac{wQ}{g}(V_1 - V_2)$로 표시한다.

$$P_x = \frac{wQ}{g}(V_1 - V_2)$$

$$Q = AV = \frac{\pi \times 0.04^2}{4} \times 15 = 0.0188\,\text{m}^3/\text{sec}$$

$$\therefore \ P_x = \frac{1 \times 0.0188}{9.8}(15\cos 30° - 15\cos 60°) = 0.0105t$$

(예제 5) $\dfrac{1}{4}$ 원의 벽면을 따라 $Q = 1\,\text{m}^3/\text{sec}$의 물이 $a_1 = a_2 = 20\text{cm}^2$의 단면으로 흐를 때, 이 벽에 작용하는 연직힘은?

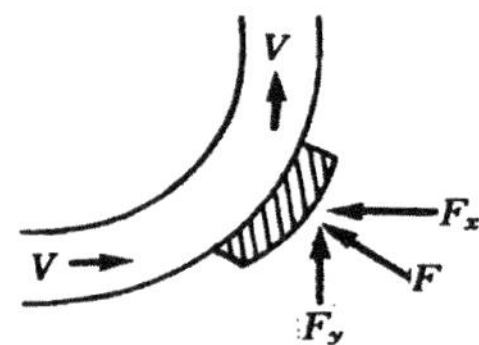

벽면이 받는 힘을 구하기 때문에 $P = \dfrac{wQ}{g}(V_1 - V_2)$로 표시한다.

$$P_y = \frac{wQ}{g}(V_1 - V_2)$$

$$V = \frac{Q}{A} = \frac{1}{20 \times 10^{-4}} = 500 m/\sec \text{ 이므로}$$

$$\therefore \ P_y = \frac{1 \times 1}{9.8}(0 - 500)$$

$$= 51.05\text{t}$$

5.3 수로의 흐름

모든 수로에서의 흐름은 개수로의 흐름(Open-channel flow)이나 관수로의 흐름(Pipe channel flow)으로 구분 할 수 있다. 이 두 종류의 흐름은 여러 가지 면에서 비슷하나, 중요한 차이점은 자유수면(自由水面; Free surface)이다. 즉, 개수로는 하천(河川), 운하(運河), 용수로(用水路) 등과 같이 자유수면을 가지고 있는 수로이며, 관수로는 물로 가득 차있으므로 자유수면이 없다. 자유수면은 대기와 접하는 면이므로 대기압의 영향을 받게 되지만, 폐합(廢合) 상태인 관수로의 흐름은 대기압이 직접 작용하지 않으므로 관로내부에는 수압만 작용하게 된다. 자유수면을 갖는 개수로와 자유수면을 갖지 않는 관수로에서 흐름을 발생하는 구동력(驅動力, Driving force)이 다르다는 것이 중요한 차이점이다. 즉, 관수로의 흐름은 주로 압력차에 의하여 물이 흐르나, 개수로에서는 물이 주로 중력의 작용, 즉 자유수면의 경사에 의해 흐르게 된다.

이들 두 종류의 흐름은 그림5.5와 그림5.6과 같이 비교할 수 있다. 관수로와 개수로의 흐름으로서 각 단면 1 및 2의 흐름 에너지를 위치수두 (z_1, z_2), 압력수두 (y_1, y_2), 속도수두($v_1^2/2g$, $v_2^2/2g$) 및 손실수두(h_f)로 표시할 수 있다. 이와 같이 두 종류의 흐름은 서로 유사한 점이 많지만, 관수로는 수로의 형상인 그 유수 단면적이 확정되어 있어 흐름의 현상이 비교적 간단하다.

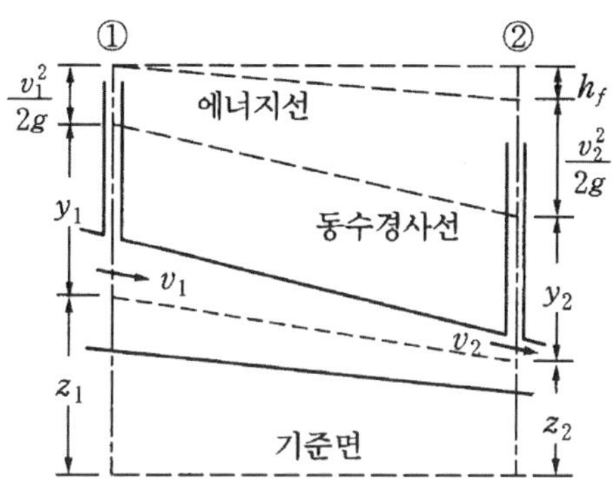

그림 5.5. 관수로의 수두.

그러나 개수로는 자유수면의 위치가 시간과 장소에 따라 변하기 쉽고 또한 수심, 유량, 수로 바닥의 경사 및 자유수면의 경사 등의 상호관계에 의하여 개수로 내의 흐름의 상태는 매우 복잡하게 변화한다.

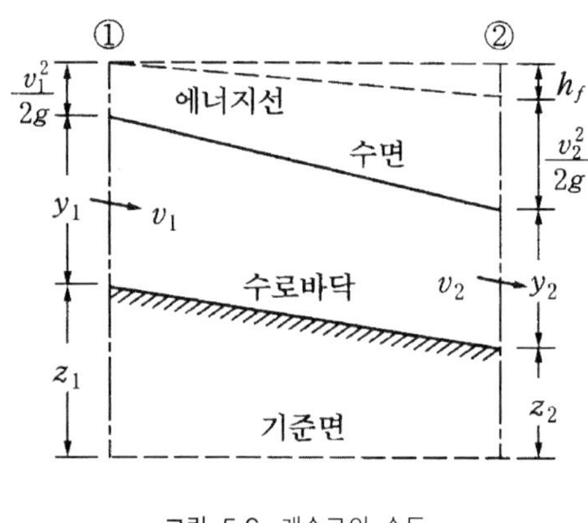

그림 5.6. 개수로의 수두.

흐름은 장소, 시간 및 흐름의 지배요소인 유속, 유량, 압력, 외력 등에 따라 변화한다. 따라서 어느 단면을 지나는 유량이 시간이 변화하여도 일정할 때, 이 흐름을 정상류(定常流) 또는 정류(定流, Steady flow)라 하고, 시간의 변화에 따라 유량이 변동하는 흐름을 비정상류(非定常流) 또는 부정류(不定流, Unsteady flow)라 한다. 정류의 흐름 가운데 특히 어느 단면적에서나 유속과 유수단면적이 일정할 때를 등류(等流, Uniform flow)라고 하고 단면에 따라 유량은 시간에 따라 일정하고 유수단면적과 유속이 변화하는 흐름을 부등류(不等流, Nonuniform flow)라고 한다. 하천의 흐름을 상세히 관측하면 끊임없이 유속이 변화하므로 부정류라 생각되나,

평상시에는 그 변화가 매우 느리므로 정류로서 취급하고 홍수(洪水) 때의 흐름이나 하구에서 조석(潮汐)의 영향을 받는 하천의 흐름은 부정류로서 취급할 필요가 있다. 또 균일한 단면형을 가진 직선상의 긴 관이나, 단면형, 경사 등이 균일한 직선상의 긴 인공개수로로 일정한 유량을 흐르게 할 때는 등류가 일어나지만 그 밖의 경우에는 거의 부등류이다.

이상은 흐름을 지배하는 요소를 장소 및 시간을 함수로서 분류하는데, 흐름에 있어서 유체입자의 운동이 정연한 층상을 이루며 흐르는가 또는 유체입자가 상, 하, 좌, 우로 뒤섞여서 흐르는가에 따라 층류(層流, Laminar flow)와 난류(亂流, Turbulent flow)로 분류된다. 또 개수로의 흐름에서 수면에 미소한 변동을 주면 그 변동은 장파(長波, Long wave)의 전파속도로 전달되는데 유속이 이 전파속도보다 큰가 작은가에 따라 흐름을 사류(射流, Supercritical flow or rapid flow)와 상류(常流, Subcritical flow or tranquil flow)로 분류한다.

5.3.1 정상류와 비정상류

정상류와 비정상류의 구분은 시간이 기준이다. 개수로의 일정한 단면에서 유속, 밀도, 유량, 수심 등의 수리학적 특성이 시간에 따라 일정하다면 정상류이고 수리학적 특성이 변화한다면 비정상류이다. 일반적으로 개수로 문제에서는 흐름이 정상류라는 조건이 전제되고 있으나, 흐름 상태의 시간적 변화가 주된 문제라면 그 흐름은 비정상류로서 취급되어야 한다. 예를 들어 수로의 어느 구간에 대하여 유입수량과 유출수량이 같으면 정상류가 되며, 홍수파(洪水波)가 통과하는 하천 또는 감조하천(感潮河川)의 밀도류(密度流)와 같이 수심이나 유속이 시간적으로 변화하는 흐름은 비정상류이다.

- 정상류(Steady flow)

$$\frac{\partial v}{\partial t} = 0, \ \frac{\partial \rho}{\partial t} = 0, \ \frac{\partial Q}{\partial t} = 0$$

- 비정상류(Unsteady flow)

$$\frac{\partial v}{\partial t} \neq 0, \ \frac{\partial \rho}{\partial t} \neq 0, \ \frac{\partial Q}{\partial t} \neq 0$$

5.3.2 등류와 부등류

등류와 부등류의 구분은 공간이 기준이다. 개수로의 흐름은 수로의 모든 단면에 있어서 수리학적 특성이 동일할 때 등류(等流)라고 하며, 수로의 모든 단면에서 수리학적 특성이 다를 때, 이 흐름을 부등류라고 한다. 일반적으로 등류는 수로의 단면과 경사가 일정한 긴수로에서 볼 수 있으며, 부등류는 단면형이나 경사가 변하는 수로, 하수에서 수리학적 특성이 외적인 조건으로 정해지는 경우와 같이 가속류(加速流, Acceleration flow) 또는 배수(背水, Backwater)가 발생할 때 볼 수 있다.

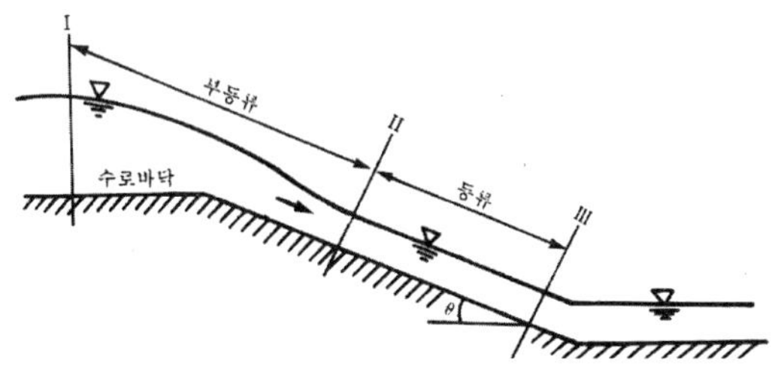

그림 5.7. 등류와 부등류.

개수로의 수리학에서 취급되는 등류의 형식으로서 수로의 모든 구간에 있어서 수리학적 특성이 시간에 따라 변화하느냐, 변화하지 않느냐에 따라 정상등류(定常等流, Steady uniform flow)와 비정상등류(非正常等流, Unsteady uniform flow)로 구분된다. 그러나 비정상등류는 수면이 수로면과 평행하면서 시간에 따라 변화할 때 일어나는 것으로서, 이것은 실제로 불가능한 상태이다. 따라서 앞으로 사용되는 등류라는 용어는 정상등류를 의미한다. 또한 수리특성이 수로구간에 따라서 변할 때, 이 흐름을 변화류(變化流, Varied flow)라 한다. 이 흐름은 정상류 또는 비정상류로 나타날 수 있으나, 비정상등류의 발생은 아주 드문 경우이므로 변화류라는 용어는 비정상변화류(Unsteady varied flow)를 의미한다.

- 등류(Uniform flow)

  개수로에서 어느 단면에서도 유속과 수심이 변하지 않은 흐름을 등류 또는 등속정류라 한다.

$$\frac{\partial v}{\partial t} = 0, \ \frac{\partial v}{\partial l} = 0$$

- 부등류(Nonuniform flow)

$$\frac{\partial v}{\partial t} \neq 0, \ \frac{\partial v}{\partial l} \neq 0$$

5.3.3 층류와 난류

흐름의 상태를 점성효과와 중력효과의 관점에서 살펴보면 흐름의 상태나 거동은 기본적으로 관성력(慣性力, Inertia force)과 점성력(粘性力, Viscous force)의 관계 및 관성력과 중력(重力, Gravity force)의 관계에 따라 달라진다. 관성에 대한 점성의 효과를 Reynolds 수(Reynolds number, R_e)로 표시한다. 이들의 상대적인 효과에 의하여 흐름의 상태나 거동의 특성이 지배되며, 점성의 효과에 따라 층류(層流; Laminar flow)와 난류(亂流; Turbulent flow)로 구분할 수 있다.

점성력이 관성력에 비하여 강하게 되면 흐름의 상태는 층류(Laminar flow)가 되며, 이때는 물입자의 이동이 직선운동을 하게 된다. 그러나 점성력이 관성력에 비하여 약하면 그 흐름의 상태는 난류(Turbulent flow)가 되며, 이때는 물 입자의 이동이 불규칙한 경로를 가지게 된다. 그리고 층류와 난류흐름의 사이인 중간층에서는 천이상태인 천이류(遷移流, Transitional flow)가 된다.

레이놀드수는 개수로에서 관수로와 같이 층류와 난류를 판정할 수 있는데, 개수로에서 $R_e = \dfrac{VR}{\nu}$ 라고쓰며, 동점성계수ν, 경심 $R = \dfrac{D}{4}$ 이므로 한계 레이놀즈 수 $R_{ec} \fallingdotseq \dfrac{2000}{4} = 500$ 이다.

$$R_e < 500 \quad \cdots\cdots\cdots\cdots\cdots \quad 층류$$

$$R_e > 500 \quad \cdots\cdots\cdots\cdots\cdots \quad 난류$$

5.3.4 상류와 사류

중력의 효과에 따라 상류(常流)와 사류(射流)로 각각 구분할 수 있다.
흐름의 상태에 미치는 중력의 효과는 중력에 대한 관성력의 비로써 표시
되며, 이 비를 Froude수(Froude number, F_r)라고 한다. 중력이 관성력에 비
하여 클 때는 흐름이 중력에 지배되어 흐름은 느리게 되며, 이때의 흐름
을 상류(常流, Subcritical flow)라 한다. 그러나 중력이 관성력에 비하여
작을 때는 흐름에 있어서 관성력이 우세하게 되어 흐름이 빠르게 되며,
이때의 흐름을 사류(射流, Supercritical flow)라 한다. 그리고 흐름이 상류
에서 사류로 바뀔 때, 즉 중력과 관성력이 같은 경우를 한계상태라 하고
이 흐름을 한계류(限界流, Critical flow)라 한다.

(1) 프루드 수(Froude number)

Froude number(F_r)는 유속(v)과 가속도(g), 수심(h)의 관계로 정의된다.

$$F_r = \frac{V}{\sqrt{gh}}$$

$F_r < 1$ $\cdots\cdots\cdots\cdots$ 상류(Sub critical flow)

$F_r > 1$ $\cdots\cdots\cdots\cdots$ 사류(Super critical flow)

$F_{rc} = 1$ $\cdots\cdots\cdots\cdots$ 한계류(Critical flow)

(2) 한계수심(Critical depth)

비에너지가 최소일 때의 수심을 한계수심이라 하며 그림 5.8에서 a는 에
너지의 보정계수, h_e는 비에너지, g는 중력가속도, h는 수심, V는 유속이다.

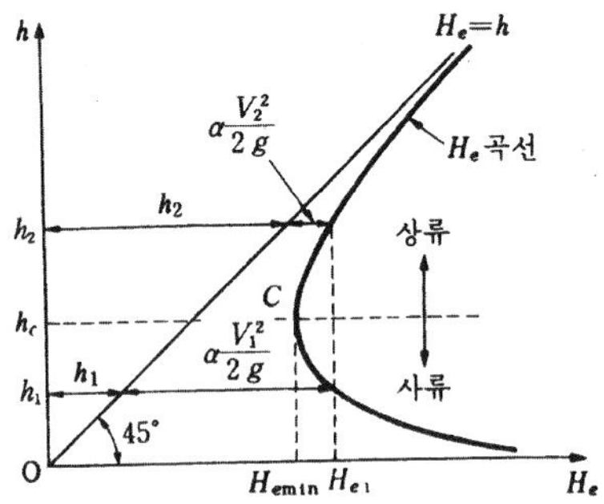

그림 5.8. 비에너지와 수심과의 관계.

① 비에너지 H_{e1}에 대한 수심은 2개($h_1,\ h_2$)이고, 이 두 수심을 대응수심(Alternate depths)이라 한다.

② h_1에 대한 유속수두는 크고, h_2에 대한 유속수두는 작다.

③ H_{emin}일 때 수심은 1개이고 이 수심 h_c를 한계수심(Critical depth)이라 한다.

④ 상류(Subcritical flow)는 수심이 한계수심 보다 큰 흐름이다.

⑤ 사류(Supercritical flow)는 수심이 한계수심 보다 작은 흐름이다.

(3) 한계유속(Critical velocity)

한계수심으로 흐를 때의 유속을 한계유속이라 한다.

직사각형 수로에서 한계유속 V_c는 다음과 같이 정의된다.

$$V_c = \sqrt{\dfrac{gh_c}{a}}$$

$$V_c > V \cdots\cdots\cdots\cdots 상류(Sub\ critical\ flow)$$

$$V_c < V \cdots\cdots\cdots\cdots 사류(Super\ critical\ flow)$$

(4) 유량과 수심의 관계

비에너지가 일정하고 유량이 변화하는 경우를 생각해 보면, H_e의 최소치에 대한 수심이 한계수심(h_c) 이므로 h_c일 때의 유량이 최대이다.

$$Q = \sqrt{\frac{2g}{a}(H_e - h)a^2 h^{2n}}$$

여기서, H_e : 비에너지

h : 수심

a : 에너지 보정계수

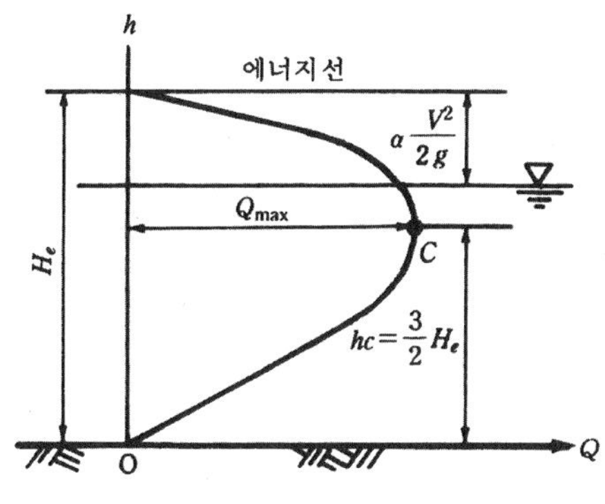

그림 5.9. 유량과 수심과의 관계.

(5) 한계경사(Critical slope)

개수로의 등단면수로에 정상류가 흐를 때 하류측의 경사가 점차 급해진다면 유속은 가속화 되고 수심은 작아진다. 만일 수로의 경사가 일정한 한계에 달하면 한계수심이 되고 흐름은 상류에서 사류로 변한다. 이와 같이 흐름이 상류에서 사류로 변하는 단면을 지배단면(Control section)이라고 하며, 이 한계에서의 경사를 한계경사(Critical slope)라고 한다.

직사각형단면의 수로에서 등류의 유량은 Manning 공식에 의하여

$$Q = \frac{1}{n}bhR^{2/3}I^{1/2}$$

여기서, R : 경심(윤변)

        I : 수로경사

        n : 조도계수

        h : 수심

        b : 수로폭

으로 표시되며, 수로폭이 수심에 비하여 매우 넓다면, 윤변과 폭이 거의 같은 값이 되므로, R ≒ h라고 할 수 있다.

$$Q = \frac{1}{n}bhR^{5/3}I^{1/2}$$

$$h = \left(\frac{nQ}{b \cdot \sqrt{I}}\right)^{3/5}$$

로 표시할 수 있으며, 이때에 h는 등류수심(y_c)이 된다. 따라서, h 가 y_c 보다 크면 상류이고 작으면 사류이다.

$$y_c < h \qquad 상\quad 류$$
$$y_c = h \qquad 한\ 계\ 류$$
$$y_c > h \qquad 사\quad 류$$

또한 직사각형단면의 수로에 있어서 한계수심(h_c)은 다음과 같다.

$$A = ah^n = bh \text{ 이므로 } a = b,\ n = 1 \text{이다.}$$

$$h_c = \left(\frac{aQ^2}{gb^2}\right)^{1/3}$$

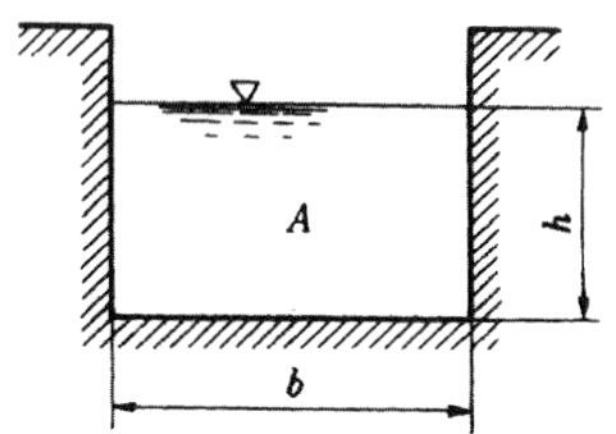

그림 5.10. 비에너지(specific energy).

이고, Chezy의 유속공식으로부터 수심은

$$y = \left(\frac{Q}{cb\sqrt{I}} \right)^{2/3}$$

이므로 흐름의 상태가 한계류라고 하면 경사는 한계경사(I_c)가 되며 다음 식과 같다.

$$I_c = \frac{g}{ac^2}$$

따라서 수로에 있어서 흐름을 구분하면

$$I < \frac{g}{ac^2} \qquad 상\ \ 류$$

$$I = \frac{g}{ac^2} \qquad 한\ 계\ 류$$

$$I > \frac{g}{ac^2} \qquad 사\ \ 류$$

와 같다. 이와 같이 흐름이 상류가 되는 경사를 완경사(Mild slope), 사류가 되는 경사를 급경사(Steep slope)라고 한다. 특히 한계류가 되는 흐름의 경사 I_c를 한계경사(Critical slope)라고 한다.

(예제 1) 수로폭이 3m이고, 조도계수 $n = 0.017$인 구형수로((수로경사 $S_o = 0.0009$)가 10㎥/s의 물을 유송하고 있다. 흐름의 등류수심(y_n), 한계수심(h_c)을 구하고 흐름상태를 분류하라. 또 흐름의 한계경사(S_c)를 구하라.

흐름의 단면적 $A = 3y_n$, 윤변 $P = 3 + 2y_n$이므로 Manning 공식을 사용하면

$$10 = \frac{1}{0.017}(3y_n)\left(\frac{3y_n}{3 + 2y_n}\right)^{2/3}(0.0009)^{1/2}$$

시산법으로 풀면 등류수심 $y_n = 2.074m$이다.

한계수심은

$$h_c = \sqrt[3]{\frac{(10/3)^2}{9.8}} = 1.043m$$

위의 계산에서 $y_n > h_c$이므로 흐름은 상류임을 알 수 있다.

Froude 수는

$$F = \frac{Q/A}{\sqrt{gy_n}} = \frac{10/(3 \times 2.074)}{\sqrt{9.8 \times 2.074}} = 0.356 < 1$$

따라서 상류임이 입증된다.

한계경사는

$$S_c = (0.017)^2 \frac{9.8}{(1.043)^{1/3}} = 0.0028$$

이 수로의 경사 $S_0 = 0.009$는 한계경사 $S_c = 0.0028$보다 작으므로 완경사이며, 흐름상태는 상류임이 다시 한번 확인된다.

(예제 2) 폭은 5m의 직사각형 수로에 $5\,\text{m}^3/\text{sec}$의 물을 유하시킬 때의 한

계경사는?(단, 에너지 보정계수 $a = 1.1$, 조도계수 $n = 0.15$).

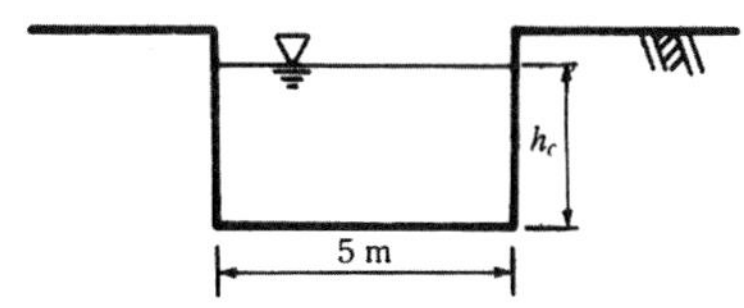

① 한계수심

$$h_c = \left(\frac{aQ^2}{gb^2}\right)^{\frac{1}{3}} = \left(\frac{1.1 \times 5^2}{9.8 \times 5^2}\right)^{\frac{1}{3}} = 0.482\,m$$

② $C = \dfrac{1}{n} R^{\frac{1}{6}}$

$$= \frac{1}{0.015} \times \left(\frac{5 \times 0.482}{5 + 0.482 \times 2}\right)^{\frac{1}{6}} = 57.32$$

③ 한계경사

$$I_c = \frac{g}{aC^2}$$

$$= \frac{9.8}{1.1 \times 57.32^2} = 2.7 \times 10^{-3}$$

(예제 3) 유량 $14.13\,\text{m}^3/\text{sec}$를 송수하기 위하여 안지름 3m의 주철관

980m를 설치할 경우, 적당한 관로의 경사는? (단, $f = 0.03$)

관로의 경사

$$I = \frac{h_L}{l} = f\frac{1}{d}\frac{V^2}{2g}$$

$$= f\frac{1}{d}\frac{Q^2}{2gA^2}$$

$$= 0.03 \times \frac{1}{3} \times \frac{14.13^2}{2 \times 9.8 \times \left(\dfrac{\pi \times 3^2}{4}\right)^2} = \frac{1}{490}$$

5.4 수리상 유리한 단면

자유수면에서 수로단면의 최심부(最深部)에 이르는 연직 깊이를 수심(h)이라 하고 유수의 흐름 방향에 대하여 직각으로 흐르는 횡단면적을 유수단면적(流水斷面積, A)이라 하며, 이때 흐름의 방향에 직각인 횡단면에서 물이 접하는 수로의 경계면 길이를 윤변(潤邊, Wetted perimeter, P)이라 한다. 또한 수로의 기하학적 요소와 수로경계면(水路境界面) 조건의 상호관계를 표시하는 지수로서 유수단면적에 대한 윤변의 비를 경심(經深) 또는 수리반경(水理半徑, Hydraulic radius or hydraulic mean depth, R)이라 하며, 표 5.2는 유수의 기하학적 요소와 수면의 저항 관계를 표시하는 기준으로서 유수단면적에 대한 수면폭의 비를 수리수심(水理水深, Hydraulic depth)이라 한다.

그리고 수로의 단면계수(斷面係數, Section factor, Z)는 한계류(限界流)

의 계산과 등류(等流)의 계산에 따라 구분할 수 있다. 한계류를 계산하기 위한 단면계수는 수리수심의 평방근(平方根)과 유수단면적의 곱으로 나타내고 그 식은 $Z = A\sqrt{D}$ 이며, 등류를 계산하기 위한 단면계수는 유수단면적과 경심의 2/3승의 곱으로 표시되고 그 식은 $Z = AR^{2/3}$ 이다.

따라서 인공수로에 있어서 수리상 유리한 단면이란 윤변이 최소이면서 수로의 경계면을 구성하는 재료의 조도계수가 최소로 될 때이며, 이와 같은 단면은 경제적으로도 유리하게 된다(그림 5.11〜5.12).

표 5.2 수로단면의 기하학적 요소

단면	흐름 단면적 A	윤변 P	경심 R	수면폭 T	수리수심 D	단면계수 Z
사각형	by	$b + 2y$	$\dfrac{by}{b + 2y}$	b	y	$by^{1.5}$
사다리꼴	$(b + zy)y$	$b + 2y\sqrt{1 + z^2}$	$\dfrac{(b + zy)y}{b + 2y\sqrt{1 + z^2}}$	$b + 2zy$	$\dfrac{(b + zy)y}{b + 2zy}$	$\dfrac{[(b + zy)y]^{1.5}}{\sqrt{b + 2zy}}$
삼각형	zy^2	$2y\sqrt{1 + z^2}$	$\dfrac{zy}{2\sqrt{1 + z^2}}$	$2zy$	$\dfrac{1}{2}y$	$\dfrac{\sqrt{2}}{2}zy^{2.5}$
원형	$\dfrac{1}{8}(\theta - \sin\theta)d_0^{\,2}$	$\dfrac{1}{2}\theta d_0$	$\dfrac{1}{4}\left(1 - \dfrac{\sin\theta}{\theta}\right)d_0$	$(\sin 1/2\theta)d_0$ 또는 $2\sqrt{y(d_0 - y)}$	$\dfrac{1}{8}\left(\dfrac{\theta - \sin\theta}{\sin 1/2\theta}\right)d_0$	$\dfrac{\sqrt{2}}{32}\dfrac{(\theta - \sin\theta)^{1.5}}{(\sin 1/2\theta)^{0.5}}d_0^{\,2.5}$

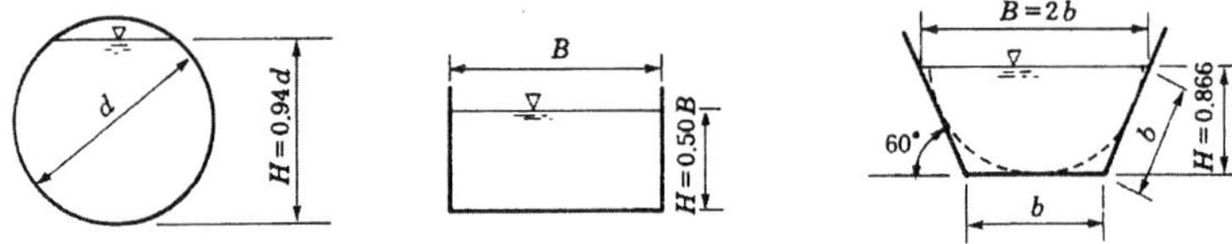

그림 5.11. 수리상 유리한 단면.

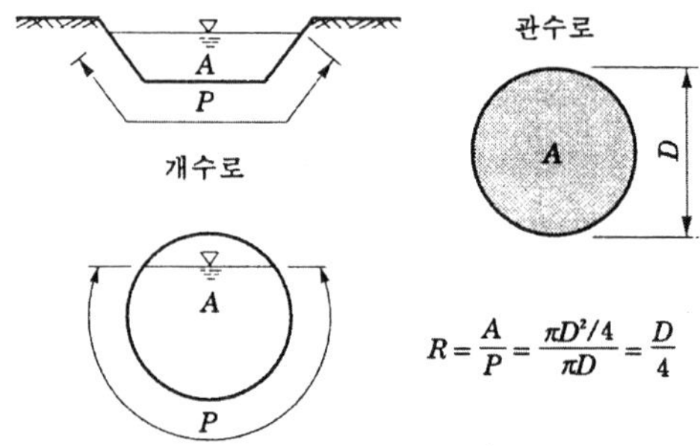

그림 5.12. 개수로와 관수로.

5.5 수로의 유속

  개수로의 유속분포는 복잡하므로 한 대표적인 값을 택해야 할 때가 많다. 한 단면에 대한 대표적인 유속으로 평균유속이 있으며, 이것에 단면적을 곱하여 개수로의 유량(Discharge)으로 삼는다.

  평균유속을 구하는 공식은 많지만, 이것을 대별하면 Chezy의 공식형과 지수형 공식이 있다. 이들 공식은 개수로의 평균유속만이 아니라 관수로의 평균유속을 구하는 데도 사용된다.

- Manning 공식

$$V = \frac{1}{n} \cdot R^{2/3} \cdot I^{1/2}$$

여기서, V : 평균유속(m/s)

I : 동수경사(수면경사)

n : 조도계수

R : 수리 평균수심(경심) $\left(R = \dfrac{A}{P} \right)$

A : 자유수면의 수로 단면적

P : 물에 접하는 수로 주변과의 교선의 길이(윤변)

표 5.3 Manning 공식 n 값

재료	n	재료	n
놋쇠관, 유리관	0.01~0.012	도금한 연철관	0.013~0.015
용접 강철관	0.01~0.013	흄관	0.011~0.014
도장한 주철관	0.01~0.013	석면 시멘트관	0.012~0.014
주철관(新)	0.012~0.014	콘크리트관滑面	0.012~0.13
주철관(古)	0.014~0.018	콘크리트관粗面	0.14~0.016
연철관	0.012~0.014		

상기식으로 표시되는 Manning 공식은 수로단면의 형상과 조도가 고려된 식이며 그 형태가 대단히 간단할 뿐 아니라 현재까지의 적용결과에 의하면 유량실체에 근접하는 결과를 주어 왔으므로 오늘날 개수로의 등류계산에 가장 널리 사용되고 있다.

표 5.3에 수록된 Manning의 n값은 피복수로(被覆水路, Lined channel)의 경우는 결정하기가 비교적 쉬우나 자연하천수로의 경우는 하상 및 제

방을 구성하는 재료의 다양성이라든지, 수로의 식생상태(植生狀態), 수로 단면의 불규칙성 및 형상, 세굴(洗掘) 및 퇴적, 수로단면의 계절적 변화 등으로 인해 적당한 값을 결정하기가 대단히 어려우므로 통상 숙련된 현장기술자의 건전한 판단에 의존하고 있다.

Manning의 평균유속공식을 이용하여 마찰손실공식 $h_L = f\dfrac{l}{d}\dfrac{V^2}{2g}$을 유도하면 다음과 같이 표현된다.

$V = \dfrac{1}{n}R^{2/3}I^{1/2}$의 양변을 제곱하면

$$V^2 = \left(\dfrac{1}{n}\right)^2 (R^{2/3})^2\, I = R^{4/3}\, I$$

$I = \dfrac{h_L}{l}$(동수경사)일 때 $R = \dfrac{d}{4}$를 위 식에 대입하면,

$$V^2 = \left(\dfrac{1}{n^2}\right)\left(\dfrac{d}{4}\right)^2\left(\dfrac{h_L}{l}\right)$$

$$\therefore\ h_L = n^2 l \dfrac{1}{\left(\dfrac{d}{4}\right)^{4/3}}\,V^2 = n^2 l\,\dfrac{V^2}{\dfrac{d}{4}\left(\dfrac{d}{4}\right)^{1/3}} = f\dfrac{l}{d}\,\dfrac{V^2}{2g}$$

$$= \dfrac{n^2 \times 4 \times 4^{1/3}}{d^{1/3}}\,\dfrac{l}{d}\,\dfrac{V^2}{2g} \times 2g = \dfrac{8gn^2 \times 4^{1/3}}{d^{1/3}}\,\dfrac{l}{d}\,\dfrac{V^2}{2g}$$

$$= \dfrac{12.7 \times gn^2}{d^{1/3}}\,\dfrac{l}{d}\,\dfrac{V^2}{2g} = \dfrac{124.6n^2}{d^{1/3}}\,\dfrac{l}{d}\,\dfrac{V^2}{2g}$$

또한, Manning 공식의 조도계수 n과 마찰손실계수 f와의 관계는 다음과 같이 산출된다(원관일 때).

Manning 공식 $V = \dfrac{1}{n}R^{2/3}I^{1/2}$ 및 $V = \sqrt{\dfrac{8}{f}}\,\sqrt{gRI}$에 의해

$$V = \frac{1}{n} R^{2/3} I^{1/2} = V = \sqrt{\frac{8}{f}} \sqrt{gRI}$$

$$\therefore f = \frac{8gn^2}{R^{1/3}} = \frac{12.7gn^2}{d^{1/3}} \left(\text{원형단면에서는 } R = \frac{d}{4} \right)$$

$$V = \frac{1}{n} \left(\frac{d}{4} \right)^{2/3} I^{1/2}$$

한편, $h = f\dfrac{l}{d} \dfrac{V^2}{2g}$ 에 의해 $I = f\dfrac{1}{d} \dfrac{V^2}{2g}$

$$V = \sqrt{\frac{2gdI}{f}} = \frac{1}{n} \left(\frac{d}{4} \right)^{2/3} I^{1/2}$$

이것에 의해 f를 구해도 좋다.

- 하젠 - 윌리암스 공식

$$V = 0.35464 \ Cd^{0.63} \ I^{0.54}$$

$$V = 0.84935 \ CR^{0.63} \ I^{0.54}$$

$$Q = AV = 0.27853 \ Cd^{2.63} \ I^{0.54}$$

$$d = 1.6258 \ C^{-0.38} \ Q^{0.38} \ I^{-0.205}$$

$$I = 10.666 \ C^{-1.85} \ d^{-4.87} \ Q^{1.85}$$

여기서, V : 평균유속(m/s)

      Q : 유량(m^3/s)

      C : 유속계수

      I : 동수경사(수두손실/관 연장)

      d : 관의 내경(m)

$$R \;:\; \text{수리 평균수심(경심)(m)} = d/4(\text{원관})$$

표 5.4 하젠-윌리암스 공식의 C의 값

관의 종류	C의 값	비고
주철관	100	부설 후 20년
강 관	100	부설 후 20년
도복장강판	130	C=130에서는 굴곡부 손실
원심력 철근 콘크리트관	130	등을 고려하여
PS콘크리트관	130	C=11~120정도가
경질염화비닐관	130	안전하다

- Chezy 공식 $V = C\sqrt{RI}$

- 지수형 공식 $V = C'R^x I^y$

개수로에서 평균유속공식은 관수로의 경우와 유사하나 원관의 직경 d 대신에 경심 R을 사용하여 d=4R이라 하고, 동수경사 I 대신에 $\sin\theta$를 쓰는데 일반적으로 θ가 아주 작을 때가 많으며, 그 경우에는 수로경사 i를 쓴다. 개수로의 등류에 대한 평균유속공식은 관수로의 경우와 같이 Chezy형 평균유속공식과 지수형(指數型) 평균유속공식을 주로 사용한다.

여기서 개수로의 유속분포는 매우 복잡하므로 한 단면에 대한 대표적인 유속으로 평균유속(Mean velocity)을 사용하고 있으며, 이것에 단면적을 곱하여 개수로의 유량으로 계산한다.

Chezy형의 평균유속계수 C는 Darcy-Weisbach공식의 마찰계수 f의 함수이며, Nikuradse는 실험에 의하여 f는 Reynolds수 R_e와 상대조도(ε/d)의 함수가 되므로 C는 경심 R, 조도계수 n 및 수면경사 I와 함수관계에 있다. 즉,

$$C = \varnothing\,(R, n, I)$$

또한 Chezy형 공식이 C와 지수형 공식의 C′와의 관계를 살펴보면

$$x = \frac{1}{2} + a, \quad y = \frac{1}{2} + \beta$$

이며, 평균유속은

$$V = C' R^{\frac{1}{2}+a} I^{\frac{1}{2}+\beta} = (C' R^a I^\beta) \sqrt{RI}$$

이므로 C'는 조도계수만의 함수라고 할 수 있다.

$$C = C' R^a I^\beta$$

따라서 평균유속공식의 I는 단위길이당 마찰에 의한 평균손실수두를 나타낸다. 길이 l인 수로의 구간에서 전손실수두가 h_l라면, $I = h_l/l$이 된다. 그러므로 I는 Energy선의 경사이고 만일 흐름이 등류라면, I는 수면경사인 동시에 수로경사이며, 유량은

$$Q = AV = CA\sqrt{RI}, \quad Q = C'AR^x I^y$$

로 계산할 수 있다.

한편, Chezy의 평균유속공식을 이용하여 마찰손실공식 $h_L = f\dfrac{l}{d}\dfrac{V^2}{2g}$ 을 유도해 보면 다음과 같이 유도된다.

$$V = C\sqrt{RI}\ \text{의 양변을 제곱하면}$$

$$V^2 = C^2 RI, \quad R = \frac{A}{p} = \frac{\pi d^2/4}{\pi d} = \frac{d}{4}$$

$$I = \frac{h_L}{l}(\text{동수경사})\text{일 때} \quad V^2 = C^2 \frac{d}{4} \frac{h_L}{l}$$

$$\therefore\ h_L = \frac{4l V^2}{C^2 d} = \frac{4}{C^2} \frac{l}{d} V^2$$

윗 식에서 우변의 분모, 분자에 2g를 곱하면,

$$h_L = \frac{4}{C^2}\,\frac{l}{d}\,V^2\,\frac{2g}{2g} = \frac{8g}{C^2}\,\frac{l}{d}\,\frac{V^2}{2g}\ \text{이 되고}$$

$f = \dfrac{8g}{C^2}$ 로 놓으면 마찰손실공식이 도출 된다.

$$h_L = f\frac{l}{d}\,\frac{V^2}{2g}$$

(예제) 수심 1m, 기울기 1/000의 하천에서 유수의 소류력은?

수로 바닥에 작용하는 유수의 소류력은 점성 때문에 생기는 흐름방향이 전단력이다. 이것이 수로바닥의 저항력보다 크게 되면 토사는 움직이게 된다. 하상 토사가 움직이기 시작할 때의 소류력을 한계소류력(Critical tractive force)이라 한다.

$$
\begin{aligned}
\text{소류력 } \tau &= wRI \\
&= whI(\text{수로의 폭 B} \gg h \text{일 때 R} \fallingdotseq h \text{ 이다.}) \\
&= 1 \times 1 \times \frac{1}{1000} \\
&= 1 \times 10^{-3}\text{t/m}^2 \\
&= 1\,\text{kg/m}^2
\end{aligned}
$$

5.6 관수로 흐름

관수로(管水路, Pipe)란 관의 단면형상에는 관계없이, 물이 관내의 전단력을 가득채운 상태에서 압력차에 의하여 흐르는 수로이다. 따라서 관수로 흐름은 자유수면을 가지지 못한다. 그러므로 원형관 내에서의 흐름일지라도 자유수면을 가지고 흐르는 흐름은 관수로 흐름이라 할 수 없다.

수공구조물(水工構造物) 중에 상수도의 송배급수관(送配給水管), 사이펀(Syphon), 터널(Tunnel) 등은 관수로로 분류되지만 하수관거는 개수로에 속한다.

관수로내의 정상류 문제는 상수도관이나 송유관(送油管), 수압터널 등 각종 공학적 문제의 해결에 대단히 중요하며, 유체 흐름의 여러가지 원리를 설계문제에 적용하여 해석을 한다. 관수로내의 정상류 문제는 연속방정식, 에너지방정식, 운동량방정식 및 유체의 마찰에 관한 방정식을 적용함으로써 해석될 수 있으며, 실질적인 문제에서는 실제 유체만이 관심사이므로 점성으로 인한 마찰효과를 방정식에서 고려해야 함은 말할 것도 없다. 또한 관수로 내의 흐름에 대한 마찰은 긴 연장의 관로 단면에서만 일어나는 것이 아니고 흐름 단면의 변화나 만곡부 및 밸브, 엘보우(Elbow) 등의 부속물에 의해서도 일어나며, 와류의 생성과 함께 흐름이 가지는 에너지의 일부가 소모된다.

관수로의 단면에는 여러가지 형태가 있을 수 있으나 그 중에서 가장 많이 사용되는 형태는 원형관이므로 주로 원형관에서의 유속, 유량, 마찰손실 및 기타 손실수두 등의 제반 문제를 고려 하여야 한다.

5.6.1 연속 방정식(Equation of continuity)

그림 5.13과 같은 유관속을 정류(Steady flow)로 흐를 때 단면 I 를 통과한 물은 단면 II 도 통과하는는 관계를 Continuity방정식이라고 한다.

$$Q = A_1 V_1 = A_2 V_2$$

그림 5.13. 유관속 정류의 흐름.

연속방정식은 질량불변의 법칙(Law of mass concervation)을 표시해 주는 방정식 이다.

5.6.2 베르누이의 정리(Bernoulli´s theorem)

그림과 같은 유관속을 정류로 흐를 때 하나의 유선에 대해서는 총에너지가 일정하다.

총에너지 = 운동에너지 + 압력에너지 + 위치에너지 = 일정(Constant)

베르누이의 정리는 정류의 가정하에 얻은 결과이므로 부정류에서는 성립하지 않는 에너지 불변의 법칙을 표시한다.

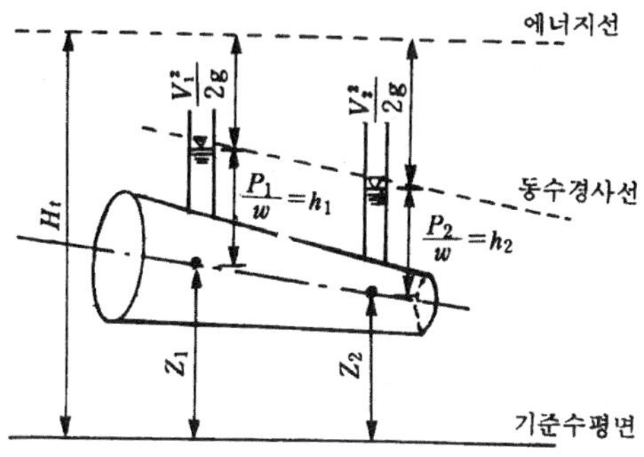

그림 5.14. Bernoulli 정리.

유관속 완전유체가 흐른다고 하였을 때, Bernoulli 정리를 적용하면

$$\frac{V_1^2}{2g} + \frac{P_1}{w} + z_1 = \frac{V_2^2}{2g} + \frac{P_2}{w} + z_2 + H_L$$

여기서, H_L는 유관에 유리관을 세웠을 때 물이 올라갈 수 있는 높이를 나타내며 수두는 다음과 같이 표현된다.

$$H_L : h_1 - h_2$$

$$\frac{V^2}{2g} \ : \ \text{유속수두(Velocity head)}$$

$$\frac{P}{w} \ : \ \text{압력수두(Pressure head)}$$

$$z \ : \ \text{위치수두(Potential head)}$$

$$H_t \ : \ \text{총수두(Total head)}$$

5.6.3 토리첼리의 정리(Torricelli´s theorem)

물통의 수면에서 깊이 h인 점에 작은 구멍을 뚫어서 물을 유출시킬
때, 수면과 구멍 사이에 Bernoulli의 정리를 응용하면

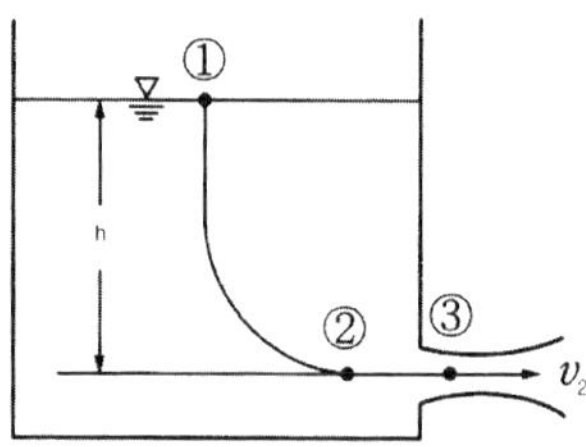

그림 5.15. 토리첼리의 정리.

$$\frac{v_1^2}{2g} + \frac{P_1}{w} + z_1 = \frac{v_2^2}{2g} + \frac{P_2}{w} + z_2$$

$$0 + 0 + h = \frac{v_2^2}{2g} + 0 + 0$$

$$\frac{v^2}{2g} = h \qquad \therefore v = \sqrt{2gh}$$

이 관계를 토리첼리의 정리라 한다.

(예제) 그림과 같은 수조에서 수심이 5m인 **A**점에 작은 오리피스가 설
치되어 있고, **B**에서 압축공기를 유입시켜 수면 위의 공기압력
을 2t/㎡로 유지시킬 때, 오리피스에서의 유속은? (단, 유속계수
는 0.6으로 할 것).

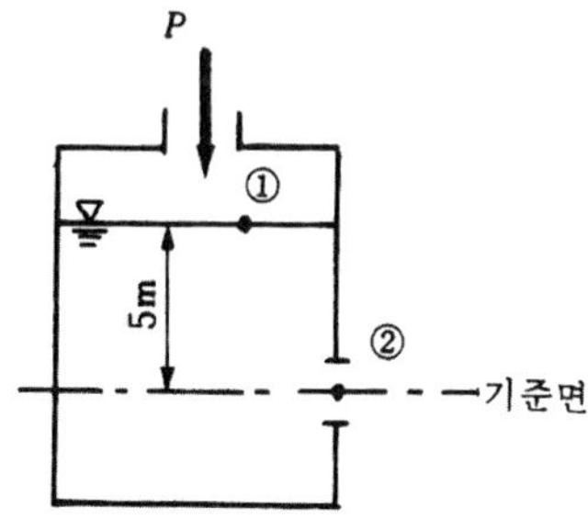

①, ② 점에 Bernoulli 정리를 응용하면

$$\frac{V_1^2}{2g} + \frac{P_1}{w} + Z_1 = \frac{V_2^2}{2g} + \frac{P_2}{w} + Z_2$$

$$0 + \frac{2}{1} + 5 = \frac{V_2^2}{2 \times 9.8} + 0 + 0$$

$$\therefore \ \text{이론유속} \ V_2 = \sqrt{2 \times 9.8 \times 7} = 11.7\,m/\text{sec}$$

실제유속 $V = C_v \cdot V_2$ 이므로

$$V = 0.6 \times 11.7 = 7.02\,m/\text{sec}$$

5.6.4 관수로의 에너지 관계

관수로 내의 비압축성 유체의 에너지 관계는 I, II 단면에서 Bernoulli 의 정리를 취하면

$$a_1 \frac{V_1^2}{2g} + \frac{P_1}{w} + Z_1 = a_2 \frac{V_2^2}{2g} + \frac{P_2}{w} + Z_2 + h_L$$

이때, 관의 지름이 일정하면 $V_1 = V_2$이므로

$$\frac{P_1}{w} + Z_1 = \frac{P_2}{w} + Z_2 + h_L$$

$$\therefore \ h_L = \left(\frac{P_1 - P_2}{w}\right) + (Z_1 - Z_2)$$

여기서, h_L은 관벽의 마찰 때문에 없어지는 손실수두이며 에너지 보정
계수 a는 생략하는 것이 보통이다.

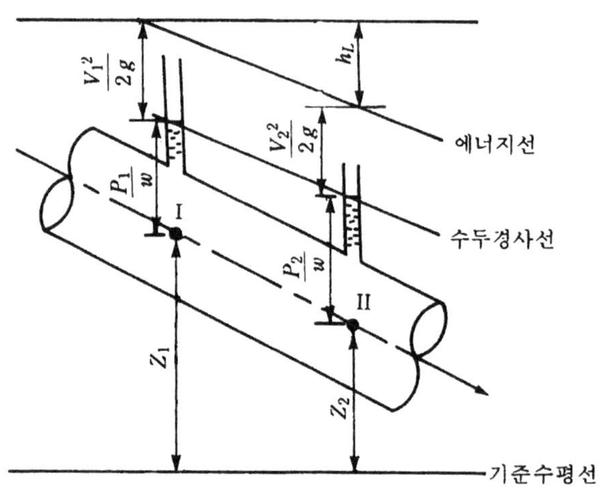

그림 5.16. 관수로의 에너지 관계.

(예제) 관의 지름이 A점에서 1.0m로부터 B점에서 관지름 0.3m로 변
화되는 관수로가 그림과 같이 설치되었다. 이때, A점의 압력을
8kg/㎠, 유속을 0.4m/s라 하고 두 점간의 에너지손실은 없다고
가정할 때 B점의 유속과 압력은?

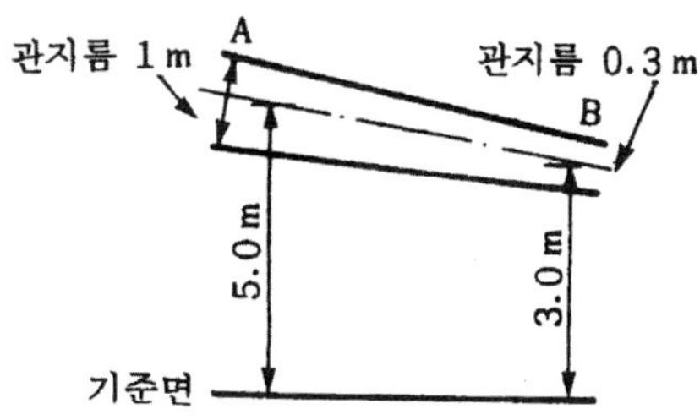

① 연속방정식

$$Q = A_1 V_1 = A_2 V_2 \text{에서}$$

$$\frac{\pi \times 1^2}{4} \times 0.4 = \frac{\pi \times 0.3^2}{4} \times V_2$$

$$\therefore V_2 = 4.44\text{m/sec}$$

② A, B점에 베르누이 정리를 취하면

$$\frac{V_1^2}{2g} + \frac{P_1}{w} + Z_1 = \frac{V_2^2}{2g} + \frac{P_2}{w} + Z_2$$

$$\frac{0.4^2}{2 \times 9.8} + \frac{80}{1} + 5 = \frac{4.44^2}{2 \times 9.8} + \frac{P_2}{1} + 3$$

$$\therefore P_2 = P_B = 81 t/\text{m}^2 = 8.1 \text{kg/cm}^2$$

5.6.5 단일 관수로 내의 흐름해석

단일관수로(Single pipe line)란 관로가 분지 또는 합류하지 않는 한 가
닥의 관수로를 말한다.

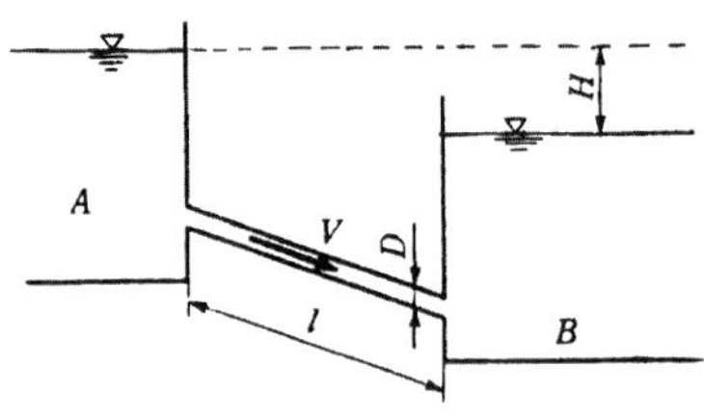

그림 5.17. 등단면 관수로.

A, B 물통의 수두차 H는 손실수두의 합(유입, 관내면, 유출)과 같으므로

$$H = f_i \frac{V^2}{2g} + f \frac{l}{D} \frac{V^2}{2g} + f_o \frac{V^2}{2g}$$

$$= \left(f_i + f \frac{l}{D} + f_o \right) \frac{V^2}{2g}$$

$\therefore$ 관 속의 평균유속은

$$V = \sqrt{\frac{2gH}{f_i + f \dfrac{l}{D} + f_o}}$$

여기서, $f_i = 0.5$, $f_o = 1.0$이라 하면

$$V = \sqrt{\frac{2gH}{1.5 + f \dfrac{l}{D}}}$$

$\therefore$ 관 속을 흐르는 유량은

$$Q = AV = \frac{\pi D^2}{4} \sqrt{\frac{2gH}{f_i + f \dfrac{l}{D} + f_0}}$$

5.6.6 분기관의 흐름 해석

분기관을 이용하여 흐름을 배분하는 System에서는 다음 두 가지 상황 중 하나에 해당한다는 것에 주의해야 한다.

- 분기관로에서의 마찰에 의한 수두손실을 크게 하기 위해서는 하류 쪽으로 갈수록 점차 유입관을 작게 제작해야할 것이다. 이 경우에는 첫 번째 분기관을 통한 유량이 마지막 분기관을 통한 유량보다도 클 것이다. 따라서 관로 전체 손실수두 h_L은 양의 값(+)이 될 것이다.

- 분기관로에서의 마찰에 의한 수두손실을 작게 하기 위해서는 하류 쪽으로 갈수록 점차 유입관을 크게 제작해야 할 것이다. 이 경우에는 단면적이 점차 증가하기 때문에 속도수두가 작아질 것이다. 따라서 압력은 유입관의 하류 끝단에서 커질 것이고, 첫 번째 분기관보다 마지막 분기관을 통한 유량이 더 많은 결과가 될 것이다. 따라서 관로전체 손실수두 h_L은 음의 값(−)이 될 것이다.

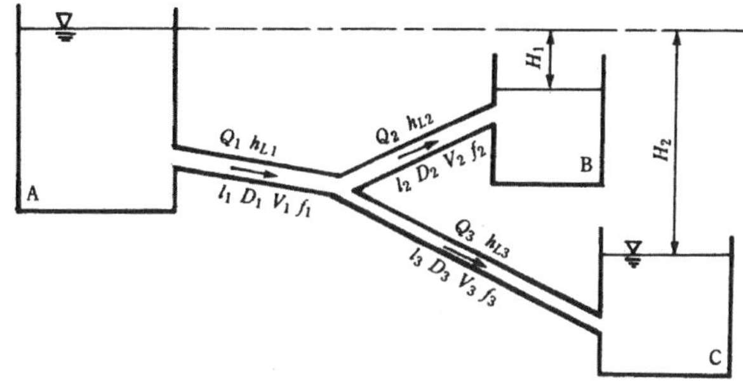

그림 5.18. 분지 관수로.

그림 5.18에서 연속방정식과 에너지 방정식은 다음과 같다.

- 연속 방정식

$$Q_1 = Q_2 + Q_3$$

- 에너지방정식

마찰손실만 고려하면 다음과 같은 식이 도출된다.

$$H_1 = h_{L1} + h_{L2}$$

$$= f_1 \frac{l_1}{D_1} \frac{V_1^2}{2g} + f_2 \frac{l_2}{D_2} \frac{V_2^2}{2g}$$

$$H_2 = h_{L1} + h_{L3}$$

$$= f_1 \frac{l_1}{D_1} \frac{V_1^2}{2g} + f_3 \frac{l_3}{D_3} \frac{V_2^3}{2g}$$

(예제 1) 지름이 D인 한 개의 관으로 송수하던 유량을 지름이 d인 4개의 관으로 송수하려면 D/d의 비는?(단, Chezy 공식을 적용할 것).

① 지름이 D인 1개의 관으로 흐르는 유량

$$Q_1 = A \cdot V = \frac{\pi D^2}{4} \times C\sqrt{RI}$$

$$= \frac{\pi D^2}{4} \times C\left(\frac{D}{4}\right)^{\frac{1}{2}} I^{\frac{1}{2}}$$

② 지름이 d인 4개의 관으로 흐르는 유량

$$Q_2 = A \cdot V = \left(\frac{\pi d^2}{4} \times 4\right) \cdot C\sqrt{RI}$$

$$= \frac{\pi d^2}{4} \times C\left(\frac{d}{4}\right)^{\frac{1}{2}} I^{\frac{1}{2}}$$

③ $Q_1 = Q_2$ 이므로 $\dfrac{Q_1}{Q_2} = 1$ 이다.

$$\frac{Q_1}{Q_2} = \frac{\dfrac{\pi D^2}{4} \times C\left(\dfrac{D}{4}\right)^{\frac{1}{2}} I^{\frac{1}{2}}}{\pi d^2 \times C\left(\dfrac{d}{4}\right)^{\frac{1}{2}} I^{\frac{1}{2}}} = \frac{D^{\frac{5}{2}}}{4d^{\frac{5}{2}}} = 1$$

$$\therefore \left(\frac{D}{d}\right)^{\frac{5}{2}} = 4 \ \text{이므로} \ \frac{D}{d} = 4^{\frac{2}{5}}$$

(예제 2) 다음 그림과 같은 원관으로 된 관로에서 $D = 300\,\text{mm}$, $Q_1 = 200\,\ell/\text{sec}$이고 $D_2 = 200\,\text{mm}$, $V_2 = 2.5\,\text{m/sec}$인 경우 $D_3 = 150\,\text{mm}$에서의 유량 Q_3는?

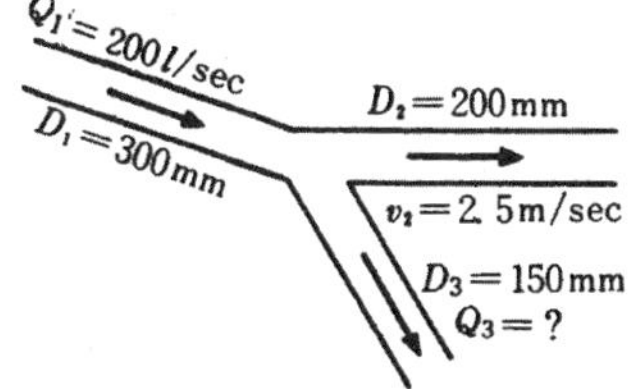

$Q_1 = Q_2 + Q_3$ 에서

① $Q_1 = 200\,\ell/\text{sec} = 0.2\,\text{m}^3/\text{sec}$

② $Q_2 = AV = \dfrac{\pi \times 0.2^2}{4} \times 2.5 = 0.079\,\text{m}^3/\text{sec}$

$$\therefore Q_3 = Q_1 - Q_2 = 0.2 - 0.079 = 0.121\,\text{m}^3/\text{sec}$$

$$= 121\,\ell/\text{sec}$$

5.6.7 사이펀(Siphon)

높은 물통에서 낮은 물통으로 관수로를 통해 송수할 때 관의 일부가
동수경사선 보다 높은 경우가 있다. 이와 같은 관수로를 사이펀이라 한다.

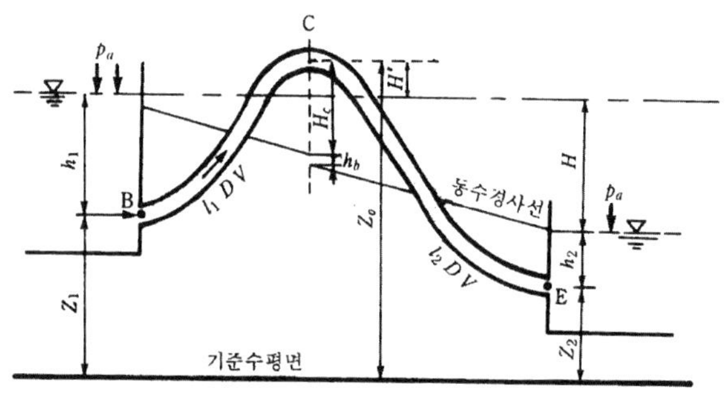

그림 5.19. 사이펀.

물통의 수두차 H는 손실수두의 합(유입 f_i → 관거내면 f → 곡관부
f_b → 관거내면f → 유출 f_o)과 같으므로

$$H = f_i \frac{V^2}{2g} + f \frac{l_1}{D} \frac{V^2}{2g} + f_b \frac{V^2}{2g} + f \frac{l_2}{D} \frac{V^2}{2g} + f_o \frac{V^2}{2g}$$

$$= \left(f_i + f \frac{l_1}{D} + f_b + f \frac{l_2}{D} + f_o \right) \frac{V^2}{2g}$$

$$\therefore \ V = \sqrt{\frac{2gH}{f_i + f_b + f \dfrac{l_l + l_2}{D} + f_o}}$$

$$\therefore \ Q = \frac{\pi D^2}{4} \cdot V$$

$$\text{양수조 수위차 } H \text{의 최대치}(H_{\max}) = \cfrac{f_i + f_b + f\cfrac{l_1 + l_2}{D} + 1}{f_i + f_b + f\cfrac{l_1}{D} + 1}\left(\cfrac{P_a}{w} - H'\right)$$

여기서, 사이펀의 최고점 C가 물통의 수면보다 위에 있을 때는 $-H'$, 아래에 있을 때는 $+H'$를 사용하며, f_o는 유출손실계수로서 큰 수조나 저수지로의 수중유출에서는 $f_o = 1$로 한다.

C점의 압력은 절대압력 0이하는 될 수 없으므로

$$H_c = \frac{P_c}{w} = -\frac{P_a}{w} = 10.33m \fallingdotseq 8.9\,m$$

$$(\because \text{물 속의 공기와 곡관부의 영향 때문에})$$

즉, $H_c = 8 \sim 9$m일 때 사이펀이 정상적으로 작동된다.

(예제 1) 그림의 사이펀에서 사이펀으로 작용할 수 있는 B점의 최고 높이는?(단, 부압의 한계는 $-8t/m^2$ 이고, 지름은 30㎝이다. 입구손실계수 f_i는 0.6, 만곡손실계수 f_b는 0.3, 출구손실계수 f_o는 1.0이며, 마찰손실계수 f는 0.0364임).

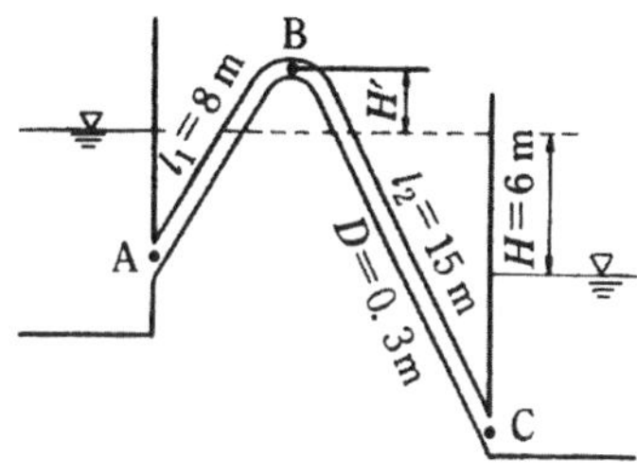

- 사이펀(Siphon)

$$H_{\max} = \cfrac{1 + f_i + f_b + f\cfrac{l_1 + l_2}{D}}{1 + f_i + f_b + f\cfrac{l_1}{D}}\left(\cfrac{P_a}{w} - H'\right)$$

$$H_c = \frac{P_c}{w} = -\frac{Pa}{w} = 8m \ \text{이므로}$$

$$6 = \cfrac{1 + 0.6 + 0.3 + 0.0364 \times \cfrac{8+15}{0.3}}{1 + 0.6 + 0.3 + 0.0364 \times \cfrac{8}{0.3}} \times (8 - H')$$

$$\therefore \ H' = 4.34m, \ H = 6m$$

(예제 2) 그림과 같은 $D=100㎜$인 관로에서 마찰저항계수 $f=0.02$이고 굴절손실계수 $f_b=0.2$일 때 유량을 계산한 값은? (단, 양 저수지의 수면차는 0.3m이다).

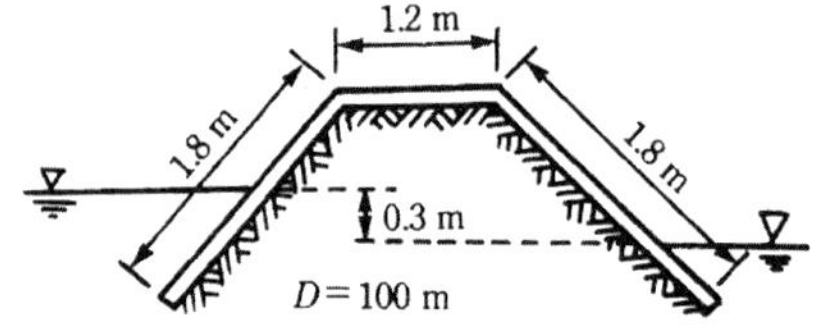

① 유속

$$H = \left(f_i + f\frac{l}{D} + f_b \times 2 f_o\right)\frac{V^2}{2g}$$

$$V = \sqrt{\dfrac{2 \times 9.8 \times 0.3}{0.5 + 0.02 \times \dfrac{4.8}{0.1} + 0.2 \times 2 + 1}}$$

$$= 1.43\, m/\sec$$

② 유량

$$Q = a \cdot V$$

$$= \frac{\pi \times 0.1^2}{4} \times 1.43 = 0.01123\, \text{m}^3/\sec = 11.23\, l/\sec$$

5.6.8 역사이펀(Inverted siphon)

관수로가 계곡 또는 하천을 횡단할 때 아래 그림과 같은 관을 사용한다.
이러한 관을 역사이펀이라 한다.

역사이펀의 설계시 관의 최저점 압력이 상당히 크게 되므로 주의해야
한다.

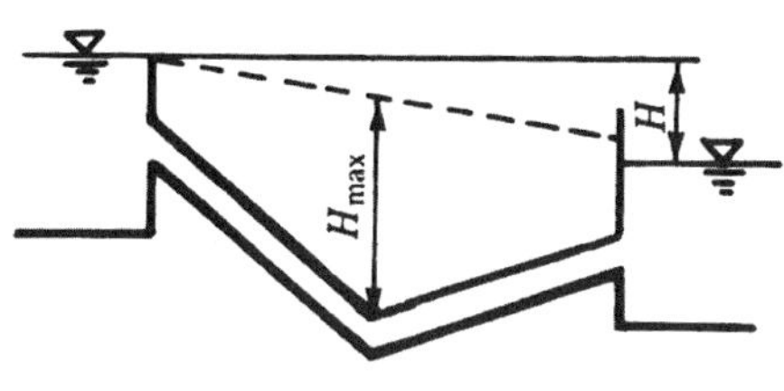

그림 5.20. 역사이펀.

5.6.9 수압조절 수조(Surge tank)

수력발전소에서 압력수로 및 수압관을 통해 물을 수차에 공급할 때 유량이 급격히 변화하면 관 속에는 수격작용이 생긴다. 이 수격파를 감소시키기 위해 압력수로와 수압관 사이에 자유표면을 가진 수압조절수조(Surge tank)를 설치한다.

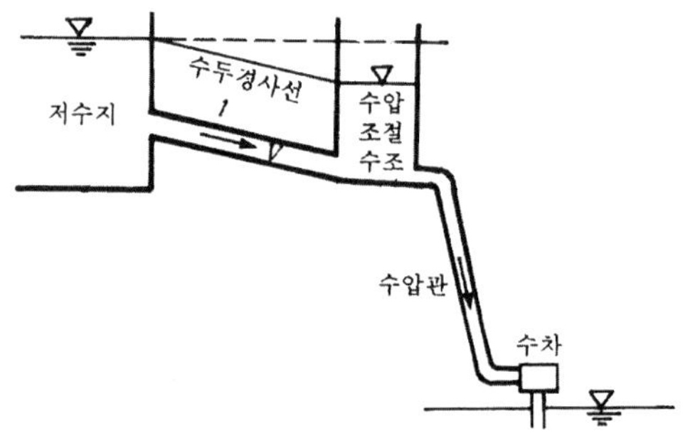

그림 5.21. 수압조절수조 및 서징.

수차의 수량이 크게 변동하면 이에 따라 수압조절수조의 수면이 상하로 진동한다. 이와 같은 진동을 서징(Surging)이라 하며 서징의 주기 T는 다음과 같다.

$$T = 2\pi \sqrt{\frac{lA}{ga}} \quad \cdots\cdots\cdots\cdots$$

여기서, l : 압력수로의 길이

a : 압력수로의 단면적

A : 수압조절수조의 단면적

5.6.10 U자관의 진동

  단면적인 일정한 U자관을 연직으로 세우고, 그 속에 물을 넣고 양단에
수위차를 만들어 놓으면 수주는 관 내에서 왕복진동을 한다.

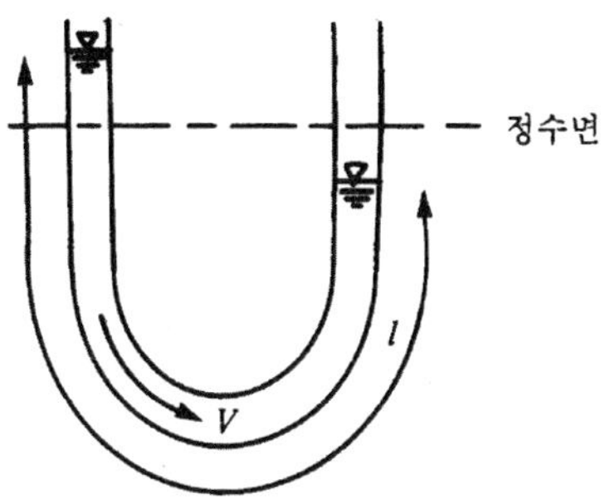

그림 5.22. U자관의 진동.

  진동주기 T는

$$T = 2\pi \sqrt{\frac{l}{2g}}$$

여기서 l은 수주 전체길이를 나타낸다.

  즉, 수면은 $2l$ 길이의 단진자(Simple pendulum)와 같은 주기로서 진동
을 한다.

5.6.11 수격작용과 공동현상

수격작용(Water hammer)과 공동현상(Cavitation phenomenon)은 5.7절
펌프(Pump) 단원에서 상세히 다루기로 하고, 여기서는 생략한다.

5.6.12 관망계산

관망(Pipe network)은 수도급수관과 같이 다수의 분지관, 합류관, 곡관 등
이 합하여 하나의 계통을 이루는 관수로를 말한다.

관망이 간단한 경우에는 등치관법에 의하여 계산이 되지만, 관망이 대
단히 복잡한 경우에는 등치관법으로 안 되므로 이 경우 Hardy Cross법을
사용해야 한다. 이를 적용하면 관망에서의 유량과 수두손실을 정확히 계
산할 수 있는데, 기본 가정은 다음과 같다.

- 각 분기점 또는 합류점에 유입하는 유량은 그 점에 정지하지 않고
  전부 유출한다.
- 각 폐합관에 대한 손실수두의 합은 0이다.
- $h_l = f\dfrac{l}{D} \cdot \dfrac{V^2}{2g}$ 인 관마찰 손실수두 외는 무시한다(그외의 손실은
  소손실로 무시한다).

관망계산의 Hardy Cross방법은 $Q_0 = Q_1$(가정유량) $\pm\ \varDelta Q$(보정유량)에
대하여 각 관의 손실수두를 계산하여 폐합관에 대한 $\sum h_l \fallingdotseq 0$이 되도록
반복계산하는 근사해법이다.

- Q_0, Q_0' ·············· 정유량

- Q_1, Q_1' ·············· 가정유량

- ΔQ ·············· 가정유량의 정유량에 대한 오차(보정유량)

- $\Delta Q = \dfrac{\sum KQ_1^2 (흐름방향\ 고려)}{-2\sum KQ_1 (흐름방향\ 무관)}$

- ΔQ가 $+$이면, 시계방향은 $(+)$로 반시계방향은 $(-)$로 보정한다.

- ΔQ가 $-$이면, 반시계방향은 $(+)$로 시계방향은 $(-)$로 보정한다.

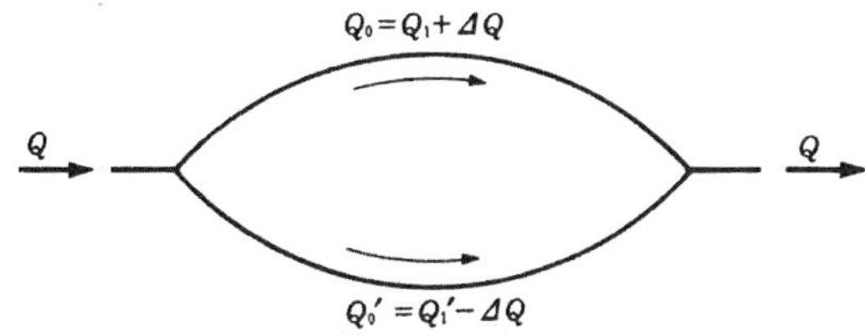

그림 5.23. 정유량과 가정유량.

등치관법은 Hardy Cross법에 의해서 관망을 설계하기 전에 복잡한 관망을 좀 더 간단한 관망으로 골격화시키기 위한 예비작업에 적용할 수 있다. 관 내부로 일정한 유량의 물이 흐를 때 생기는 수두손실이 대치된 관에서 생기는 수두손실과 같을 때 그 대치된 관을 등치관이라 한다. 따라서, 한 관의 등치관은 무수히 있을 수 있으며, 등치관 법의 수리학적 이론은 다음과 같다.

먼저 직경이 D_1인 관을 직경 D_2인 등치관으로 바꾸는 경우의 식은 Hazen Williams 공식으로부터 다음과 같이 주어진다.

$$\begin{cases} V_1 = 0.35464\,CD_1^{0.63}\,I_1^{0.54} \\[2mm] V_2 = 0.35464\,CD_2^{0.63}\,I_2^{0.54} \end{cases}$$

$$\begin{cases} Q_1 = KCD_1^{2.63}\,h_1^{0.54}\,L_1^{-0.54} \\[2mm] Q_2 = KCD_2^{2.63}\,h_2^{0.54}\,L_2^{-0.54} \end{cases}$$

그런데 $Q_1 = Q_2$, $h_1 = h_2$이므로 다음과 같다.

$$\frac{Q_1}{Q_2} = 1 = \left(\frac{D_1}{D_2}\right)^{2.63}\left(\frac{L_2}{L_1}\right)^{0.54}$$

따라서, 다음 식이 성립된다.

$$L_2 = L_1\left(\frac{D_2}{D_1}\right)^{4.87}$$

길이와 직경이 각각 D_1, L_1 그리고 D_2, L_2인 두 관을 병렬로 연결한 후 직경이 D_x, L_x인 등치관으로 바꾸게 되면, 관 1과 관 2는 모든 조건이 같고 길이만 다르므로 다음 식이 성립된다.

$$Q_1 = Q_2\left(\frac{L_2}{L_1}\right)^{0.54}$$

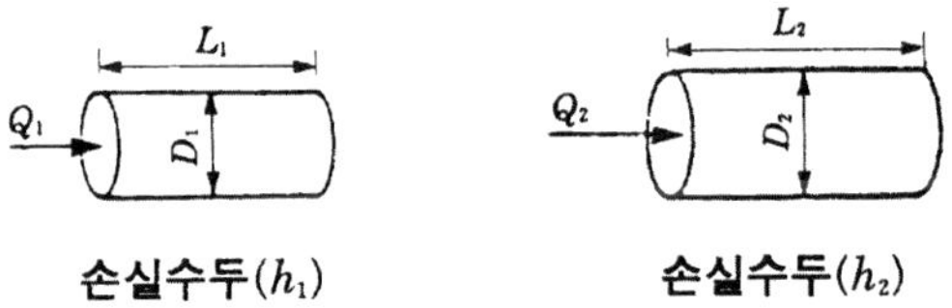

그림 5.24. 수두손실.

상수도의 배수 관망계산에서는 먼저 각 지점의 유출 소요수량을 가정하고 관경을 가정하여 수리계산에 준비한다.

금수구역 내의 공공도로 아래에 부설된 배수관 배치에는 배수관에 그물과 같이 연결된 격자식과 서로 연결되어 있지 않는 수지식이 있다.

① 격자식(Network system)

장점

- 배수관이 격자형으로 배치되어 서로 연결되어 있다.

- 물의 정체가 없다.

- 수압유지가 용이하며, 수압보완이 가능하다.

- 널리 사용된다.

단점

- 배수관망 계산이 복잡하다.

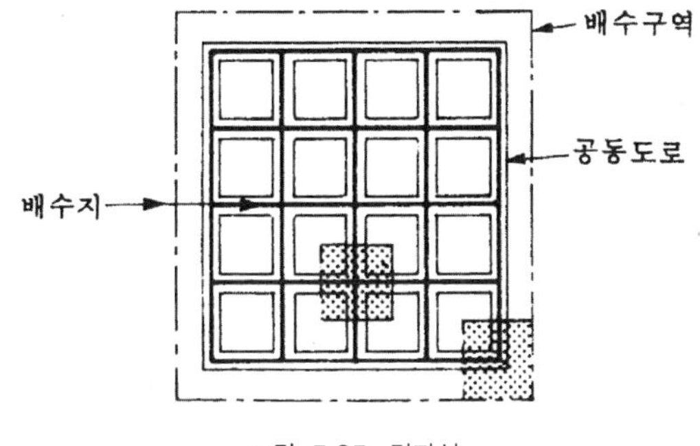

그림 5.25. 격자식.

② 수지식(Branching system)

장점

- 설계하기가 쉽다.

- 배수관망 계산이 간단하다.
- 농촌이나 지형상 부득이한 곳에 사용한다.

단점

- 물의 정체현상이 발생한다.
- 수압보완이 불가능하다.
- 수압저하가 뚜렷하다.

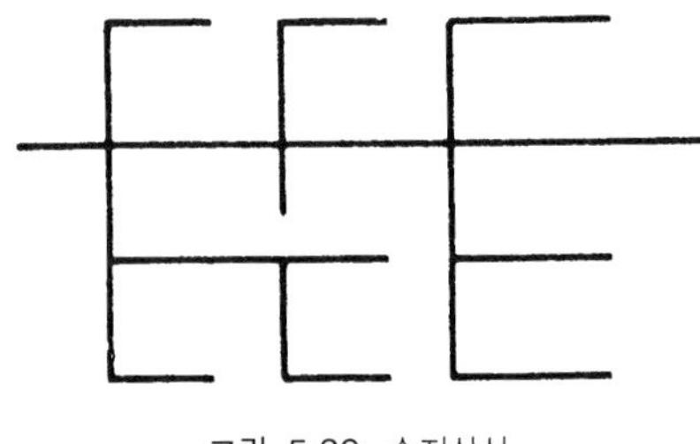

그림 5.26. 수지상식.

5.7 마찰손실

5.7.1 관수로 내의 마찰손실

마찰에 의한 손실수두만을 고려하여 등류의 평균유속을 나타내는 식을 평균유속공식이라고 하는데, 이것이 Darcy – Weisbach식이라 하는 관수로의 기본식이다.

$$h_L = f\frac{l}{d}\frac{V^2}{2g}$$

여기서 h_L은 관경이 d일 때, 관 길이 l인 구간에서 손실되는 마찰손실수두이다. 이 식에서 마찰손실계수 f 및 평균유속 V를 알면 h_L가 계산되며, 또 f 및 h_L를 알면 V가 계산된다. 이와 같이 f의 값은 관수로의 문제에서 매우 중요한 역할을 하고 있다. f의 값은 보통 실험에 의하여 h_L, l, d 및 V를 측정하여 결정된다.

Darcy$-$Weisbach식을 원형단면 이외의 관수로에도 적용할 수 있도록 경심 R을 도입하여 이 식을 변형하면 $R = \dfrac{A}{P} = \dfrac{\pi d^2/4}{\pi d} = \dfrac{d}{4}$ 이므로

$$h_L = f\frac{l}{4R}\frac{V^2}{2g} = f'\frac{l}{R}\frac{V^2}{2g} \quad f = 4f'$$

$$\therefore \quad V = \sqrt{\frac{2g}{f'}}\,\sqrt{\frac{h_L}{l}R} = c\sqrt{RI}$$

$$C = \sqrt{\frac{2g}{f'}} = \sqrt{\frac{8g}{f}} \quad I = \frac{h_L}{l}$$

I는 동수경사(Hydraulic gradient)라 하며, 관의 단위길이 당 마찰손실수두이다. 관로 위에 여러 개의 압력계를 세워 두었을 때 이들 압력계의 수면을 연결한 선이 동수경사선인데 이경사를 I로 표시한다.

또한, 마찰계수(f)는 Raynolds number(R_e)와 상대조도$\left(\dfrac{\epsilon}{d}\right)$의 함수이다. 마찰손실수두에서 마찰손실계수($f$)는 다음과 같다.

$$h_L = f\frac{l}{d}\frac{V^2}{2g}$$

$$f = \varnothing''\left(\frac{1}{R_e} \cdot \frac{e}{d}\right)$$

$R_e > 2000$일 때 $f = \dfrac{64}{R_e}$

$R_e < 2000$일 때

- 매끈한 관$\left(\dfrac{\epsilon}{d}$가 작을 때$\right)$일 때 f는 R_e만의 함수이다.

$$f = 0.3164\,R_e^{-\frac{1}{4}}$$

- 거친 관$\left(\dfrac{\epsilon}{d}$가 클 때$\right)$일 때 f는 $\dfrac{\epsilon}{d}$(상대조도)만의 함수이다.

$$\frac{1}{\sqrt{f}} = 1.74 + 2.03\log_{10}\frac{d}{2\epsilon}$$

(예제 1) 다음 그림과 같이 지름 40㎝, 길이 1km의 관수로 속에 물이 흐를 때, A점과 B점의 압력이 각각 3.5kg/㎠와 0.2kg/㎠이다. A~B 사이의 관벽에 작용하는 마찰응력은?

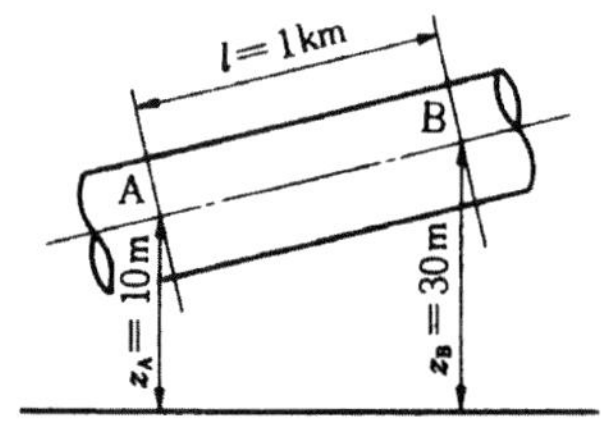

① Ⓐ, Ⓑ단면에 베르누이 정리를 취하면

$$\frac{V_1^2}{2g} + \frac{P_1}{w} + Z_1 = \frac{V_2^2}{2g} + \frac{P_2}{w} + Z_2 + h_L$$

$$V_1 = V_2 \ \text{이므로}$$

$$\frac{P_1}{w} + Z_1 = \frac{P_2}{w} + Z_2 + h_L$$

$$\frac{35}{1} + 10 = \frac{2}{1} + 30 + h_L$$

② 마찰응력

$$\tau = wRI$$

$$= w \cdot \frac{d}{4} \cdot \frac{h_L}{l}$$

$$= 1 \times \frac{0.4}{4} \times \frac{13}{1000}$$

$$= 1.3 \times 10^{-3} \ t/\text{m}^2 = 1.3 \times 10^{-4} \, \text{kg/cm}^2$$

(예제 2) 지름이 2㎝인 관에 10㎤/sec의 유량이 흐를 때 동점성계수(ν)가 1.10 × 10 − 2㎠/sec이라면 Reynolds 수 및 마찰손실계수는?

① $R_e = \dfrac{Vd}{\nu}$

$$V = \frac{Q}{A} = \frac{10}{\dfrac{\pi \times 2^2}{4}} = 3.18 m/\sec$$

$$\therefore \ R_e = \frac{3.18 \times 2}{1.1 \times 10^{-2}} = 578.18$$

② $R_e < 2000$이므로 $\quad f = \dfrac{64}{R_e}$

$$\therefore \ f = \frac{64}{578.18} = 0.11$$

(예제 3) 길이가 30m이며, 지름이 150㎜인 관에 평균유속이 4.5 m/sec
로 흐르며, 이때 손실 수두가 5.33m라고 한다. 이때, 마찰속도
(friction velocity)는?

① $h_L = f\dfrac{l}{D}\dfrac{V^2}{2g}$

$$5.33 = f \times \frac{30}{0.15} \times \frac{4.5^2}{2 \times 9.8}$$

$$\therefore f = 0.026$$

② 마찰속도

$$U_* = V\sqrt{\frac{f}{8}}$$

$$= 4.5 \times \sqrt{\frac{0.026}{8}}$$

$$= 0.256\,m/\mathrm{sec}$$

5.7.2 유입손실수두

관수로 속의 물이 직선적으로 흐를 때는 마찰에 의한 마찰손실이 생긴다.

그러나 관수로의 단면이 변화하든지 또는 그 방향이 변화하면 이에 따르는 손실이 생긴다.

$$h_i = f_e \frac{V^2}{2g}$$

여기서, f_e는 유입손실계수로 수조 또는 저수지로부터 물이 유입되는 경우는 $f_e = 0.5$로 한다.

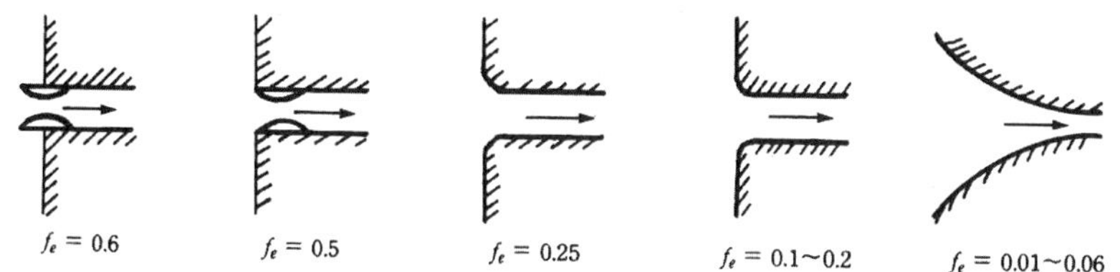

그림 5.27. 입구의 형상에 따른 유입손실계수.

5.7.3 단면확대 손실수두

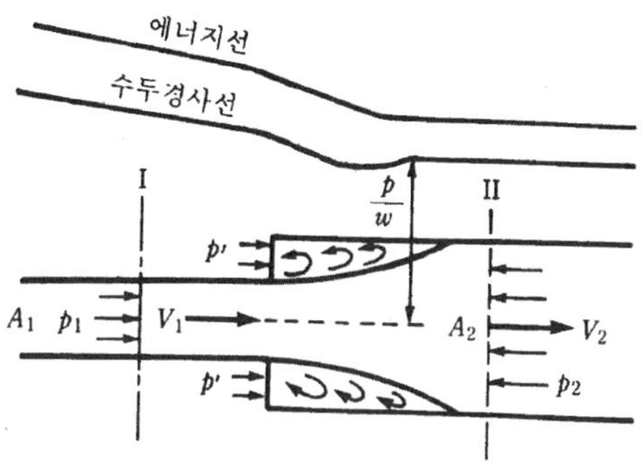

그림 5.28. 단면 확대에 의한 손실.

Ⅰ, Ⅱ에 Bernoulli 방정식을 취하면

$$\frac{V_1^2}{2g} + \frac{P_1}{w} = \frac{V_2^2}{2g} + \frac{P_2}{w} + h_{se} \text{에서}$$

$$h_{se} = \frac{V_1^2 - V_2^2}{2g} + \frac{p_1 - p_2}{w} \tag{5.1}$$

Ⅰ, Ⅱ 사이에 운동량 방정식을 응용하면

$$\frac{w}{g} Q(V_2 - V_1) = A_2(P_1 - P_2) \text{에서}$$

$$\frac{p_1 - p_2}{w} = \frac{V_2}{g}(V_2 - V_1) \tag{5.2}$$

(5.2)식을 (5.1)식에 대입하면

$$h_{se} = \frac{V_1^2 - V_2^2}{2g} + \frac{V_2}{g}(V_2 - V_1) = \frac{(V_1 - V_2)^2}{2g}$$

$$A_1 V_1 = A_2 V_2 \text{ 에서 } V_2 = \frac{A_1}{A_2} V_1 \text{ 을 대입하면}$$

$$\therefore \ h_{se} = \left(1 - \frac{A_1}{A_2}\right)^2 \frac{V_1^2}{2g} = f_{se} \frac{V_1^2}{2g}$$

여기서, 급확대 손실계수 $f_{se} = \left(1 - \dfrac{A_1}{A_2}\right)^2$ 이다.

5.7.4 단면축소 손실수두

단면이 A_1에서 A_2로 급히 축소될 때 손실이 발생된다.

$$h_{sc} = \frac{(V_o - V_2)^2}{2g} \tag{5.3}$$

유속계수 $C_a = \dfrac{A_o}{A_2}$ 이고 $A_o V_o = A_2 V_2$ 이므로

$$V_o = \frac{A_2}{A_o} V_2 = \frac{1}{C_a} V_2 \tag{5.4}$$

(5.4)식을 (5.3)식에 대입하면

$$h_{sc} = \left(\frac{1}{C_a} - 1 \right)^2 \frac{V_2^2}{2g} = f_{sc} \frac{V_2^2}{2g}$$

여기서, 급축소 손실계수 $f_{sc} = \left(\dfrac{1}{C_a} - 1 \right)^2$ 이다.

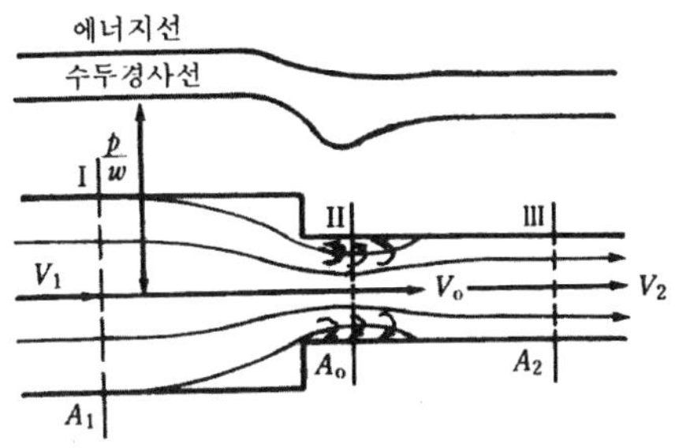

그림 5.29. 단면 축소에 의한 손실.

5.7.5 유출 손실수두

유출에 의한 손실수두는 유출되는 관거, 수조 등에 따라 영향이 크며,

일반적으로 다음과 같이 표현된다.

$$h_o = f_o \frac{V^2}{2g}$$

여기서, f_o는 유출계수로서 큰수조나 저수지로의 수중유출일 때 $f_o = 1$ 로 한다.

5.7.6. 굴절에 의한 손실수두

그림 5.34 같은 굴절에 의한 손실수두 h_{ab}는

$$h_{ab} = f_{ab} \frac{V^2}{2g}$$

h_{ab}는 굴절에 의한 손실계수이며, $d = 30\,\mathrm{mm}$인 비교적 작은 원형관에 대한 Weisbach 실험에 의하면

$$h_{ab} = 0.946 \sin^2 \frac{\theta}{2} + 2.05 \sin^4 \frac{\theta}{2} \ \text{이 된다.}$$

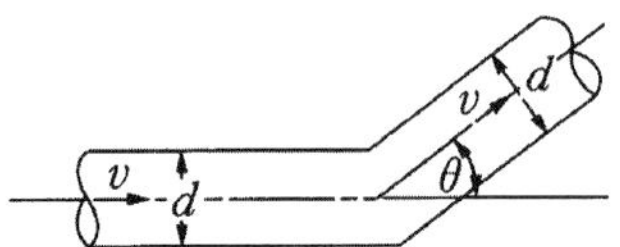

θ	15°	30°	45°	60°	90°	120°
f_{ab}	0.022	0.073	0.183	0.365	0.99	1.86

그림 5.30. 굴절 단면 및 손실수두.

5.7.7 밸브에 의한 손실수두

밸브에 의한 손실수두(Valve loss of head) h_v은 밸브의 구조에 따라 차이가 많으며 일반적으로 다음과 같이 표시된다.

$$h_v = f_v \frac{V^2}{2g}$$

여기서 f_v의 값은 Wiesbach의 실험에 의하면 표 5.5와 같다.

표 5.5 밸브의 손실계수

밸브의 종류 / f_v 개방도		개방도와 f_v							
(a) 제수밸브 (원 형)	s/d	0/8	1/8	2/8	3/8	4/8	5/8	6/8	7/8
	f_v	∞	97.8	17.0	5.52	2.06	0.81	0.26	0.07
(b) 제수밸브 (장방형)	s'/d'	0.1	0.2	0.3	0.4	0.5	0.6	0.7	0.8
	f_v	193	44.5	17.8	8.12	4.02	2.08	0.95	0.39

5.7.8 합류손실수두

이 손실수두는 합류부에서 유선의 충돌에 의하여 발생하며 흐름단면의 모양과 면적, 합류각도 등에 따라 다르게 된다.

그림 5. 31에서와 같이 합류하는 곳에서 주류에 대한 수직방향인 성분의 운동 Energy는 합류할 때 충격에 의하여 완전히 소비되고, 주류방향의 성분은 단면 급확대의 손실과 같은 것이라고 가정하여 합류손실수두(h_{cl})

를 계산하면 다음 식과 같다.

$$h_{cl} = f_{cl} \frac{V_3^2}{2g} = \frac{1}{2g}[(V_2 \sin \theta)^2 + (V_2 \cos \theta - V_1)^2]$$

$$= \frac{1}{2g}(V_2^2 + V_1^2 - 2V_1 V_2 \cos \theta)$$

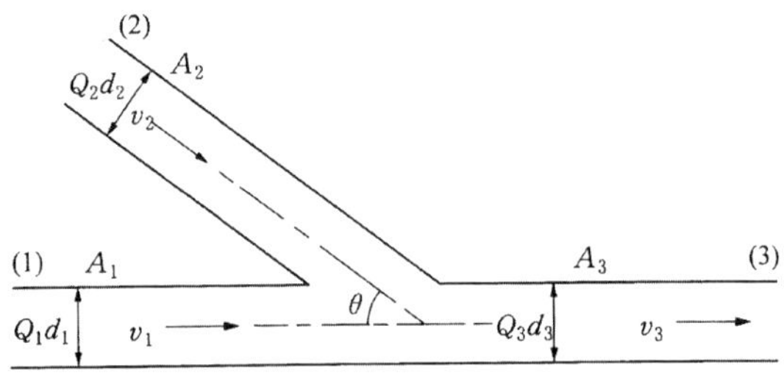

그림 5.31. 합류관.

5.7.9 분기손실수두

분기손실수두(h_d)는 단면의 굴절과 단면의 변화에 의한 손실의 합이다. 이것은 합류하는 경우와 달라서 충돌이 없으며 따라서 손실수두도 조금 작다. 이때에는 그림 5.31의 유선방향에 모두 반대로 되며 h_{d1}을 관(3)에서 관(1)로 들어가는 때의 손실, h_{d2}를 관(2)로 분기할 때의 손실이라 하면

$$h_{d1} = f_{d1} \frac{V_3^2}{2g}, \quad h_{d2} = f_{d2} \frac{V_3^2}{2g}$$

이 된다. f_d의 값은 실험으로 정한다.

유량은 단위시간당 흐르는 물의 체적을 의미하므로 수로내의 유량을 직접 측정하는 것이 가능하다. 즉, 일정시간 간격 동안 체적을 알고 있는 물통에 물을 받아 그 체적을 시간으로 나누는 체적측정법을 사용하거나 혹은 일정시간동안 물통에 물을 받아 그 무게를 저울로 달고 이를 수온에 해당하는 물의 단위중량으로 나눈 후, 다시 시간으로 나누어 유량을 측정하는 중량측정법을 사용하는 방법이 있다. 이들 체적 및 중량측정법을 위해 필요한 기기는 물통, 초시계 및 저울 등이다. 관수로 내 유량의 간접적인 측정을 위한 계기에는 여러 가지가 있으며 이들 중 많은 수의 계기는 베르누이정리에 근거를 두고 있다. 관수로 내의 흐름측정에 주로 사용되는 유량측정기기 중 대표적인 것을 살펴보면 벤투리미터(Venturi meter), 노즐(Nozzle), 관 오피리스(Orifice meter), 엘보우미터(Elbow meter) 등이 있다.

5.8.1 직사각형 단면 오피리스

수두 H와 오리피스의 높이 d에서 $H < 5d$인 것이 큰 오리피스이다.

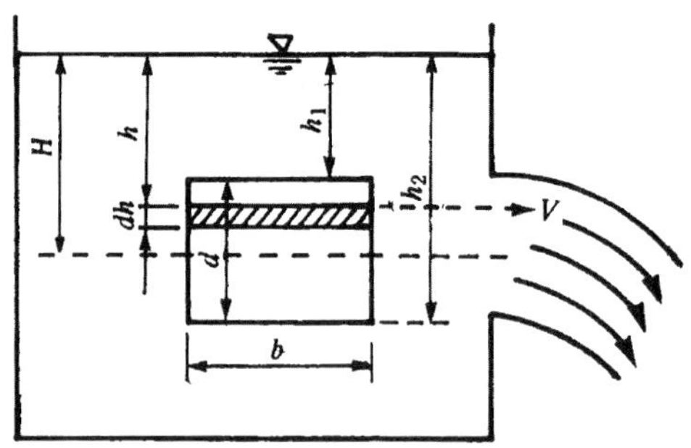

그림 5.32. 사각형 큰 오피리스.

$b \times dh$ 부분을 흐르는 유량을 dQ, 유량계수를 C 라 하면

$$dQ = C\,b\,dh\,\sqrt{2gh}$$

$$Q = \int_{h1}^{h2} dQ = \int_{h1}^{h2} Cb\,\sqrt{2g}\,h^{\frac{1}{2}}\,dh$$

$$\therefore\ Q = \frac{2}{3}\,Cb\,\sqrt{2g}\left(h_2^{\frac{3}{2}} - h_1^{\frac{3}{2}}\right)$$

접근유속 V_a를 고려했을 때의 유량은 다음과 같이 산출된다.

$$Q = \frac{2}{3}\,C\,b\,\sqrt{2g}\,\left[(h_2 - h_a)^{\frac{3}{2}} - (h_1 + h_a)^{\frac{3}{2}}\right]$$

5.8.2 완전 수중오리피스(Completely submerged orifice)

유출수가 모두 수중으로 유출되는 경우이다.

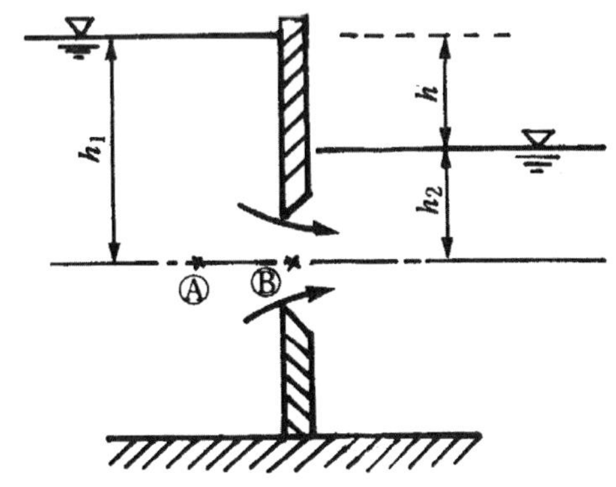

그림 5.33. 완전 수중 오리피스.

Ⓐ, Ⓑ에 Bernoulli의 정리를 적용하면

$$\frac{V_a^2}{2g} + h_1 = \frac{V^2}{2g} + h_2$$

$$V = \sqrt{2g(h_1 + h_2) + V_a^2} = \sqrt{2gh + V_a^2}$$

$$= \sqrt{2g(h + h_a)}$$

$$Q = C_a\sqrt{2g(h_1 + h_a)}$$

접근유속 $V_a = 0$일 때

$$Q = C_a\sqrt{2gh}$$

여기서, $h = h_1 - h_2$ 이다.

(예제) 구형 오리피스의 폭이 50㎝이고, 상단수심 60㎝, 하단수심 85㎝
일 때의 유량은 얼마인가(단, 유량계수 $C=0.62$로 한다)?

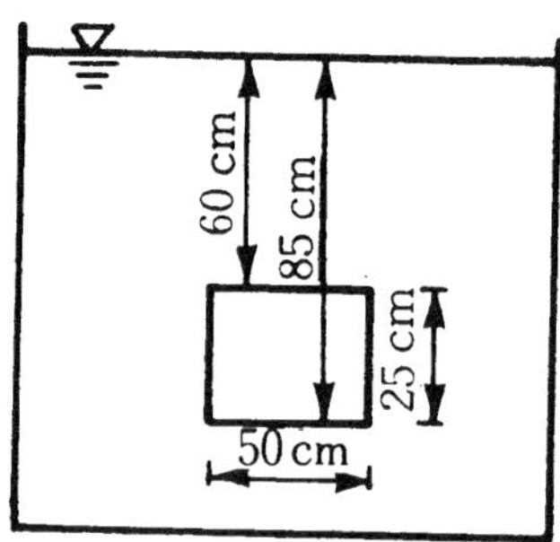

$$5d > H\left(25 \times 5 = 125\,\mathrm{cm} > \frac{60+85}{2} = 72.5\,\mathrm{cm}\right)$$ 이므로 큰 오리피스이다.

$$Q = \frac{2}{3}\,C_b\,\sqrt{2g}\,(h_2^{\frac{3}{2}} - h_1^{\frac{3}{2}})$$

$$= \frac{2}{3} \times 0.62 \times 0.5 \times \sqrt{2 \times 9.8}\,(0.85^{\frac{3}{2}} - 0.6^{\frac{3}{2}})$$

$$= 0.292\,\mathrm{m^3/sec}$$

$$= 292\,\ell/\mathrm{sec}$$

5.8.3 삼각 위어(Triangular weir)

결구의 단면이 삼각형인 위어를 삼각형 위어라 한다.

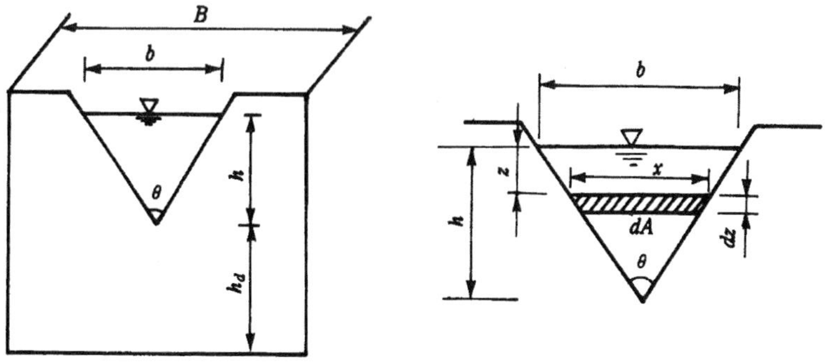

그림 5.34. 삼각 위어.

$$b : x = h : (h - z)$$

$$\therefore \ x = \frac{b(h - z)}{h}$$

미소면적 dA를 통화하는 유량 dQ는

$$dQ = C\left(\frac{b(h - z)}{h} \times dz\right)\sqrt{2gz}$$

$$= C\frac{b(h - z)}{h}\sqrt{2gz}\,dz$$

이식을 $0 \sim h$까지 적분하면

$$Q = \int_{o}^{h} C\frac{b(h - z)}{h}\sqrt{2gz}\,dz$$

$$= \frac{4}{15}\,C\,b\,\sqrt{2g}\,h^{\frac{3}{2}}$$

지금 $\tan\dfrac{\theta}{2} = \dfrac{\left(\dfrac{b}{2}\right)}{h}$ 에서 $b = 2h\tan\dfrac{\theta}{2}$ 를 대입하면

$$Q = \frac{4}{15} \, C \cdot 2h \tan \frac{\theta}{2} \cdot \sqrt{2g} \; h^{\frac{3}{2}}$$

$$= \frac{8}{15} \, C \tan \frac{\theta}{2} \sqrt{2g} \; h^{\frac{5}{2}}$$

삼각 Weir는 보통 이등변 삼각형이고, 특히 실제에 많이 사용하는 것은 $\theta = 90$ 인 직각삼각 Weir이다.

작은 유량의 측정에 많이 사용한다.

$$Q = \frac{8}{15} \, C \tan \frac{\theta}{2} \sqrt{2g} \; h^{\frac{5}{2}}$$

$$dQ = \frac{5}{2} \cdot \frac{8}{15} \, C \tan \frac{\theta}{2} \sqrt{2g} \; h^{\frac{3}{2}} \, dh$$

$$\therefore \; \frac{dQ}{Q} = \frac{5}{2} \frac{dh}{h}$$

(예제 1) 그림과 같은 삼각위어에서 수두 25㎝일 때의 유량은?(단, 유량 계수 $C = 0.62$이다).

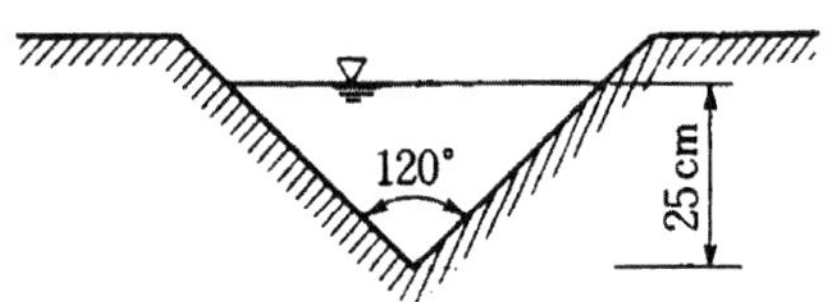

삼각 위어의 유량

$$Q = \frac{8}{15} \, C \tan \frac{\theta}{2} \sqrt{2g} \; h^{\frac{5}{2}}$$

$$= \frac{8}{15} \times 0.62 \times \tan\frac{120^\circ}{2} \times \sqrt{2 \times 9.8} \times 0.25^{\frac{5}{2}}$$

$$= 0.0792\,\mathrm{m}^3/\sec$$

(예제 2) 직각 이등변 삼각 위어에 있어서 월류수심 1m일 때 유량은?
(단, $C = 0.7$)

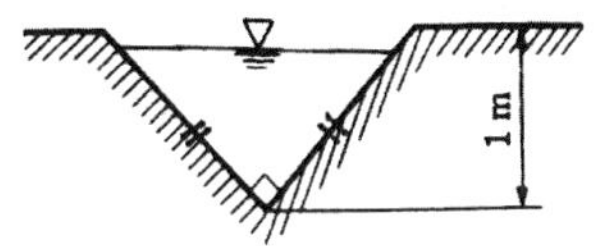

$$Q = \frac{8}{15} C \tan\frac{\theta}{2} \sqrt{2g}\, h^{\frac{5}{2}}$$

$$= \frac{8}{15} \times 0.7 \times \tan\frac{90^\circ}{2} \times \sqrt{2 \times 9.8} \times 1^{\frac{5}{2}}$$

$$= 1.65\,\mathrm{m}^3/\sec$$

5.8.4 직사각형 위어(Rectangular weir)

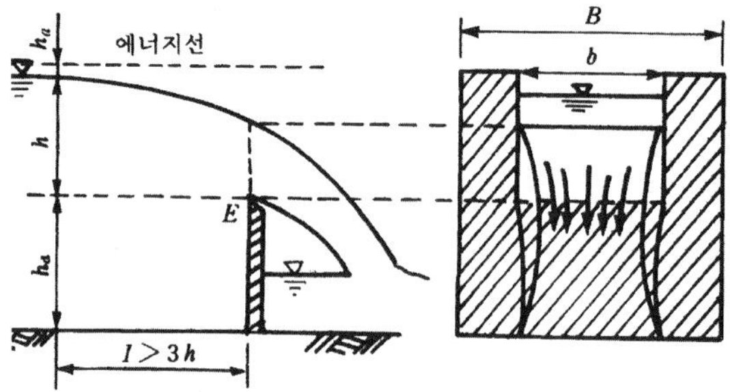

그림 5.35. 직사각형 웨어.

구형 큰 오피리스 공식

$$Q = \frac{2}{3} C\, b\, \sqrt{2g}\ (h_2^{\frac{3}{2}} - h_1^{\frac{2}{3}})\ \text{에서}$$

$h_1 = h, \quad h_1 = 0$ 이므로 구형 위어의 유량은

$$Q = \frac{2}{3} C\, b\, \sqrt{2g}\ h^{\frac{3}{2}}$$

접근유속을 고려하면

$$Q = \frac{2}{3} C\, b\, \sqrt{2g}\ [(h + h_a)^{\frac{3}{2}} - h_a^{\frac{3}{2}}]$$

수위와 유량관계

$$Q = \frac{2}{3} C\, b\, \sqrt{2g}\ h^{\frac{3}{2}}$$

$$dQ = \frac{3}{2} \cdot \frac{2}{3} \, C \, b \sqrt{2g} \, h^{\frac{1}{2}} \, dh$$

$$\therefore \ \frac{dQ}{Q} = \frac{3}{2} \frac{dh}{h}$$

여기서, b : Weir의 폭

$\qquad B$: 수로의 폭

$\qquad h$: 월류수심

h의 측정위치는 Weir로부터 상류측으로 $3h$ 이상을 표준으로 하지만 보통 수로에서는 $5 \sim 10h$ 이다.

(예제 1) 사각형 위어에서 유량이 $100\,\text{m}^3/\text{sec}$, 상류수두가 2m, 위어 폭이 20m이다. 위어의 계수값은?

① $Q = \dfrac{2}{3} C \, b \sqrt{2g} \, h^{\frac{3}{2}}$

$\quad 100 = \dfrac{2}{3} \times C \times 20 \times \sqrt{2 \times 9.8} \times 2^{\frac{3}{2}}$

$\quad \therefore \ C = 0.599$

② 위어의 일반식으로 표시하면

$\quad Q = \dfrac{2}{3} \times 0.599 \times \sqrt{2 \times 9.8} \times bh^{\frac{3}{2}}$

$\qquad = 1.77\,bh^{\frac{3}{2}}$

$\qquad = 1.77\,Lh^{\frac{3}{2}}$

③ 위어의 일반식 $Q = KLh^{\frac{3}{2}}$ 에서 위어의 계수 K = 1.77이다.

(예제 2) 저수지에서 홍수량을 방지하기 위한 스필웨이(Spil-way)를 결정하고자 한다. 계획홍수량이 100㎥/sec이고, 월류수심 1m로 가정하면 적당한 스필웨이의 월류폭은?

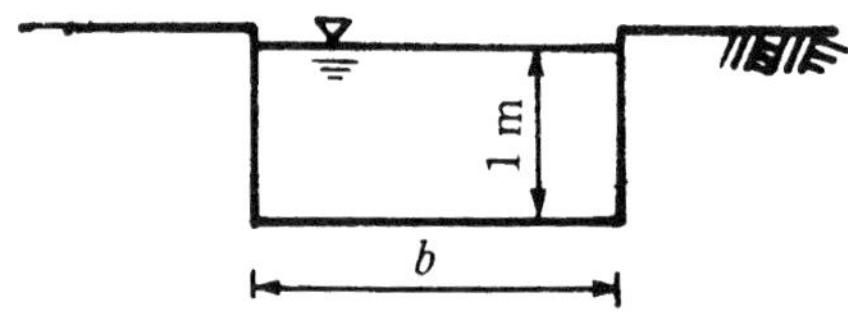

직사각형 위어의 유량

$$Q = 1.84\,bh^{\frac{3}{2}}$$

$$= 1.84(b - 0.1nh)h^{\frac{3}{2}}$$

$$100 = 1.84(b - 0.1 \times 2 \times 1)1^{\frac{3}{2}}$$

$$\therefore\ b = 54.6m$$

(예제 3) 폭 3.5m, 수심 0.4m인 사각형 수로의 유량은 Francis 공식에 의하면 얼마인가?(단, 접근유속은 무시하며, 양단수축이다.)

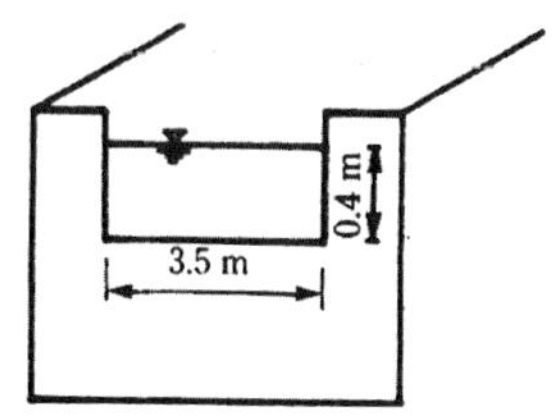

구형 위어(직사각형 위어)의 유량

$$Q = 1.84 b_o h^{\frac{3}{2}}$$

$$= 1.84(3.5 - 0.1 \times 2 \times 0.4)0.4^{\frac{3}{2}}$$

$$= 1.59 \, \text{m}^3/\text{sec}$$

5.8.5 수중 광정웨어

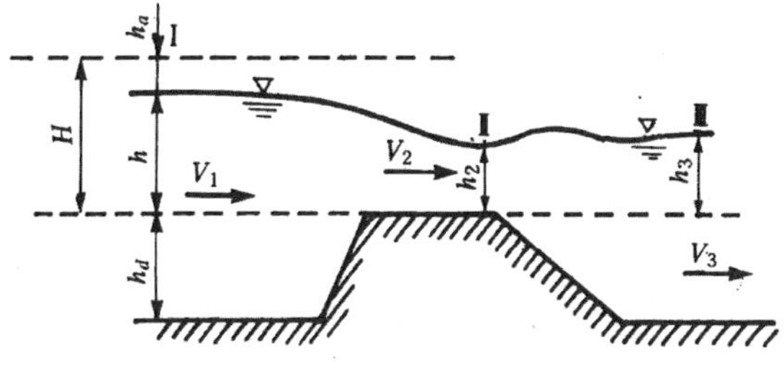

그림 5.36. 수중 광정웨어.

Ⅰ, Ⅱ, Ⅲ에 베르누이 정리를 적용하면

$$\frac{V_1^2}{2g} + h = \frac{V_2^2}{2g} + h_2 = \frac{V_2^2}{2g} + h_3 = H$$

근사적으로 $h_2 = h_3$라 놓고 폭을 b라 하면

$$V_2 = \sqrt{2g(H - h_2)}$$

유량은

$$Q = C_b h_2 \sqrt{2g(H - h_2)}$$

- $h_2 < \dfrac{2}{3}H$ 일 때

정부에서 사류가 생기므로 유량은 하류의 영향을 받지 않는다. 이와 같이 하류의 영향을 받지 않는 것을 완전월류라 한다.

- $h_2 \doteqdot \dfrac{2}{3}H$ 일 때

하류의 물이 위어 정부의 수압분포에 다소 영향을 주므로 유량이 작아진다. 이와 같이 완전월류와 수중위어 사이에 과도적인 월류상태를 불완전월류라 한다.

- $h_2 > \dfrac{2}{3}H$ 일 때

정부에 상류가 생기므로 유량은 하류의 영향을 받는다. 이와 같은 위어는 수중위어이다.

5.8.6 나팔형 여수토(Morning-glory spillway)

나팔형 여수토가 물속에 완전히 잠긴상태가 아닌, 자유월류시 유량산출

은 다음 식으로 표현된다.

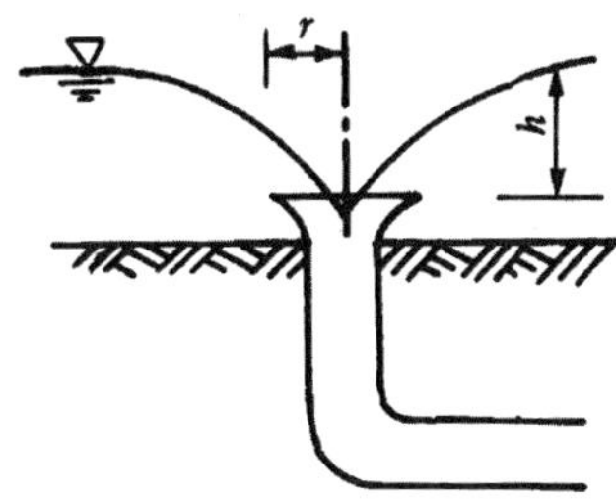

그림 5.37. 자유 월류시의 나팔형
위어.

$$Q = C_1 \, l \, h^{\frac{3}{2}} = c_1 \, 2 \, \pi \, r \, h^{\frac{3}{2}}$$

(예제) 여수토의 배출구의 단면적 a는 0.5㎡이고, 저수지 수면과 위어까지의 높이가 그림과 같을 때 유량은?(단, $C_2 = 1.8$이다).

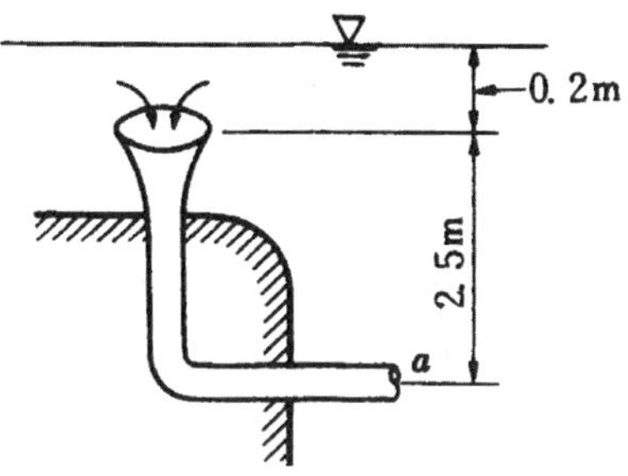

나팔형 여수토(Morning‒glory spillway)가 물속에 완전히 잠긴상태 이

므로 유량산출은 다음과 같다.

$$Q = C_2 a (h + h_1)^{\frac{1}{2}}$$

$$= 1.8 \times 0.5 \times (0.2 + 2.5)^{\frac{1}{2}}$$

$$= 1.48 \, \text{m}^3/\text{sec}$$

5.9 상하수관거의 시공

5.9.1 하수관거의 관경

배수구역, 면적 및 배수계통이 결정되면 배수관 설계의 기본이 되는 것은 하수량이다. 하수관에 수용하는 하수는 인간생활에서 사용된 액상폐기물의 총칭으로서 가정, 공장, 학교, 관공서 등에서 배출되는 오수, 오물 및 강우시의 우수와 하수관거 내에 침투한 지하수를 포함한다. 이 중 오수, 오물, 지하수의 합계를 관거의 평상시 유량으로 표시하고 이에 대해서 강우시의 우수량을 가산한 것이 우천시 유량이 된다.

분류식 하수도에서는 이 우수와 오수를 별개로 취급하고, 합류식 하수도에서는 우천시 유량을 배수관 설계의 기본으로 한다(표 5.6).

표 5.6 합류식의 시설별 계획하수량

종 별	하 수 량
관거(차집관거 제외)	계획시간 최대오수량 ＋계획우수량
차집관거 및 펌프장	계획시간 최대오수량의 3배 이상
처리장의 최초침전지까지 및 소독설비(부대설비 포함)	계획시간 최대오수량의 3배 이상
처리장에서 상기 이외의 처리시설	계획 1일 최대오수량

각 관거별 계획하수량은 다음과 같다.

- 오수관거 : 계획시간 최대오수량으로 한다.
- 우수관거 : 계획우수량으로 한다.
- 합류관거 : 계획시간 최대오수량＋계획우수량
- 차집관거 : 우천시 계획우수량
- 지역의 설정에 따라 계획하수량에 여유를 둔다.

5.9.2 상수관거의 관경

급수량은 상수소비량 또는 상수요구량이라고 하며, 일반적으로 1pcd(Liter per capitaper day)의 단위로 표시한다. 우리나라의 경우는 1인 1인당 급수량은 200～450lpcd 정도이다.

취수 · 도수 · 정수 · 송수시설은 1일 최대급수량을 수도설계기준으로 하며, 저수시설과 배수시설은 계획 1일 최대급수량이 발생하는 날의 시간적 변화를 설계기준으로 한다. 급수량을 결정하는데 있어서는 기후조건, 생활수준, 하수도설비, 산업의 발달 정도, 사용목적에 따른 수질관계, 배수관망의 수압 등의 사항이 고려되어야 한다.

표 5.7 급수량과 수도시설의 규모 계획

구 분 급수량 종류	연평균 1일 사용수량에 대한 %	수도 구조물의 명칭
1일 평균급수량	100	수원지, 저수지, 유역면적의 결정
1일 최대평균급수량	125	보조저수지, 보조용수 펌프의 용량결정
1일 최대급수량	150	취수 · 정수 · 배수시설(여과지면적, 송수관 구경 배수지)의 결정
시간 최대급수량	225	배수 본관의 구경 결정

5.9.3 유속 및 구배

어떤 시간안에 유적 내의 어느 점을 통과하는 물의 속도를 그 점에 있어서의 유속(Velocity of flow)이라 하고 단위시간에 흐르는 거리로 나타내면 유속의 단위는 m/s이다.

유적 내의 각 점의 유속은 같지 않고 수로벽에서는 작으며 중앙으로 갈수록 커진다. 이와 같이 각 점의 유속이 다르므로 유적 전반에 있어서 평균한 유속을 그 단면의 평균 유속이라 하며, 수리계산에 사용한다. 또, 단위시간에 유적을 통과한 물의 용적을 유량(Discharge)이라 한다. 유속은 침전도, 세굴도 되지 않는 허용유속으로 결정해야 한다.

하수도의 경우, 관거내의 유속이 작으면 부유물이 침전하므로 오수관거에서는 최소 0.6m/s, 최대 3.0m/s이고, 우수관거 및 합류관거는 최소 0.8m/s, 최대 3.0m/s로 한다. 일반적으로 오수관거, 우수관거 및 합류관거에서의 이상적인 유속은 1.0～1.8m/s이다.

오수관거 내에 있어서 유속은 설계유량에 대하여 0.6～3.0m/s 범위가 되도록 해야 하며, 지표의 구배가 심하면 관거의 구배가 급하게 되고 최대유속이 3.0m/s를 넘을 경우에는 적당한 간격으로 단차를 설치하여 구배를 완만하게 하고 유속을 3.0m/s 이하로 하여야 한다.

우수관거 및 합류관거 내에 있어서의 유속은 설계유량에 대하여 0.8~3.0m/s의 한계에 있도록 해야 하며, 특히 우수관거에 유속이 크다고 하는 것은 관거의 손상만이 아니고 유달시간이 단축되어 하류지점이 유입량을 크게 하는 현상을 초래하므로 주의를 요한다. 우수관거 및 합류관거에 대해서는 계획 하수량에 대하여 유속을 최소 0.8m/s, 최대 3m/s로 한다.

유속은 하류로 감에 따라 증가하도록 하고, 구배는 하류로 갈수록 완만하게 되도록 한다. 계속하여 하류로 하수관거를 계획할 때 종단면도를 작성하여 방류 하수면의 저부에 자연유하로 접속시킬 수 있는가를 검토하고, 도중에 유입관을 접속하는 경우 하천, 수로, 철도 등의 장애물이 있을 때는 매설작업이 용이한가를 고려하여 계획하여야 한다. 이러한 경우에는 관거의 구배결정을 여러 번 반복하여 시산하여야 한다. 즉, 관거의 구배를 느리게 하면 관경이 커도 되고, 관거구배를 급하게 하면 관경이 작아도 된다.

관거의 구배조건은 다음과 같다.
- 관거 내에 토사 등이 침전, 정체하지 않는 유속일 것.
- 하류 관거의 유속은 상류보다 크게 할 것.
- 구배는 하류로 갈수록 완만하게 할 것.
- 급류는 관거에 손상을 주므로 피할 것.

상수도의 경우, 도수와 송수관에 있어서 평균유속의 한도는 벽면이 콘크리트 또는 구리, 철일 때 최대유속은 3~6m/s, 최소유속은 0.3m/s로 한다(표 5.8).

다만, 송수관로에 있어서는 정수를 취급하므로 토사의 퇴적을 고려할 필요가 없으며, 평균유속의 최소한도를 정할 필요가 없다.

표 5.8 도 · 송수관의 평균유속의 최대한도

관 내면 상태	평균유속의 최대한도(m/s)
모르타르 또는 콘크리트관	3.0
모르타르 라이닝 실드도장	5.0
강철, 주철, 경질염화비닐관	6.0

수로의 경사는 손실수두나 지형, 유속을 고려하여 통상 1/1,000 ~1/3,000 의 범위에서 결정한다.

5.9.4 관로의 노선선정

하수도는 일반적으로 자연유하식에 의한 관로의 노선이 선정되나, 상수도에서는 일정 수압을 유지시켜 주어야 하기 때문에 관로의 노선선정에 주의를 요한다. 따라서 여기에서는 상수도의 노선선정에 대하여 알아본다.

노선선정시 관로의 수평 및 연직방향의 급격한 굴곡은 손실수두를 크게 하고, 수압과 유속에 의해서 관로를 외측으로 밀어내는 작용을 하여 구조상의 약점이 되므로 피하여야 한다. 만약 관로의 동수구배선 위로 관로가 올라가면 관내압이 대기압보다 작게 되어 수중의 용해공기가 분리되어 관로의 최상부에 모임으로써 통수를 방해할 뿐만 아니라, 만약 관이음의 이완이나 관의 균열이 생기면 주위로부터 관내에 오수가 흡입되어 비위생적이 되므로 관로는 반드시 최소동수구배선 이하로 매설되도록 노선을 선정하여야 한다. 선정된 관로가 최소동수구배선 위로 올라가는 경우에는 단일동수구배에 대한 관경에 비하여 상류측의 관경을 크게 하고, 하류측의 관경을 작게 함으로써 동수구배선을 올려야 한다. 관로의 노선 선정시 고려사항은 다음과 같다.

㉮ 원칙적으로 공공도로 또는 수도용지로 하여야 한다.

㉯ 수평·수직의 급격한 굴곡을 피하고 어느 때라도 최소동수경사선 이하가 되게 해야 한다. 만일, 동수경사선이 최소동수경사선보다도 상승함을 피하지 못할 경우는 그 지점부터 상류측의 관경을 크게하여 동수경사선을 상승시키고 하류측의 관경을 원계획보다 작게하여 그 지점에 접합정을 설치하는 방법이 이용되나 실제에서는 접합정을 생략하는 편이 경제적이고 유지관리상 편리하다.

㉰ 펌프양수 연장이 길 경우 필요에 따라 관로에 안전밸브 또는 조정 탱크 등을 설치하여 수충(수격)작용에 대비해야 한다.

㉱ 사고의 경우를 고려하여 필요에 따라 관을 2조 부설하고 중요한 장소에 연결관을 설치해야 한다.

㉲ 물이 최소저항으로 수송되도록 한다.

㉳ 가급적 단거리가 되어야 한다.

거리를 단축하기 위해서 곳곳에 역사이폰, 교량, 터널을 사용하여 산이나 계곡의 장애물을 통과하는 경우를 고려해야 한다.

㉴ 이상 수압을 받지 않아야 한다.

㉵ 가능한 공사비를 절약할 수 있는 위치이어야 한다.

㉶ 개수로에서 도중에 역사이폰, 교량, 터널이 필요할 때는 관수로를 일부 혼용한다.

5.9.5 관거의 부설

상수도관을 매설할 경우 매설깊이는 일반적으로, 관경 900㎜ 이하는 1.2m 이상, 관경 1000㎜ 이상은 1.5m 이상으로 하여야 하며, 노면하중을 고려해야 할 위치에 대규모 관을 부설할 경우에는 매설깊이가 관경보다 작지 않게 하여야 한다.

특히, 한랭지에서 관의 매설깊이는 동결심도보다 깊게 하여야 하며, 상수도관을 매설할 때에는 다음과 같은 사항을 고려 하여야 한다.

- 배수관은 다른 지하매설물과 교차 등을 고려하여, 인접해서 포설할 때에는 적어도 20㎝ 이상의 간격을 유지해야 한다.
- 하수관에 근접해서 매설하거나 맨홀 내를 통해서 포설하면 단수 때 부압으로 오수가 들어올 우려가 있다.

또한, 매설깊이 설정시 다음과 같은 사항을 고려하여야 한다.

- 단면은 수리학적으로 유리할 것.
- 하중에 대하여 경제적일 것.
- 시공비가 저렴할 것.
- 유지관리가 용이할 것.
- 시공장소 상황에 잘 적응할 것.

하수도의 경우, 관거부설에 대해서 고려해야 하는 것은 무엇보다도 자연의 지형 특히 기복이다. 오수나 우수가 지체없이 배제되기 위해서는 관 내의 하수의 중력으로 자연유하하는 것을 원칙으로 한다. 부득이한 경우에는 펌프에 의한 가압배수가 행해지는 것도 있지만 이러한 관로는 최소한도로 억제해야 한다. 토지의 기복 외에 관로의 평면배치에 영향을 미치는 것은 하천, 바다, 호수 등의 자연지형, 도로나 철도 등의 기존구조물, 이것에 따른 처리장, 펌프장의 위치이다. 관거는 원칙적으로 공도의 지하에 매설되므로 도로망은 직접 관거의 평면위치를 결정한다. 이것에 대해서 철도나 하천은 배수구역의 경계로 되는 수가 많다.

- 하수관거는 공도(公道)에 부설하는 경우가 많다.
- 도로 폭이 넓은 가로나 차도와 보도의 구별이 있는 곳에는 양측에 2조로 부설하는 것이 시공상 또는 유지관리상 편리하다.
- 복토가 너무 크면 토공비가 증대된다.
- 복토가 너무 작으면 노면하중이 크게 되어 설치관이 파손될 위험이 있다.
- 복토는 최소깊이 1m로 하고, 일반적으로 1.2∼2.0m가 좋다.

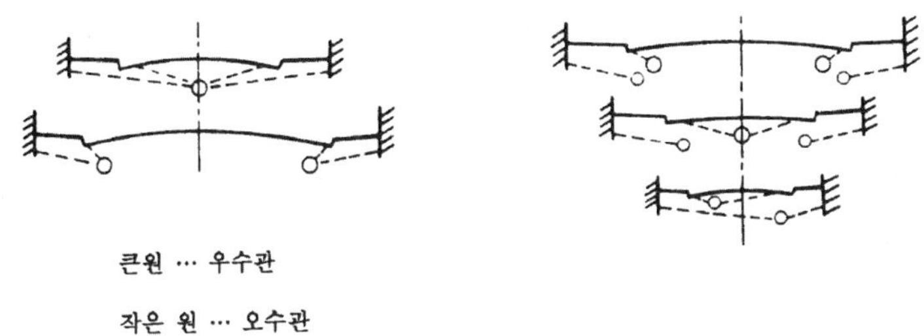

그림 5.38. 오수관과 우수관의 평면배치.

5.9.6 관거의 외압보호

(1) 직토압 공식

마찰력을 전혀 고려하지 않고 단순히 관상부의 매설토의 중량이 관에 직접 작용하는 것으로 가정해서 구하는 식으로 측면의 마찰을 무시한 식이다.

$$W_d = r \cdot H$$

여기서, W_d : 매설토에 의한 연직토압(kg/m^2)

r : 매설토의 밀도(kg/m^3)

H : 토피(m)

(2) 마스턴(Marston) 공식

토압계산에 가장 널리 이용되는 공식으로 연직토압을 굴착도랑 바로 위의 흙기둥 중량의 전체가 관에 전달되지 않고 굴착면에 인접하는 흙기둥 사이의 전단마찰력을 상쇄한 하중이 관에 작용하는 것을 기준한 공식이다.

$$Wd = C_1 \cdot r \cdot B_2$$

여기서, W : 관이 받는 하중(t/m)

r : 매설토의 밀도(m/m^3)

B_2 : 폭 요소로서 관의 상부 90°부분에서의 관매설을 위하여 굴착한 도랑의 폭(m)

C_1 : 토피의 두께와 토피의 종류에 의하여 결정되는 상수

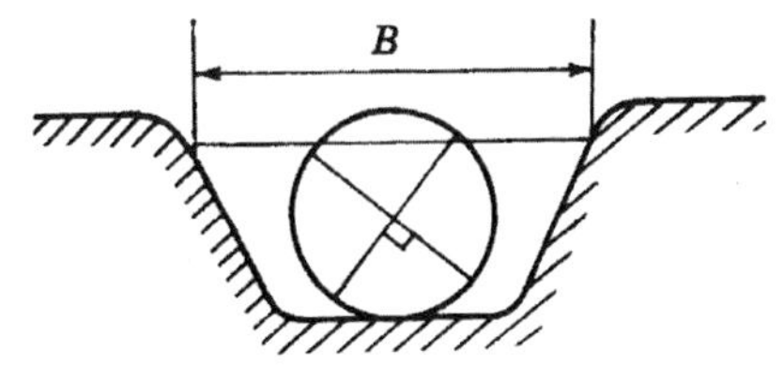

그림 5.39. 관이 받는 하중.

그리고 이때 관의 폭은 다음과 같이 계산된다.

$$B = \frac{3}{2}d + 30(\text{cm})$$

여기서, B : 폭 요소(cm)

d : 관의 내경(cm)

(3) 토피 외 하중

관거는 토피 이외에도 지표면상에 존재하는 물체에 의하여 하중을 받게 되는데, 상재하중이 관거에 주는 하중을 계산한다.

$$L_P = C_2 \cdot L$$

여기서, L_P : 상재하중의 토피 상당하중(t/m)

L : 상재하중의 무게(t/m)

C_2 : 상재하중의 종류에 따라 결정되는 계수

5.9.7 관거의 구비조건

매설장소의 상황, 외압, 연결방법, 강도, 형상, 공사비 및 장래의 유지관리 등을 충분히 고려하여 합리적으로 선정한다.

- 외압강도가 높고 파괴에 대한 저항력이 클 것.
- 수리상 유리한 단면일 것(반원이 도형에 내접하는 단면).
- 유량의 변화는 있어도 유속의 변화는 적어야 한다.
- 내면이 평활할 것.
- 하수의 경우 내산성, 알칼리성, 내마모성이 클 것.
- 이음의 시공이 간단하고 수밀성과 신축성이 있을 것.
- 가격이 저렴할 것.
- 포설시공이 간단할 것.

표 5.9와 5.10은 관거의 단면형과 종류에 따른 장단점을 비교정리 하였다.

표 5.9 관거 단면형의 장·단점

단면형	장　　점	단　　점
원 형	① 수리학적으로 유리하다. ② 일반적으로 내경 3000㎜ 정도까지 공장제작 하는 경우도 있다. ③ 역학계산이 간단하다.	① 지질에 따라 특별한 기초를 필요로 하는 경우도 있다. ② 공장제품이므로 연결부가 많아져 지하수의 침투량이 많아질 염려가 있다. ③ 대구경이 되면 운반비가 비싸진다.
장방형	① 시공장소 토피 및 폭원에 제한을 받는 경우에 유리하며 공장제품을 사용할 수 있다. ② 역학계산이 간단하다. ③ 만류되기까지는 수리학적으로 유리하다.	① 철근이 부식한 경우 상부하중에 대해서 불안하다. ② 만류되면 유속. 유량이 감소한다. ③ 공사기간(공기)이 길다.
마제형	① 대구경관에 유리하며 경제적이다. ② 만류가 되기까지 수리학적으로 유리하다. ③ 상반부의 아치작용에 의해역학 적으로 유리하다.	① 단명형이 복잡하기 때문에 시공성이 좋지 않다. ② 현장 타설의 경우는 공사기간이 길어진다.
계란형	① 유량이 적은 경우 원형관에 비해 수리학적으로 유리하다. ② 원형관에 비해 관 폭이 작아도 되므로 수직방향의 토압에 유리하다.	① 재질에 따라 제조비가 늘어나는 경우가 있다. ② 수질 정도가 요구되므로 시공에 주의가 필요하다

표 5.10 관종류에 따른 장·단점

관종류	장 점	단 점
연 관	① 내구성이 풍부하다. ② 가공성이 용이하다. ③ 굴곡성이 있어 시공이 용이.. ④ 수리가 용이하다. ⑤ 내산성이다.	① 외상을 받기 쉽다. ② 중량이 크다. ③ concrete 내의 부설이 부적당하다. ④ 전기의 영향을 받기 쉽다. ⑤ 비교적 가격이 높다.
강 철 관	① 연관에 비해 강도가 크다. 외상에 대한 염려가 없다. ② 가격이 저렴하다. ③ 경질이므로 입상 또는 횡주 등의 시공이 용이하며 수전주의 대용으로도 쓰인다.	① 연관에 비해 약 2배의 공작을 요하며 하수월류시는 가공에 장시간을 요한다. ② 부폐와 노후 또는 고장이 생겼을 때 연관보다 수선이 어렵다. ③ 강관의 1본의 길이는 약 5m이므로 이음수가 많다. ④ 양수기에 연결할 경우 전·후 0.5m 정도 연관을 사용해야한다.
구 철 관	① 강도가 크므로, 외상, 동결에 강하다. ② 분수전의 취부에 적당하다.	① 중량이 커서 운반, 부설이 곤란하다. ② 비교적 가격이 높다
염화비닐관 (경질)	① 강인성이며 외력에 의한 손해가 적다. ② 내구성이 풍부하고 산, alkali 전기에 대한 영향이 없다. ③ 관 내의 scale 발생이 없다. ④ 시공은 이형관을 사용하며 접착제를 도포한다. 가열접합하므로 시공이 간단하다. ⑤ 무게가 가벼워 취급하기 좋다. ⑥ 가격이 싸다.	① 충격에 약하나 외상을 받으면 강도가 떨어지므로 운번부설에 세심한 주의를 요한다. ② 내여성이 부족하여 70℃ 정도면 강도가 현저히 저하하고 180℃ 정도면 변질된다. ③ 시공시 특수가열기를 사용해야 한다. ④ 온도에 의한 팽창은 금속간의 약 6~7배가되며, 지상노출시는 신축이음이 필요하다. ⑤ 화학제품이므로 원재료의 선정, 제조방법이 불량한 경우, 강도의 저하와 노화의 우려가 있다.
석 면 쎄멘트관	① 부식, 전기영향이 절대 없다. ② 열의 불량도체이다. ③ 안전한 가격이며, 경량이다.	① 강도가 약하므로 특히 작업, 운반시 주의를 요한다. ② 분지대를 사용하는 불편이 있다.
동 관	① 항장력이 크므로 무게가 가벼워 운반이 편리하다. ② Concrete 내의 부설이 적합. ③ 관 내외의 scale 발생이 없다.	① 보관은 건조한 장소를 선택해야 한다. ② 원수에 유리탄산이 많을 때는 백포 등의 착색 경향이 있다.
콘크리트관	· 부식에 강하다. · 저렴하다.	· 강도가 작다. · 인장력, 충격에 약하다. · 무겁다. · 시공성이 좋지 않다.

5.9.8 관거 기초

관거의 기초에는 자갈기초, 비계기초, 사다리기초, 말뚝기초 등이 있다. 기초공이 불안전하면 관거의 부동침하가 생기고 관거 내 유체의 유통이 저해되며, 이음이 파손되어 누수 또는 지하수의 침입의 원인이 된다. 심하면 관거가 파괴되기도 하므로 관거의 크기, 노면하중, 매설깊이, 등을 고려해서 적절한 기초공을 시행해야 한다.

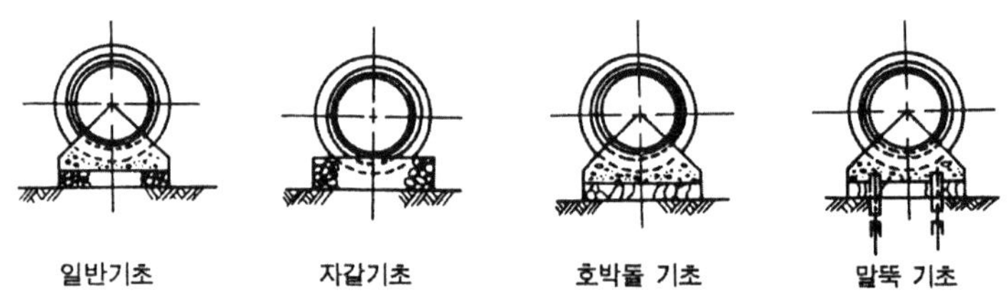

그림 5.40. 관거기초.

- **자갈기초(Gravel foundation)**

비교적 지반이 좋은 곳에서 400㎜ 이하의 소경관(小頸管) 기초에 사용된다.

- **깨조약돌기초(Broken stone foundation)**

조약돌을 깔고 공극에는 막자갈을 10~20% 채워서 충분히 다진 것으로 450㎜ 이상의 중경관(中頸管)기초에 사용된다.

- **비계기초(Steeper foundation)**

가장 간편한 기초공으로 특히 원심력관 부설에 많이 채용된다. 목재비게(Wooden sleeper)와 콘크리트비게(Concrete sleeper)의 2종이 있다.

- **사다리기초(Sadder type wooden foundation)**

지반이 연약하고 용수(湧水)가 있는 곳에서 관거의 침하를 막기 위해 종방향의 동목(胴木)위에 비게목을 걸치는 것으로, 불량한 지반에 불량한 전 길이에 걸쳐 접속하기 때문에 부등침하를 방지할 수 있다. 동목으로 통나무를 사용하고 소경관일 때는 지름 $10 \sim 12\,cm$의 것, 중·대경관일 때는 $15 \sim 18\,cm$의 것을 사용한다.

- **콘크리트기초(Concrete foundation)**

지반이 연약한 경우, 부등침하의 우려가 있는 곳에 무근 또는 철근 콘크리트기초를 한다. 특별한 하중이 없는 곳에는 보통 중심각을 $90°$로 하는 것이 경제적이고, 보강이 필요한 경우에는 중심각을 $120°$, $180°$로 확대한다.

- **말뚝기초(Pile foundation)**

지반이 특히 연약한 곳에 부설하는 대경관거(大徑管渠)에 사용된다. 말뚝의 지지력(Bearing power)에 의하여 재하물의 침하를 방지한다. 생목말뚝과 콘크리트말뚝이 있으나 근래에는 철근 콘크리트말뚝이 널리 쓰인다.

5.9.9 하수관거의 접합

관거의 합류점과 단면, 경사, 방향 등이 변화하는 곳에는 맨홀을 설치하여 접합하며, 이때 관거 내의 유수가 수리학적으로 원활하게 유하되도록 합리적인 접합방법을 사용하여야 한다. 접합방법은 배수구역의 지형, 지세, 즉 종단구배, 지하매설물 및 장애물, 방류하천의 수위, 관거의 매설 깊이 등을 고려하여 결정한다.

(1) 수위(수면)접합

접합하는 관의 수위를 계획유량시의 수위와 일치시키도록 접속시키는 방법이다. 이 방법은 수리학적으로 가장 좋은 방법이나 수위계산을 해야 한다.

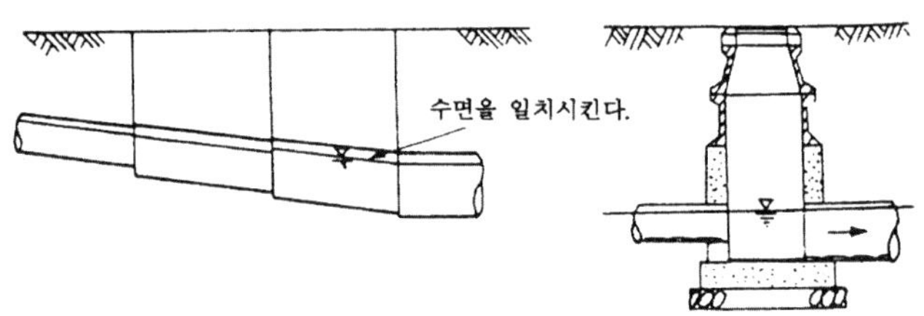

그림 5.41. 수면접합.

(2) 관정접합

접속하는 관거의 내면 상부를 일치시키도록 접속시키는 방법이다. 이 경우에는 만류시에도 단면을 유효하게 이용할 수 있고 수위접합보다는 못하지만 비교적 정류를 얻을 수 있다. 지세가 급하여 수위차가 많이 발생하는 곳에 적합하지만, 평탄한 지형에는 낙차가 많이 요구되며, 관거의 매설깊이가 증대하여 토공비가 많이 들고 펌프배수시에는 양정이 증가하는 단점이 있다.

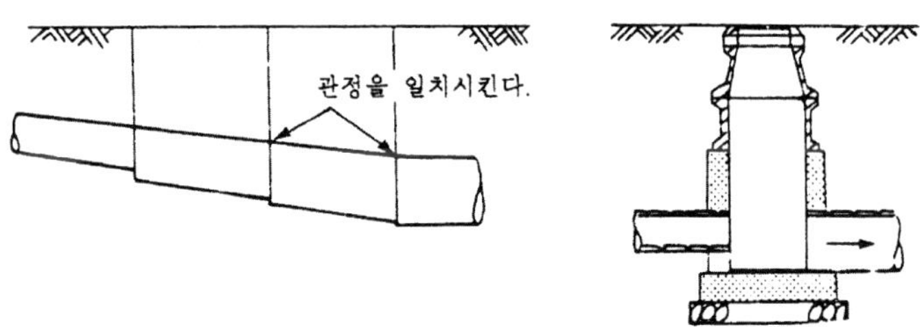

그림 5.42. 관정접합.

(3) 관중심 접합

접속하는 관거의 내면 중심부가 일치되도록 접속시키는 방법으로, 수위
접합과 관정접합의 중간적인 방법이며 수위 계산이 필요없다.

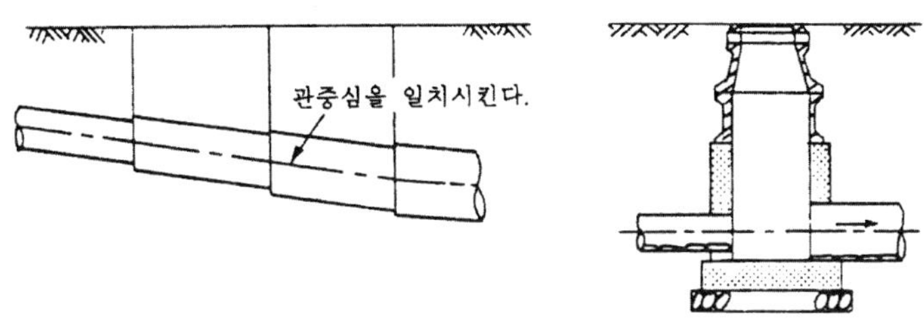

그림 5.43. 관중심 접합.

(4) 관저접합

접속하는 관거의 내면 하부를 일치시키도록 접속시키는 방법이다. 수리
학적으로는 좋지 않아 경우에 따라서는 상부의 동수구배선이 관정보다
높아지는 경우도 있다. 평탄한 지형에서 토공량을 줄이기 위하여 사용한다.

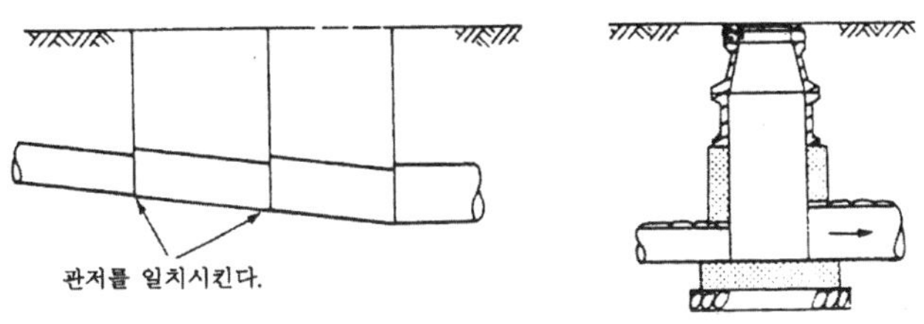

그림 5.44. 관저접합.

(5) 단차접합

지세가 아주 급한 경우에 관거의 기울기와 토공량을 줄이기 위하여 사용된다. 지표의 경사에 따라 적당한 간격으로 맨홀을 설치한다. 맨홀 1개당 단차는 1.5m 이내로 하는 것이 바람직하며 단차가 0.6m 이상인 경우에는 부관을 설치한다.

(6) 계단접합

지세가 아주 급한 경우에 기울기와 토공량을 줄이기 위해서 사용된다. 통상 대구경관거 또는 현장타설 관거에 설치한다. 계단의 높이는 1단당 0.3m 이내 정도로 하는 것이 바람직하지만 지표의 경사와 단면의 단계 계단의 길이와 높이를 변화시킬 수 있다.

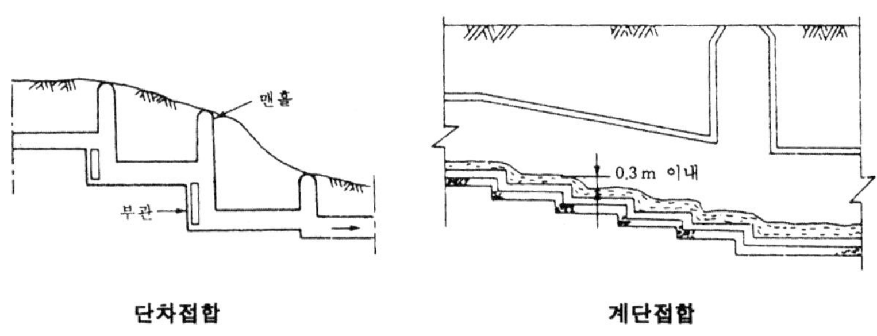

그림 5.45. 단차접합 및 계단접합.

5.9.10 상수관의 접합

하수관(下水管)의 이음은 외부로부터 우수 및 토사의 침입, 관 내에서 오수누출에 의한 다른 매설물의 영향 및 지하수 오염을 방지하기 위해 내구성, 수밀성 있는 재료를 사용하고 현장에서 시공이 용이한 것 이어야 한다.

상수관의 누수는 공들여 배수한 정수가 헛되이 없어지므로, 그 손실은 수도사업의 경영상 대단히 클 뿐 아니라 수자원의 유효이용이라는 점에서도 문제가 된다. 또한 손실은 그것뿐이 아니고 누수되는 곳은 단수시에 부압이 발생하여 역으로 오수를 빨아들이므로 위생상 중대한 문제가 되며, 배수관의 통수능력도 누수량만큼 더 필요하게 되므로 배수관의 용량을 그만큼 크게 하지 않으면 안 된다. 누수를 감소시키면 그 만큼의 수량을 간접적으로 확장공사에 의하여 증가시킨 것과 동일한 효과를 나타낸다.

누수가 생기는 장소는 관의 접합부나 관과 기구의 접속부가 대부분을 차지하지만 그 외에 관 내 수압의 변동, 토층운동, 노화, 파손, 파열, 부식 등 관자체의 결합이 원인이 되는 것도 많이 있다.

관의 이음방법을 요약하면 다음과 같다.

- Socket joint

도관, 소구경(小口徑) 콘크리트관(600㎜ 이하)에 사용된다. 시공이 쉽고 수밀성도 비교적 유지되나 다소 강도에 난점이 있어 대경관(大徑管)에는 사용할 수 없다.

- Collar joint

대부분 원심력 철근콘크리트관의 이음에 많이 사용되며 용수(湧水)의 배수가 곤란한 곳에서는 시공이 곤란하다.

- Bath joint(맞붙임 이음)

철근콘크리트관에 주로 사용하며, 관끝과 관끝을 밀접시키고 접합 부분에 Mortar을 채워서 이음한다. 시공이 용이하나 하중에 대해서 약하므로 기초공(基礎工)에 주의가 필요하다.

- Bath and spigot joint

Bath joint를 개량한 것으로 맞붙는 부분에 Mortar를 채워서 접합하기 때문에 수밀성이 다소 못하고 하중에 대해서 약한 점이 있으나 시공이 쉬우며 중경(中徑)·대경관(大徑管)에 사용되며 펌프배수를 필요로 하는 용수(湧水) 지점에 사용하기도 한다.

- Mechanical joint

소켓접합이 개량된 것으로 수밀은 고무링에 의한다.

- 타이튼 조인트(Tyton joint)

수구(受口)에 고무바킹을 끼워 윤활제를 도포하여 연결하는 것이다.

- 내면접합

접합조작이 전부 관의 내면으로 될 수 있도록 되어 있다. 1,000mm 이상의 대구경관에 이용된다.

- Flange 접합

Gate valve, 공기밸브, 펌프 둘레의 배관에 설치한다.

- Victaulic joint

주철관 또는 강판에 사용되며 양 판 끝을 맞붙여서 내침링이란 고무링을 가지고 이것을 싸고, 그 위를 금속성 복함으로 피복해서 복함을 서로 볼트로 조이는 것이다.

5.9.11 상수관거의 부대시설

(1) 신축이음

신축이음 설치의 목적은 온도(외부 대기온도와 관 내의 물 사이) 변화에 따른 관로의 신축에 대응시키기 위함이다. 노출부는 매설부보다 온도 변화의 정도가 크고 주변 흙과의 사이에 마찰이 없으므로 관의 신축이 커지기 때문에 관이음은 신축성이 있는 경우를 제외하고는 신축이음을 20~30m 간격마다 설치하여야 한다.

- **개거**: 인공적으로 만든 자유수면을 갖고 중력에 의해 흐르는 수로를 말한다.
- **암거**: 개거의 상면을 덮어 지하에 매설한 것이다.
- **개수로**: 자연유하로 자유수면을 갖고 중력에 의해 흐르는 수로를 말한다.

  여기서, 자유수면(Free surface)은 대기와 경계를 이루는 물표면을 말한다.
- **관수로**: 압력자(동수경사)에 의해 관 속에 물이 완전히 차서 흐르는 수로를 말한다. 개거나 암거에 수온, 기온 등을 고려하여 10~20m 간격으로 신축이음을 두어야 한다. 지질이 변하는 장소, 접합정, 수로교, 양수Weir, 맨홀, 수문 등의 구조물과 접속부에는 완전신축 이음을 두어야 한다.

개거 및 암거에는 10~20m 간격에 시공이음을 겸하여 신축이음을 설치하며, 지질이 연약한 곳이나 접합정, 교량, 인공(人孔), 언(堰), 수문(水門) 등의 전·후에서는 부등침하를 일으키기 쉬우므로 유연성이 큰 신축이음을 설치한다. 신축이음의 재질은 충분한 수밀성이 있고 신축에 대하여 그 기능을 충분히 발휘할 수 있는 것이어야 한다.

- 고무 신축이음
- 플라스틱 신축이음
- 그 외에 Asphalt, mortar 등이 사용되며, 동판이나 방수지 등이 부속 설비로 추가되는 경우가 있다.

(2) 접합정(Junction well)

보통 자연유하에 의한 관로에 설치되는 것이나, 압력수로에 설치하는 경우는 수로가 동수구배선에 가까워져 압력이 작아진 곳에 접합정을 설치한다. 이것은 관로에서의 수두를 분할하여 적당한 수압을 보존하게 하거나, 두 개 이상의 수로를 한 개의 수로로 송수할 경우에 설치한다. 도·송수관의 접합정은 주로 관로의 수압을 경감하기 위해 설치한다.

도수관의 노선선정에 있어서 관로의 수평 및 연적방향의 급격한 굴곡은 손실수두를 크게 하므로 피하는 것이 좋다. 동수구배선 위로 관로가 올라가면 관의 내압이 대기압보다 작게 되어 수중의 용해 공기가 분리되어 관로의 최상부에 모임으로써 통수를 방해 하므로 주의가 요구된다.

관로는 최소 동수구배선 이하로 하여야 하는데, 관로가 최소 동수구배선 위로 올라가게 되는 경우에는 단일 동수구배선에 대한 관경에 비하여 상류측 관경을 크게 하고, 하류측의 관경을 작게 함으로써 동수구배선을 올려야 한다.

접합정은 급격한 경사지나 도수로의 분기점 또는 동수경사선이 작아 압력이 낮은 경우에 설치하는 시설로서, 관로의 수두를 분할 해 적당한 수압으로 관로의 원활한 흐름을 도모하는 구조물이다. 형상은 원형, 사각형이 널리 쓰인다.

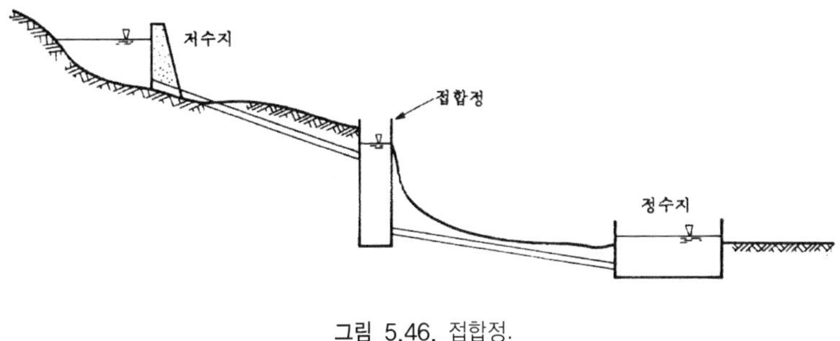

그림 5.46. 접합정.

(3) 양수정(Gauging well)

송수량을 측정하기 위하여 송수관로의 시점과 종점에 설치하여 유량을
비교하므로 고장, 누수를 발견한다.

(4) 수로교

수도 전용교에 가설할 경우 또는 수도관 자체를 교행으로 해서 하천을
횡단하는 것이다.

(5) 역사이폰관(Inverted syphon)

수로가 하천, 도로, 철도 등의 아래를 횡단할 때는 역사이폰관을 설치
하여, 관내 유속은 상류유속보다 하류유속은 크게하여 관내 침전을 피한
다. 설치시 고려사항은 다음과 같다.

- 역사이펀의 구조는 장애물의 양측에 수직으로 역사이펀실을 설치하고,

이것을 수평 또는 하류로 하향경사의 역사이펀 관거로 연결한다. 또한, 지반의 강약에 따라 말뚝 기초 등의 적당한 기초공을 설치한다.

- 역사이펀실에는 수문설비 및 깊이 0.5m 정도의 니토실을 설치하고, 역사이펀실의 깊이가 5m 이상인 경우에는 중단에 배수펌프를 설치할 수 있는 설치대를 둔다.

- 역사이펀 관거는 일반적으로 복수로 하고, 호안, 기타 구조물의 하중 및 그들의 부등침하의 영향을 받지 않도록 한다. 또한, 설치위치는 교대, 교각 등의 바로 밑은 피한다.

- 역사이펀 관거의 유입구와 유출수는 손실수두를 적게 하기 위하여 종구(Bell mouth)형으로 하고, 관거 내의 유속은 상류관거내의 유속보다 20～30% 증가시킨 것으로 한다.

- 역사이펀 관거의 토피는 계획하상고, 계획준설면 또는 현재의 하저 최심부로부터 중요도에 따라 1m 이상으로 하며 하천관리자와 협의한다.

- 하천, 궤도, 철도, 상수도, 가스 및 전선케이블 등 철도의 밑을 역사이펀으로 횡단 하는 경우에는 관리자와 충분히 협의한 후 필요한 방호시설을 한다.

- 하저를 역사이펀하는 경우로서 상류에 우수토실이 없을 때에는 역사이펀 상류측에 재해방지를 위한 비상 방류관거를 설치하는 것이 좋다.

(6) 서어징(Surging)

밸브의 급작스런 개폐에 의한 수격작용을 완화하기 위해 압력수로와 압력관 사이에 자유수면을 가진 조절수조를 설치하여 관로를 일시적으로 폐쇄하면 흐르던 물이 서어지 탱크 내로 유입하여 수원과 탱크 사이의 물이 진동하며 탱크의 수면이 상승한다. 이러한 진동현상을 서어징이라 한다.

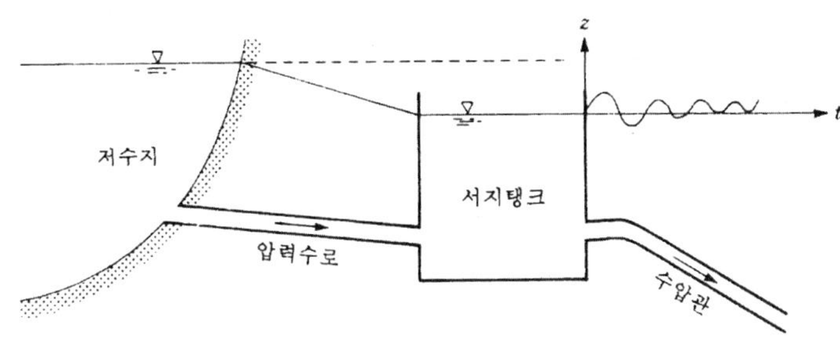

그림 5.47. 서어지 탱크.

5.10 하수관거의 부대시설

(1) 맨홀(Manhole)

하수관거 내의 검사, 청소, 장애물 제거, 보수 등을 위하여 합류점, 관거의 단면변화점 등에 설치한다.

맨홀의 설치장소는 다음과 같다

- 관거의 기점
- 관거의 반향, 경사, 관경이 변화하는 장소

- 단차(段差)가 발생하는 장소

- 관거가 합류하는 장소

- 관거의 유지관리상 필요한 장소

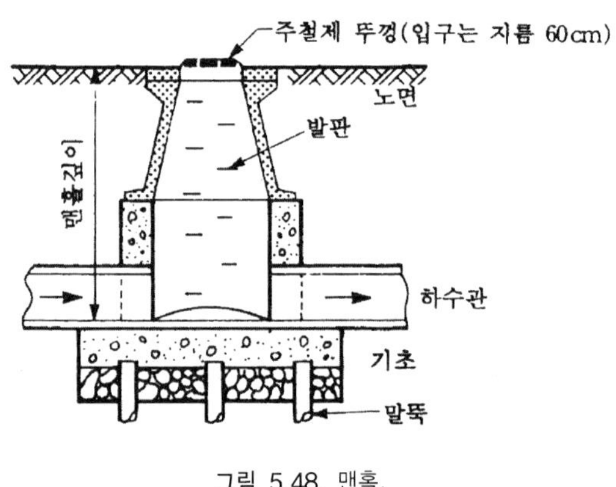

그림 5.48. 맨홀.

표. 5.11 맨홀의 관경별 최대간격

관 경(mm)	300 이하	600 이하	1000 이하	1500 이하	1650 이하
최대 간격(m)	50	75	100	150	200

(2) 우수받이(Street-inlet)

측구 기타에서 흘러나오는 빗물을 하수본관으로 유하시키기 위하여 측구 도중에 우수받이를 설치한다. 받이의 상부에는 빗물의 유하와 교통의 안전을 위하여 구멍을 가진 뚜껑을 설치한다. 주의 사항은 들면 다음과 같다.

- 우수받이를 설치하는 간격은 도로의 광협, 구배, 측구의 대소형상에 의하나 20m 정도에 1개 이하의 비율이면 좋다.

- 우수받이의 뚜껑은 검불막이의 역할을 하도록 한다. 철제격자가 많이 쓰이나 근래는 철근콘크리트제 또는 도기제로 사용한다.
- 우수받이의 바닥에는 다소의 진흙받이를 만든다.
- 시공에 있어서는 먼저 우수받이를 장치한 후 지선 L자형 측구를 체계있게 설치하는 것이 간편하다.
- 형상의 내경 40∼50㎝의 원통형 또는 정방형 구조로 하고, L형지선 하수구의 폭이 원의 30㎝일 때는 0.8m, 35㎝일 때는 1.0m 깊이로 한다.

(3) 우수조정지(유수지)

우수조정지(유수지)는 우천시 우수토실의 월류수 및 펌프장에서의 방류수를 저류하여 배수구역으로부터 방류되는 초기우수의 오염부하량을 감소시키는 시설이다.

- 우수조정지의 위치

우수조정지의 우수유출시에 효과적인 기능을 할 수 있는 용량 및 구조로 다음과 같은 곳에 설치한다.

- 하수관거의 유하능력이 부족한 곳
- 하류지역의 펌프장 능력이 부족한 곳
- 방류수역의 유하능력이 부족한 곳

표 5.12 우수조정조의 설치

	분류식 하수도의 경우	함류식 하수도의 경우
기존 관거 등의 능력부족	유량조정이 필요한 구역 / 능력이 부족한 관거 / 우수조정지 / 배수구역 / 방류수로	(▨우수토절) 배수구역 유량조절이 필요한 구역 / 우수조정지 / 능력이 부족한 관거 / 처리장 / 방류수로
펌프장의 능력부족	능력이 부족한 펌프장 / 우수조정지 / 배수구역 / 방류수로	유량조정이 필요한 구역 / 우수조정지 / 능력이 부족한 펌프장 / 배수구역 / 처리장 / 방류수로
방류수역수로 등의 능력부족	하수도 / 배수구역 / 우수조정지 / 연결수로 / 방류수로	유량조정이 필요한 구역 / 배수구역 / 우수조정지 연결수로 / 펌프장 / 처리장 / 방류수로

● 우수조정지의 구조방식

우수조정지의 구조는 침사와 침전물 제거 등의 유지관리가 용이하도록 하며 합류식의 우수조정지에서는 환경대책도 고려할 필요가 있다. 우수조 정지의 구조형식은 댐식(제방높이 15m 미만), 굴착식 및 지하식으로 한다 (표 5.13).

구조형식	내 용	방류(조절)방식
댐식	흙댐(earth dam)또는 콘크리트댐에 의해서 하수를 저류하는 형식	자유방류식이 일반적
굴착식	평지를 파서 하수를 저류하는 형식	자유방류식, 펌프배수, 수문조작에 의한 배수
지하식	일시적으로 지하의 저류조, 관거 등에 하수를 저류하여 양수조정지로서의 기능을 갖도록 하는 것	저류 수심이 크지 않아 펌프에 의한 배수가 일반적
현지저류식	공원, 교정, 건물 사이, 지붕 등을 이용하여 우수를 저류하는 시설로서 보통 현지에 내린 비만을 대상으로 하기 때문에 관거의 상류측에 설치함	자연방류식으로 하는 것이 일반적

(4) 기타 관거의 부대시설

기타 관거에는 여러 가지 부대설비가 있으나 몇 가지만 요약하여 정의하면 다음과 같다.

- **역사이펀**

하수관거가 하천, 운하, 철도 등을 교차할 경우에 역사이펀을 이용한다.

- **측구**

도로와 접한 사유지에서 우수를 배제하기 위해 도로양측 사유지와 경계선에 따라 설치한 배수로(排水路)이다.

- **빗물받이**

차도와 보도의 구분이 있는 경우는 그 경계에, 구분이 없는 경우는 도로와 사유지와의 경계부분에 설치한다.

- **연결관**

우수받이·오수받이와 하수 본관·지관에 연락하기 위하여 매설하는 관이다.

- **토출구**

하수도의 관거로부터 우수와 오수를 방류하는 출구를 말한다.

- **등공(Lamp hole)**

대구경의 하수관거에서 맨홀 간격이 긴 경우 또는 곡선부가 있을 때 관거 내에 전등을 달기 위해 설치한다.

- **우수분류조**

강우시에 하수관거의 도중에 우수를 배제하기 위해 설치한다.

- **세정장치**

유속이 작은 하수도에서 침전물이 쌓이기 쉬우므로 청소를 하는 장치이다.

- **환기장치**

합류식 하수도에서는 맨홀뚜껑이나 빗물받이에서 대기와 통하기 때문에 환기장치가 필요없으나 분류식 하수도에서는 환기가 불충분해지므로 오염된 공기를 배제하기 위한 장치가 필요하다.

수중에 있는 금속은 전기화학적인 현상 및 주위의 환경조건과 기타요인에 의해 부식이 진행되는데, 전면적인 부식과 국부적인 부식으로 그림 5.49와 같이 구분된다.

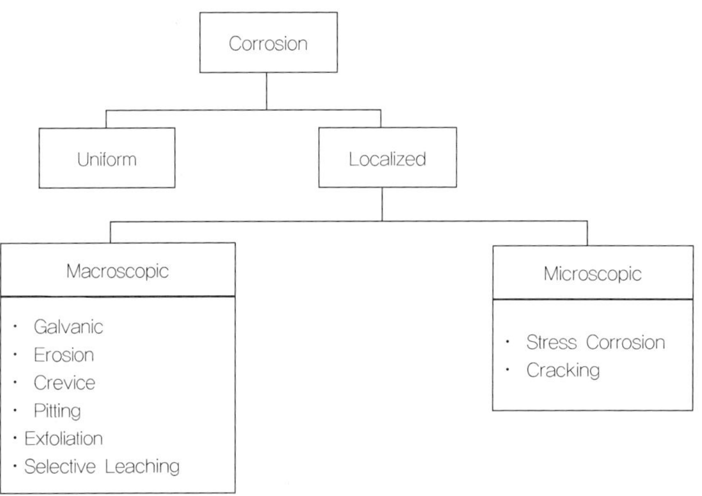

- **Galvanic(전지부식)**: 두 종류 이상의 금속재료를 함께 사용하는 경우에 Active한 금속이 전기화학적으로 부식된다. Active한 순으로 보면 Zn, Mild steel, Cast iron(주철), 납, 놋(Brass), 구리, 스테인리스 스틸 등이다.
- **Pitting**: 관거표면에 불규칙한 홈(Pits)이나 구멍이 생기는 것을 말

한다. 주로 표면의 작은 균열이나 흠집, 침전물질 등에 의해서 부식이 시작된다.

- **Crevice**: 산도(Acidity), 용존산소, 용해된 이온 등의 변화에 의해 시작되며 관거내의 개스킷(Gasket) 주위, 리벳(Rivet) 부근이나 침전물질이 있는 부근에 형성되는 부식이다.
- **Erosion**: 높은 유속이나 와류에 의해 금속표면의 보호막을 파괴시켜 생기는 부식이다. 생물학적Crevice 부식지점이나 부식물질의 침전부위에 미생물의 성장에 의해 형성되는 부식이다.
- **Exfoliation(박리)과 Selective leaching(선택적 침출)**: 박리한 깨끗한 얇은 층 밑에 부식이 형성되는 것을 말한다. 선택적 침출은 합금에서 어느 원소가 제거된 상태를 말한다.
- **Stress corrosion**: 응력에 의한 부식균열을 말한다.

표 5.14는 부식에 영향을주는 요소에 대하여 수도관거를 기준으로 예시 하였다.

일반적으로 수용액 중의 금속표면에는 전위차가 다른 부분이 혼재되어 있어, 그림 5.50과 같이 국부전지가 무수히 활동하고 있다. 국부전지의 양극부에서 부식전류가 유출되고, 금속은 이온상태로 용출된다. 전류가 금속에서 용액 중으로 유출하는 표면을 양극(Anode), 반대로 용액 중에서 전류가 금속으로 유입하는 표면을 음극(Cathode)이라고 한다. 음극부는 고전위(高電位)이고, 양극부는 저전위(低電位)이다. 이러한 부식전위를 형성하는 원인은 여러 가지가 있으나 그 내부인자로서는 금속의 조성, 조직, 표면상태, 내부응력, 온도차, 그리고 금속측에 있어서 일체의 불균일성 등이 있으며, 특히 표면에 있어서 이종(異種)금속성이 접촉하여 존재하는 경우는 그 전형적인 경우에 해당한다.

표 5.14 수도관거의 부식에 영향을 주는 요소

요 소	부식에 대한 영향
pH	낮은 pH는 부식을 가속시킨다.
용존산소(DO)	부식을 촉진시키며 특히 철과 동파이프의 부식을 촉진시킨다.
유리잔류염소	철과 동파이프의 부식을 촉진시킨다.
알카리도	낮은 알칼리도는 부식을 제한시키지 못한다.
Halogen와sulfide의 알칼리도함유율	Mineral acid가 높으면 철관과 동관의 Pitting 부식이 심하다(mole 비가 0.5 이상일 때).
TDS (용존고형물질)	TDS가 높으면 전기전도도가 증가되어 부식을 증가시킨다.
Ca	철관의 경우 Ca는 CO_3^{2-}와 결합하여 보호막을 형성한다.
탄닌(Tannins)	Tannin은 금속표면에 보호성 유기물질의 피막형성이 가능하다.
유 량	유량이 증가되면 금속표면에 와류를 형성하여 용존산소농도를 높게 하고 관거표면의 보호막을 파괴시킨다.
금속이온	Cu 이온은 아연도관(Galvanized pipe)에 부식을 증대시킬 수 있다.
수 온	수온이 높으면 부식을 증대시킨다. 높은온도에 의해 $CaCO_3$, Magnesium, Silicate, $CaSO_4$의 용해도가 감소되어 Scale을 형성시킨다.

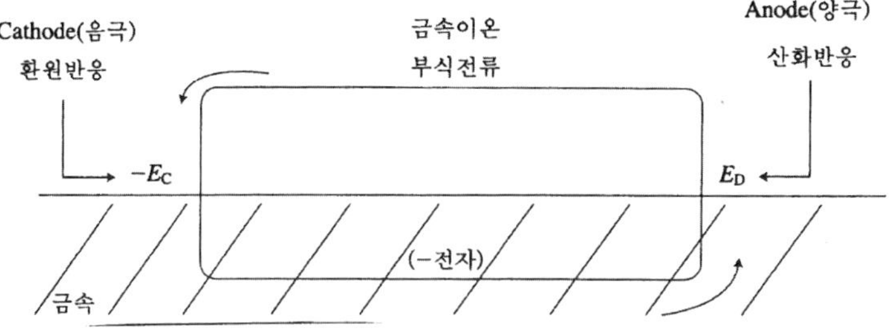

그림 5.49. 부식전지의 전류이동.

또한 외부인자인 용액측에 기인하는 것으로는 금속표면과 접하는 용액
이 부분적으로 이온농도, 용존산소량, 온도, 유속 등에 차이를 가질 때의
국부전지이다. 또한 수소보다 이온화경향이 큰(즉, 저전위) 금속의 경우는
이른바 치환작용에 의해 금속이 용출되고 액 중의 수소이온이 방전되어
수소가 발생함과 동시에 금속이 용출함으로써 부식이 일어난다.

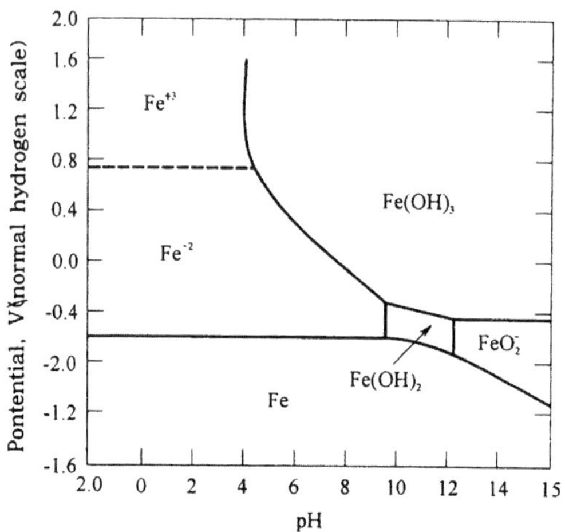

그림 5.50. Simplified potential－pH diagram for
Fe－H2O system.

그림 5.51은 Dr. M. Pourbaix에 의한 제안된 전위와 pH diagram으로
Nernst 공식과 금속의 용해도로부터 계산된 것이다. 주어진 전위와 pH에
서 Fe, $Fe(OH)_3$, $Fe(OH)_2$는 안정된 상태를 나타낸다. V를 낮게 유지하면
부식이 일어나지 않는다. V가 －0.6, pH 7인 경우에 Fe^{2+}가 존재하지만,
V가 증가되면 Fe^{3+}가 형성된다. V를 증가시켜 $Fe(OH)_3$가 되게 하면 보호

막이 형성된다. 이를 양극보호(Anodic protection)라고 한다. pH를 증가시켜도 $Fe(OH)_2$의 보호막이 생길 수 있다. V를 감소시켜도 부식을 억제시킬 수 있는데 이를 음극보호(Cathodic protection)라고 한다.

여기서 scrape iron 대신 철보다 부식이 쉬운 Zn, Mg 등을 땅에 묻어 DC rectifier를 사용하지 않고 부식을 대신하게 할 수도 있다(그림 5.52).

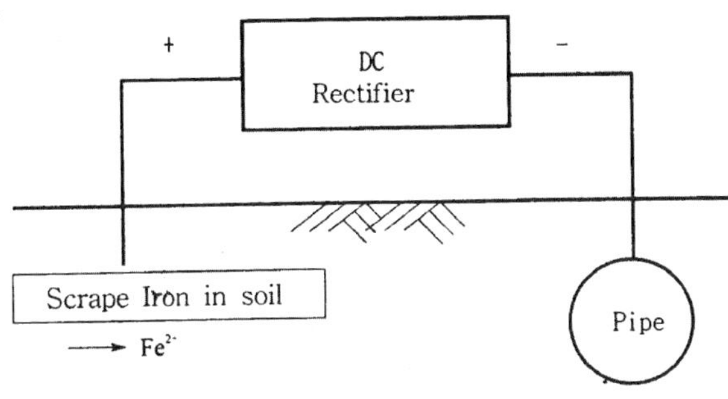

그림 5.51. 음극보호의 예.

5.11.1 부식지수(Corrosion Indices)

$CaCO_3$와 관련된 부식의 정도를 나타내는 지수는 LSI(Langelier Saturation Index)가 가장 흔히 쓰인다. $LSI = pH - CaCO_3$ Saturated pH로 나타내며 물 속의 Ca, 알칼리도, 수온, pH 및 용존고형물질의 농도와 관련이 있다. AI(Aggressive Index)는 LSI를 단순화시킨 것으로 $CaCO_3$의 용해도를 대략적으로 나타내고 있다. RSI(Ryznar Stability Index)는 LSI의 수정방법으로는 육안관찰을 포함시키고 있다. DFI(McCauley′s Driving Force Index)는

LSI와 같이 $CaCO_3$의 침전 가능성을 추진하고 있다. CI(Riddick′s Corrosion Index)는 LSI와는 다른 것으로 부식요인으로 DO, Cl^-, 비탄산경도, Silica 의 농도를 이용하고 있다.

LSI는 계산으로 구한 LSI값이 양수일 경우는 물이 과포화상태로 $CaCO_3$ 가 침전되며, 음수일 경우는 불포화상태로 물이 고형물상태의 $CaCO_3$를 용해시키고, Zero일 경우는 포화상태로 용해와 침전의 평형이 이루어진다.

수질이 $CaCO_3$에 의해서 포화될 때 다음 식으로 표시된다

$$\left[Ca^{2+}\right]\left[CO_3^{2-}\right] = K_s{}' \tag{5.5}$$

일반적인 수질특성에서 알카리도(Alkalinity = Alk)는 다음과 같다.

$$Alk = \left[HCO_3^-\right] + 2\left[CO_3^{2-}\right] + \left[OH^-\right] - \left[H^+\right] \tag{5.6}$$

$$\frac{\left[H^+\right]\left[CO_3^{2-}\right]}{\left[HCO_3^-\right]} = K_2{}' \tag{5.7}$$

$$\left[H^+\right]\left[OH^-\right] = K_w{}' \tag{5.8}$$

여기서, $K_2{}'$ 은 특정이온강도와 온도에서 탄산의 제2차해리상수이다. 식(5.6), (5.7) 및 (5.8)를 결합하면,

$$\left[CO_3^{2-}\right] = \left(Alk + \left[H^+\right] - \frac{K_w{}'}{\left[H^+\right]}\right)\frac{K_2{}'}{2K_2{}' + \left[H^+\right]} \tag{5.9}$$

식 (5.5)과 (5.9)를 결합하면,

$$[H^+]_s = \left[Ca^{2+}\right]\left(Alk - \frac{K_w{}'}{\left[H^+\right]} + [H^+]_s\right)\frac{K_2{}'}{K_s{}'}\left(\frac{[H^+]_s}{2K_2{}' + [H^+]_S}\right) \tag{5.10}$$

이를 정리하면,

$$[H^+]_s^2\left(1 - \frac{\left[Ca^{2+}\right]K_2{}'}{K_S{}'}\right) + [H^+]_s\, K_2{}'\left(2 - \frac{\left[Ca^{2+}\right]Alk}{K_s{}'}\right) + \frac{K_w{}'K_2{}'}{K_s{}'}\left[Ca^{2+}\right] = 0 \tag{5.11}$$

식 (5.11)은 $A[H^+]_s^2 + B[H^+]_s + C = 0$ 형태의 2차 방정식이다.

$$[H^+]_s = \frac{-B \pm \sqrt{B^2 - 4AC}}{2A}$$

여기서, $A = 1 - \dfrac{[Ca^{2+}]K_2'}{K_s'}$

$$B = K_2'\left(2 - \frac{[Ca^{2+}]Alk}{K_s'}\right)$$

$$C = \frac{K_w' K_2'}{K_s'}[Ca^{2+}]$$

식 (5.11)을 계산하여 $[H^+]_s$를 구하였다.

pHs는 수소이온활동의 역대수이므로 다음과 같이 표현된다.

$$pHs = -\log_{10}[H^+]_s - \log_{10}fm$$

여기서, fm : 1가 이온의 활동도계수

5.11.2 관정부식(Crown corrosion)

하수 내 유기물, 단백질 기타 황화물이 혐기성 상태에서 분해되어 생성되는 황화수소(H_2S)가 하수관 내의 공기 중으로 솟아오르면 호기성 미생물에 의해서 SO_2나 SO_3가 된다. 이들이 관정부(管頂部)의 물방울에 녹아서 황산(H_2SO_4)이 된다. 이 황산이 콘크리트관에 함유된 철(Fe), 칼슘(Ca), 알루미늄(Al) 등과 반응하여 황산염이 되어 콘크리트관을 부식파괴하는 현상을 관정부식(管頂腐蝕)이라 한다.

관정부식의 대책은 다음과 같다.

① 하수의 유속을 증가시켜 하수관 내 유기물질의 퇴적을 방지한다.

② 용존산소 농도를 증가시켜 하수 내 생성된 황화물질을 변화시킨다.

③ 하수관 내를 호기성 상태로 유지하여 황화수소(H_2S)의 발생을 방지한다.

④ 콘크리트관 내부를 PVC나 기타 물질로 피복하고 이음부분은 합성
수지를 사용하여 내산성이 있게 한다.

$$SO_4^{2-} \;\rightarrow\; S^{2-}$$

$S^{2-} + 2H^+ \rightarrow H_2S$(하수 내부 혐기성 상태에서 일어남)

$H_2S + 2O_2 \;\xrightarrow{\text{황산화세균}}\; H_2SO_4$(관정부에서 일어남)

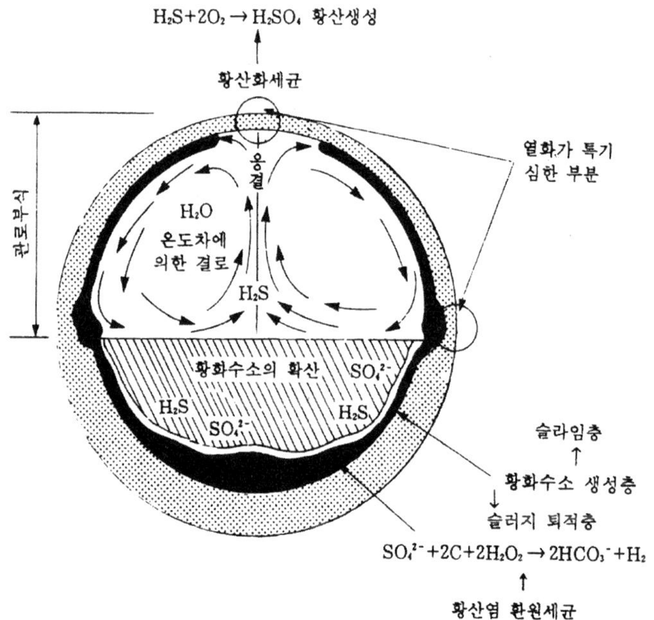

그림 5.52. 황화수소에 의한 관거의 부식과정.

5.11.3 부식 방지대책

부식을 방지하기 위해 흔히 사용되는 방법은 pH 조정, DO 조정, 방청제투입, 음극보호, 피복방법 등이 사용되고 있다.

(1) pH 조정

pH가 6.5 이하이면 부식이 균일하게 일어나나 pH가 6.5～8에서는 Pitting 형태의 부식이 일어난다. pH를 9이상 높이면 이러한 부식은 $CaCO_3$ 침전에 의해 감소시킬 수 있다. pH 이외에도 물의 유속이나 와류 정도, 정체기간에 의해서도 부식정도가 결정된다.

(2) 용존산소 농도

부식방지를 위한 DO 0.5～2mg/ℓ이다. 지하수의 경우에는 포기에 의해 H_2S 등을 제거시킬 수 있는데 이때에는 DO가 증가된다.

(3) 방청제

사용되는 방청제에는 무기성 인(Inorganic phosphate), Sodium silicate, Phosphate와 Silicate의 혼합제가 사용된다. Phosphate류는 20～40mg/ℓ 가량 주입하며 과도한 $CaCO_3$의 침전율 방지하기 위해 사용된다. 효과를 증대시키기 위해 Zn을 2mg/ℓ 가량 사용하는 경우도 있다. Sodium silicate는 2～12mg/ℓ 가량 주입하여 사용하는데, pH가 8.4 이하이며 낮은 알카리와 연수의 경우에 효과적이다. 방청제는 소요량의 2～3배를 일시에 투여해

야 Pitting 없이 보호막을 형성하므로 계속적인 투여로 형성된 보호막을
유지시켜 주어야 한다.

(4) 음극보호

가격이 비싸기 때문에 관로 전체에는 적용하지 못하고 처리시설의 철
제탱크부분에 적용된다.

(5) 피복

Coaltar, Epoxy, Cement 몰딩, Polyethylene 등이 이용된다.

(6) 약품에 의한 안정화

수질의 안정화를 위해 $Ca(OH)_2$를 사용할 때에 pH는 물맛을 고려해서
7.5 내외(사실상 8이상이어야 부식속도가 크게 저하됨), Ca과 알카리도는
각각 $40mg/\ell$ as $CaCO_3$ 가량 유지하는 것이 적절하다고 추천되었다. 이를
위해 $Ca(OH)_2$는 $570\sim2000mg/\ell$를 주입하여야 되는 것으로 나타났다는
보고가 있다.

5.11.4 노후관의 세관(Cleaning)

노후관이란 매설 후 장기간 사용으로 인하여 지나친 부식이나 scale 등
의 생성으로 배수·급수 불량, 적수현상이 발생하거나 지관부 이외의 접
합부 또는 연결부위에서 누수사고가 빈발하는 관을 말한다. 이러한 노후

관은 노후관 내부의 Scale을 완전히 제거하여 통수단면적을 회복시키기 위한 세관작업과 세관을 실시한 관내부에 scale 형성방지를 위해 Lining공을 실시하여 관을 재생시키는 재생공법을 통하여 회복할 수 있다.

(1) 스크레이퍼(Scraper) 공법

이 공법은 가동축 주위에 있는 큰 스크레이퍼를 방사상으로 여러 단 설치하여 세관하는 공법으로 수압식과 견인식이 있다.

(2) 젯트(Jet) 공법

특수 고압펌프로 물을 $200 \sim 250kgf/cm^2$로 가압하여 특수 노즐에 의해 젯트류를 형성하여 스케일을 제거하는 공법이다.

(3) 폴리픽(Poly - pig) 공법

폴리우레탄 재질원 포탄산 물질인 Poly - pig을 특수 가압장치를 이용 $3 \sim 4kgf/cm^2$의 수압을 가해 Scale을 제거하는 방법으로서, Pig은 압축성 및 굴곡성이 좋으며 $45° \sim 90°$곡관 등의 통과가 가능하고 1회 시공연장은 1km로서 장거리는 일시에 또 단시간에 작업이 가능하다.

(4) AS(Air Sand) 공법

선회압축공기와 여기에 혼입하는 입자속도가 발생하는 힘을 이용하여 세관하는 방식으로서 1회 시공연장은 $300 \sim 100m$이며, 곡관이나 구경이 동일하지 않는 연속 S형 곡관의 시공이 가능하다. 제거한 Scale, 이물질 등은 작업 말단부에 설치한 집진기로 회수한다.

5.12 참고문헌

강태곤(1993), 기초역학, 학문당, 3·3 - 3·52.

건설부(1980), 하수도시설기준.

김가현(1999), 상하수도공학, 청운문화사, 68~96, 284~334.

문형부(2008), 수리학, 신광문화사, 32~266.

박태영(1996), 수리수문학, 청운문화사, 20 - 305.

송창수 외 2인(2002), 상수도 공학, 동화기술, 167~180.

염상현(1996), 상하수도공학, 동화기술, 91~200.

이승원 외 1인(2007), 수질환경기사·산업기사, 성안당, 365~385.

장준영(1992), 수질환경기사 실기, 성안당, 4·3~4·29.

최의소(2001), 상하수도공학, 청문각, 102~115.

환경부(1992), 상수도시설기준, 73~99.

환경부(1995), 폐수종말처리시설의 설계, 2.1~2.23.

Andrew Chadwick and John Morfett., (1993),Hydraulics in Civil and Environmental Engineering, E & FN SPON.

Brater, E. F., and King, H. W., (1976), Handbook of Hydraulics, 6th Edition, McGraw - Hill Book Company, New York, New York.

Chao, J. L., and Trussell, R. R.,(1980), Hydraulics Design of Flow Distribution Channels, " Journal Environmental Engineering Division, ASCE, 106, 321.

Freeze, R. A., and J. A. Cherry, (1979), Groundwater, Prentice - Hall, Englewood Cliffs,, NJ,

Larry W. Mays., (2005), Water Resource Engineering, John Wiley & Sons, Inc.

Lohman, S, W., et at,, (1972), "Definition of Selected Groudwater Terms − Revision and Conceptual Refinements," U.S. Geological Survey Water Supply Paper No. 1988.

Streeter V. L. and Wylic E. B., (1979), Fluid Mechanics, McGraw − Hill.

Subramanya, K., and Awasthy, S. C.,(1972) Spatially Varied Flow over side − Weirs, " Journal Environmental Engineering Division, ASCE, 98, 1.

Streeter V. L., and Wylie E. B.,(1979). Fluid Mechanics, McGraw − Hill.

Todd, D. K., (1980), Groundwater Hydrology, John Wiley and Sons, New York.

 연습문제

5.1 다음 용어의 정의를 설명하시오.

  1) 전수압의 작용점

  2) 강관의 두께결정

  3) 등류와 부등류

  4) 층류와 난류

  5) Reynolds number, Re

  6) Critical velocity

  7) Critical slope

  8) Manning 공식

  9) Bernoulli's theorem

  10) Torricelli's theorem

  11) Siphon

  12) Surge tank

  13) Cavitation

  14) Water hammer

  15) Darcy – Weisbach

  16) Triangular weir

  17) 동수경사

  18) 에너지 경사

  19) 차집관거

  20) 신축이음

  21) 접합정

  22) 유수지

  23) Cathodic protection

  24) LSI(Langelier Saturation Index)

  25) Crown corrosion

5.2 분류식 하수도에서는 우수와 오수를 별개로 취급하고, 합류식 하수도에서는 우천시 유량을 배수관 설계의 기본으로 한다. 관거별 계획하수량을 산정하라.

5.3 하수도의 경우, 관거내의 유속이 작으면 부유물이 침전하므로 오수관거에서는 최소 0.6m/s, 최대 3.0m/s이고, 우수관거 및 합류관거는 최소 0.8m/s, 최대 3.0m/s로 한다. 일반적으로 오수관거, 우수관거 및 합류관거에서의 이

상적인 유속은 1.0~1.8m/s이다. 하수관거의 구배설정시 고려사항을 기술하라.

5.4 관로는 반드시 최소동수구배선 이하로 매설되도록 노선을 선정하여야 한다. 선정된 관로가 최소동수구배선 위로 올라가는 경우에는 단일동수구배에 대한 관경에 비하여 상류측의 관경과 하류측 관경을 어떻게 하여야 하는가.

5.5 하수도는 일반적으로 자연유하식에 의한 관로의 노선이 선정되나, 상수도에서는 일정 수압을 유지시켜 주어야 하기 때문에 관로의 노선선정에 주의를 요한다. 상수도의 관거노선 선정시 고려사항을 기술하라.

5.6 상수도관을 매설할 경우 매설깊이는 일반적으로, 관경 900㎜ 이하는 1.2m 이상, 관경 1000㎜ 이상은 1.5m 이상으로 하여야 하며, 노면하중을 고려해야 할 위치에 대규모 관을 부설할 경우에는 매설깊이가 관경보다 작지 않게 하여야 한다. 상수도관의 매설시 고려사항을 설명하라.

5.7 관거의 합류점과 단면, 경사, 방향 등이 변화하는 곳에는 맨홀을 설치하여 접합하며, 이때 관거 내의 유수가 수리학적으로 원활하게 유하되도록 합리적인 접합방법을 사용하여야 한다. 하수관거의 접합방법을 제시하라.

5.8 상수관의 누수는 공들여 배수한 정수가 헛되이 없어지므로, 그 손실은 수도사업의 경영상 대단히 클 뿐 아니라 수자원의 유효이용이라는 점에서도 문제가 된다. 또한 손실은 그것뿐이 아니고 누수되는 곳은 단수시에 부압이 발생하여 역으로 오수를 빨아들이므로 위생상 중대한 문제가 된다. 상수관거의 접합방법을 기술하라.

5.9 수로가 하천, 도로, 철도 등의 아래를 횡단할 때는 역사이폰관을 설치하여, 관내 유속은 상류유속보다 하류유속을 크게하여 관내 침전을 피한다. 설치시 고려사항을 설명하라.

5.10 수중에 있는 금속은 전기화학적인 현상 및 주위의 환경조건과 기타요인에 의해 부식이 진행되는데, 전면적인 부식과 국부적인 부식으로 구분된다. 이 들 부식의 근본적인 영향인자를 제시하고, 그 방지대책을 기술하라.

5.11 노후관이란 매설 후 장기간 사용으로 인하여 지나친 부식이나 Scale 등의 생성으로 배수·급수 불량, 적수현상이 발생하거나 지관부 이외의 접합부 또는 연결부위에서 누수사고가 빈발하는 관을 말한다. 노후관의 세정방법을 제시하라.

PART

6 펌프

수력기계(Hydraulic machinery)의 기능은 기계시스템과 유체시스템 사이에 서로 에너지를 변환시키는 것으로서, 환경공학에서 자주 접하게 되는 수력기계는 펌프(Pump)이다. 펌프(Pump)는 기계적 에너지를 흐름의 에너지로 변환켜 낮은 곳에 있는 물을 높은 곳으로 양수(揚水)할 수 있으므로, 상하수도의 설비에 있어서 중요한 수력기계 중의 하나이다. 특히 하수의 경우에는 폐쇄와 마모 문제가 있기 때문에 이에 대해 유지관리가 편한 펌프가 이용되어야 한다. 가장 널리 이용되는 원심펌프(Centrifugal pump)는 방류형(Radial), 혼합형(Mixed), 축류형(Axial), 와류형(Vortex), 분쇄형(Grinder)으로 구분된다.

펌프를 구조상으로 분류하면,

- 왕복펌프(Reciprocating pump)
- 원심력펌프(Volute pump or centrifugal pump)
- 터빈펌프(Turbine pump)
- 사류펌프(Propeller pump of axial flow pump) 등이 있다.

형상으로 분류하면

- 횡축형 및 수직형 펌프(Horizontal and vertical pump)

- 전동기직결펌프(Motor – direct – coupled pump)

- 수중모터펌프(Immersed or submerged motor pump)

- 자동운전펌프(Self – starting pump)로 구분된다.

6.1 펌프형식의 선정

상하수펌프로서의 특수목적의 펌프를 제외하고는 원심력, 축류 및 사류 펌프가 주로 사용되며, 이들에는 각각 입축형·횡축형이 있고, 또한 개별적 특성이 있는 것이다. 펌프를 선택할 때는 ①양정 ②양수량 ③회전수 ④원동기의 종류 ⑤설치조건(設置條件) ⑥사용목적 ⑦전동(電動)방식 ⑧가격(價格) 등을 우선적으로 검토한 후 결정한다.

- 계획배수량·계획양정에 적합하고 또한 효율이 높을 것.

- 양정변화에 적합하고 효율의 저하 및 운전동력의 증감변화가 적을 것.

- 모래나 이토(泥土) 또는 쓰레기가 혼입된 하수라도 취급할 수 있을 것.

- 수질에 의한 화학적 작용을 받아도 부식 및 기타 작용에 의한 효율 저하가 적을 것.

- 펌프 내부의 점검·청소가 편리한 구조일 것.

- 형태가 작고 기초나 건물면적이 작아도 되는 것.

- 구조가 간단하고 취급이 간편한 것.

- 고장 및 파손(破損)등이 적고 또한 운전이 확실하고 효율이 높으며 수명이 길것.

- 고장 등의 경우 수리(修理)·정비를 쉽게 할 수 있는 것.

6.2 펌프의 양정(Lift head of pump)

펌프를 선택할 때 고려해야 할 사항으로는 양정, 동력, 펌프의 특성 등이 있다. 양정은 아래 식으로 표현되는 전양정TDH(Total Dynamic Head)는 실양정에 각종 손실수두를 합한 총 양정을 말하며 이는 실양정에서 관로의 손실수두를 합한 것이다(그림 6.1).

$$TDH = H_L + H_F + H_V$$

여기서, H_L : 실양정(흡입, 송출 실양정)

H_F : 총마찰손실(직관, 굴곡, 흡입, 유출, 단면확대·축소 등에 의한 마찰손실수두)

H_V : 속도수두(단, 흡입속도수두는 제외한다, $f\dfrac{V^2}{2g}$)

펌프의 유효흡입수두NPSH(Net Positive Suction Head)가 감소되면 공동이 형성되는 점에 도달하는데 이때를 통상 $NPSH_{min}$ 이라고 부르며, 펌프의 종류와 양수량에 의해서 결정된다.

펌프를 설치하여 사용할 때 펌프에 유입되는 물에 대하여 외부에서 주는 압력을 절대압력으로 하고, 그 온도에서 물의 포화증기압을 뺀 것을 유효 NPSH라고 한다.

$$NPSH = H_a \pm H_s - H_w - h_i$$

여기서, H_a: 대기압수두(수주 10.33m일 때 Gauge 압력수두 0m)

H_s: 흡입실양정(m)

– 흡수면이 펌프 중심보다 높을 때, (＋)정수두

– 흡수면이 펌프 중심보다 낮을 때, (－)부수두

H_w: 수온에 상당하는 포화증기압 수두(20℃ : 0.24m)

h_i: 흡입관 내 마찰손실수두(m)

실양정은 전양정에서 각종의 관로에 생기는 손실수두를 뺀 것을 말한다, 즉 기점의 저수위와 종점의 고수위와의 표고차를 나타낸다(그림 6.1)

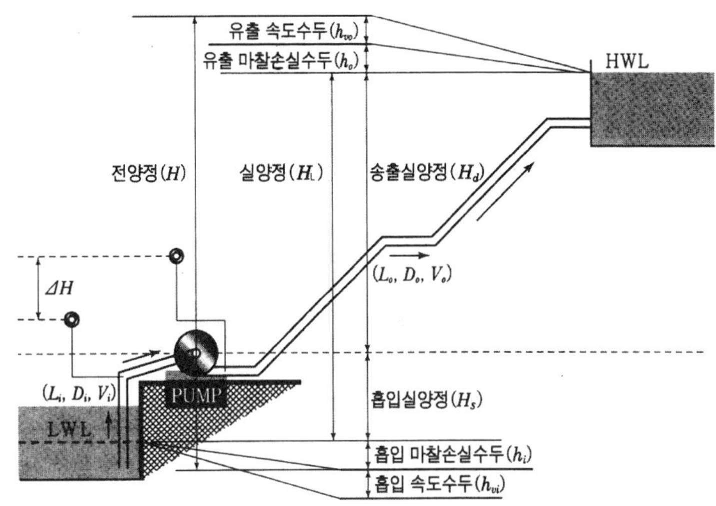

그림 6.1. 펌프의 양정.

NPSH(Net Positive Suction Head)는 펌프의 흡입양정이 어떤 원인에 의해 크게 펌프흡입구에서 저압이 되고 다시 펌프날개를 거처 저압이 되었

을 때 발생되는 압력저하가 액의 증기압 이하로 떨어지면 공동현상
(Cavitation)이 발생한다.

표 6.1 물의 온도에 대한 포화증기압

수온℃	0°	20°	40°	60°	80°	100°	120°	140°
증기압m	0.06	0.238	0.752	2.03	4.83	10.33	20.24	36.85

그림 6.2로 설명하면 A관은 대기압(수주 10.3m)에서 그 액의 온도에
의한 증기압력을 뺀 곳까지 수위가 올라간다.

B관은 대기압에서 액온의 증기압력 실흡수 양정 파이프 로스(관로 손
실수두) 흡수관구의 속도수두를 뺀 곳까지 수위가 올라간다. 이것이 펌프
흡입구에서 물이 갖고 있는 흡입양정이고 이것에 흡수관의 속도수두를
더한 것을 펌프가 이용할 수 있는 NPSH(유효흡입헤드, Available NPSH)
라고 한다.

이 액을 펌프의 날개가 저압부로 빨아들여 다시 액의 압이 내려가고 이
때에 그액의 증기압력과 같거나 그 이하가 되면 공동현상을 일으키게 된다.

정상운전의 경우에 이용할 수 있는 NPSH(Available NPSH)는 펌프 그
자체의 흡입양정(펌프의 필요 NPSH, Required NPSH)이 그 액의 증기압
력과 같거나 크게 되고, Cavitation현상을 일으킬 경우에 이용할 수 있는
NPSH는 펌프 그 자체의 흡입양정(임펠러에 들어갈 때의 최대 압력저하)
이 그 액의 증기압력과 같거나 작게 된다.

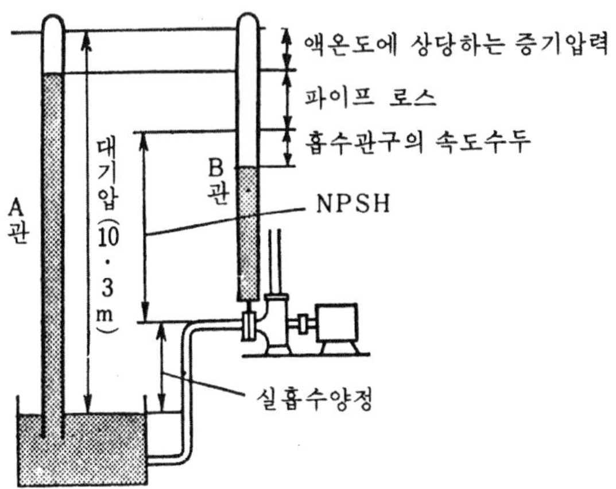

그림 6.2. 흡수면에 대기압이 작용하고 있는 경우의 **NPSH**.

다시 요약하면, 유효 NPSH(Available NPSH)는 펌프를 설치하여 사용할 때 펌프에 유입하는 물에 외부에서 주는 압력을 절대압력으로 하고 그 온도에 있어서의 물의 포화증기압을 뺀 것을 말하고, 펌프내의 최저압력을 취급한 액의 포화증기압보다 높게 보존하려면 흡입구압력은 이 사이에서 압력의 저하분 만큼 포화증기압보다 높이 보존해야 한다. 이 저하분에 상당한 압력을 필요 NPSH(Required NPSH)라고 한다.

펌프가 Cavitation을 일으키지 않기 위해서는 유효 NPSH > 필요 NPSH가 되어야 한다.

- 캐비테이션의 발생조건
    ㉮ 관 속을 유동하고 있는 물속의 특정부분이 고온도(高溫度)에서 포화증기에 비례해서 상승할 때
    ㉯ 펌프에 물이 과속(過速)으로 인하여 유량이 증가할 때

㉲ 펌프와 흡수면(吸水面) 사이의 수직거리가 너무 부적당하게 길 때

- 캐비테이션 발생에 따르는 여러 가지현상

    ㉮ 양정 선과 효율곡선의 저하

    ㉯ 소음(Noise)과 진동(Vibration)

    ㉰ 깃에 대한 침식(侵蝕)

- 펌프의 캐비테이션 방지법

    ㉮ 펌프의 설치높이를 될 수 있는대로 낮추어 흡수양정을 짧게 한다.

    ㉯ 입축(立)펌프를 사용하고, 회전차를 수중(水中)에 완전히 잠기
    게 한다.

    ㉰ 흡입배관계는 될 수 있는대로 관지름을 굵게 하거나 굽힘을 적
    게한다(관로 손실수두를 적게 한다).

    ㉱ 펌프의 회전수를 낮추어 비교회전도를 적게 한다.

    ㉲ 양흡입(兩吸入) 펌프를 사용한다.

    ㉳ 두 대 이상의 펌프를 사용한다.

6.3 펌프의 흡입관

펌프의 흡입관은 시공의 양부에 따른 양수능력에 좌우하므로 다음 사
항에 주의해야 한다(그림 6.3).

- 흡입관의 각 펌프마다 설치하여야 한다.

- 흡입관을 수평으로 설치하는 것을 피한다. 부득이한 경우에는 가능

한 한 짧게하고 펌프를 향하여 1/50 이상의 경사로 한다.

- 흡입관은 연결부나 기타 부분으로부터 절대로 공기가 흡입되지 않도록 한다.

- 저수위로부터 흡입구까지의 수심은 흡입관경의 1.5배 이상으로 하여야 하고 흡입관 끝에서 흡수정 바닥까지의 깊이는 0.8배 이상, 스트레이너(Strainer) 하단으로부터 흡수정 바닥까지의 깊이는 0.5배 이상으로 하여야 한다.

- 흡입관과 흡수정 벽체 사이의 거리는 관경의 1.5배 이상 두어야 한다.

- 인접한 흡수관간의 거리는 동일 구경일 때에는 관경의 3배 이상, 다를 때에는 큰 구경의 3배 이상 두어야 한다.

- 흡입구는 동수위면에서 관경의 2배 이상 물속에 잠겨야 한다.

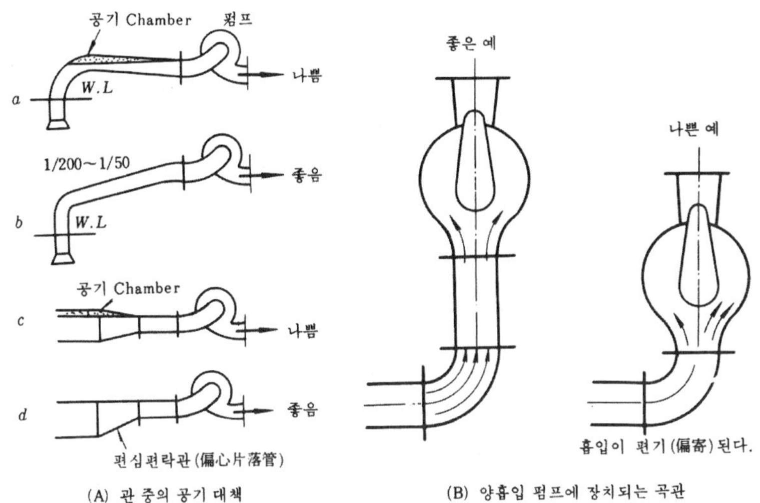

그림 6.3. 펌프의 흡입관 배치.

펌프의 구경은 흡입구경과 토출구경에 의해 표시되여야 하며 흡입구경과 토출구경이 같은 경우에는 1개의 구경으로 표시된다.

펌프의 흡입구경은 토출량과 흡입구의 유속에 의하여 결정되며 p펌프의 흡입구 유속은 1.5~3m/s를 표준으로 하지만 원동기의 회전수가 클 때는 유속을 크게하고 회전수가 작을 때는 작게 취한다. 펌프의 구경을 구하는 식은 다음과 같다.

$$D = 146 \sqrt{\dfrac{Q}{V}}$$

여기서, D: 펌프의 흡입구경(mm)

Q : 양수량(m^3/분)

V: 토출관내 유속(m/s)

토출관 내의 유속은 펌프의 회전수 흡입실양정 등을 고려해서 1.5 ~ 3.0m/s으로 한다.

관수로를 흐르는 물은 일을 할 수 있는 능력을 갖고 있다. 단위시간에 행해지는 일을 동력(Power)이라고 하며, 보통 동력은 기계적 에너지의 의

미로 사용되어 지고 있다. 관수로에 흐르는 물이 갖는 에너지를 동력으로 바꾸는 기계를 수차(Turbine)라 하고 역으로 동력을 가해서 낮은 곳의 물을 높은 곳으로 퍼 올리는 기계를 펌프라 한다.

- $1\text{ps} = 1\ \text{pferdestarke} = 75\,\text{kg} \cdot \text{m/s} = 0.735\text{kW}$

- $1\text{horse power} = 1\text{마력} = 76\,\text{kg} \cdot \text{m/s} = 0.746\text{kW}$

$$= 641.6\,\text{kcal/hr}$$

- $1\text{kW} = 102\,\text{kg} \cdot \text{m/s} = 1\text{kJ/s} = 86\,\text{kcal/hr}$

- 물이 가진 $\text{Energy}\ E = W_0 Q H = 1000 Q H\,\text{kg} \cdot\ \text{m/s}$

- $n = 효율 = \dfrac{실제출력}{이론출력}(합성효율 n = n_1 \times n_2)$

① 수동력(水動力)

펌프양수시의 이론동력을 수동력이라 한다.

$$P_w = W_o Q H / 102(\text{Kw}) = W_o Q H / 75(\text{HP})$$

여기서, P_w: 수동력(PS 또는 kW)

W_o: 취급액의 비중(g/cm^3)

Q: 펌프토출량(ℓ/sec)

H: 펌프전양정(m)

② 펌프 축동력(軸動力)

펌프운전에 필요한 축동력은 펌프내에서 생기는 손실동력만큼 수동력보다 커지며 그 식은 다음과 같다.

$$P = \frac{P_w}{n_p}$$

$$= \frac{0.222 \; w_o QH}{n_p}(ps)$$

$$= \frac{0.163 \; w_o QH}{n_p}(kw)$$

여기서, P: 펌프 축동력(PS 또는 kW)

n_p: 펌프 효율

③ 원동기 소요출력(原動機 所要出力)

펌프의 구동(驅動)에 쓰이는 원동기 소요출력

$$P_m = \frac{P(1+\alpha)}{n_m} \; \text{또는} \; P(1+\alpha)$$

여기서, P_m: 원동기 소요출력(PS 또는 kW)

α: 여유율

n_m: 전달 효율

(예제) 85%의 효율을 가진 모터에 의해서 가동되는 82%의 효율의한 펌
프가 $250\ell/\text{sec}$의 물을 18m의 총 수두로 퍼올릴 경우 요구되는
동력의 마력수는 얼마인가? 또, 몇 kW인가?

$$요구 \; 마력수 = \frac{w_o QH}{75} \; \div \; n_1 \div n_2$$

$$= \frac{1 \times 250 \times 18}{75} \; \div \; 0.82 \; \div \; 0.85 = 86.1\text{HP}$$

$$86.1\text{HP} \times 0.746\text{kW/HP} = 64.2\text{kW}$$

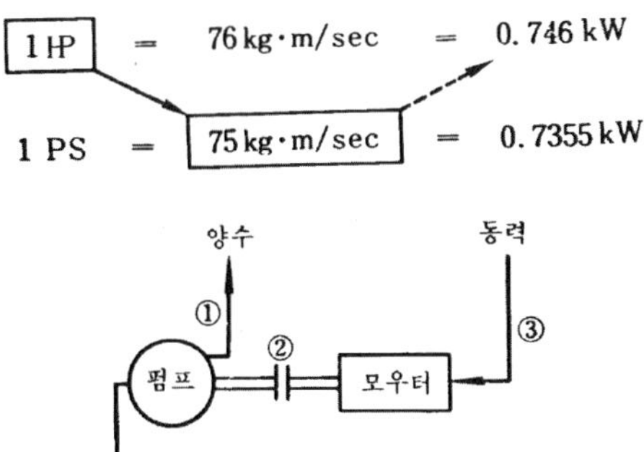

① 펌프의 수동력

$$P_w = \frac{W_o QH}{75}$$

여기서, P_w: 수동력(유효동력)(HP)

W_o: 양수액의 밀도($kg/\ell \cdot g/cm^3$)

Q: 양수량(ℓ/sec)

H: 양정(m)

② 펌프의 축동력

$$P = \frac{W_o QH}{75} \div n_p$$

여기서, P: 펌프의 축동력(HP)

n_p: 펌프의 효율

③ 요구동력

$$P_m = \frac{W_o QH}{75} \div n_p \div n_m$$

여기서, P_m: 요구동력(HP)

n_m: 모타효율

6.6 펌프의 특성곡선

펌프의 회전속도를 일정하게 고정하고 토출관의 밸브를 조절하여 펌프 용량을 변화시킬 때 나타나는 양정(H), 효율(η), 축동력(P)이 양수량(Q)의 변화에 따라 변하는 관계를 각기의 최대효율점에 대한 비율로 나타낸(입력과 출력) 곡선을 펌프의 특성곡선 (Characteristic curve) 또는 펌프의 성능곡선(Performance curve)이라 한다. 즉, 펌프의 양수량과 양정, 효율, 축동력 등의 관계를 나타내는 곡선이다.

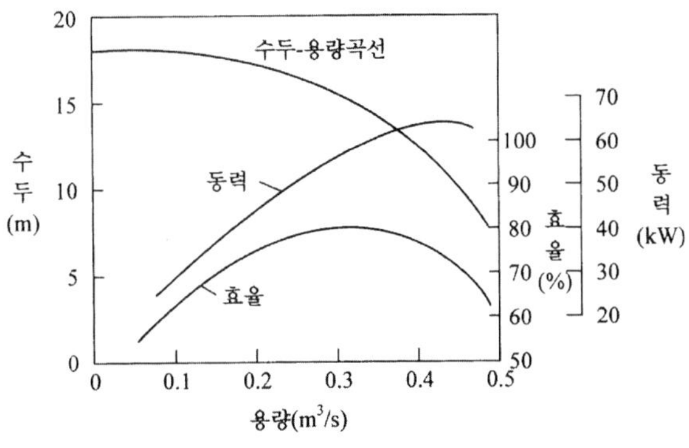

그림 6.4. 특성곡선의 일례.

펌프의 생산자는 일반적으로 펌프곡선이라고 부르는 특성곡선의 형태로 제작된 펌프의 성능에 관한 정보를 제공한다. 대부분 펌프곡선 ㎥/s 단위의 용량(유량) Q를 가로좌표에, Meters 단위의 총수두 H_t, 퍼센트(%) 단위의 효율 n, Kilowatts(마력) 단위의 동력 P 등이 세로좌표로 표시된다.

이 특성곡선은 펌프의 성능을 나타내 준다.

방사류(Radial – flow), 사류볼류트(Mixed – flow volute), 사류프로펠러(Mixed – flow propeller), 축류원심(Axial – flow centrifugal)형 펌프에 대한 전형적인 특성곡선을 그림 6.5에 예시하였다.

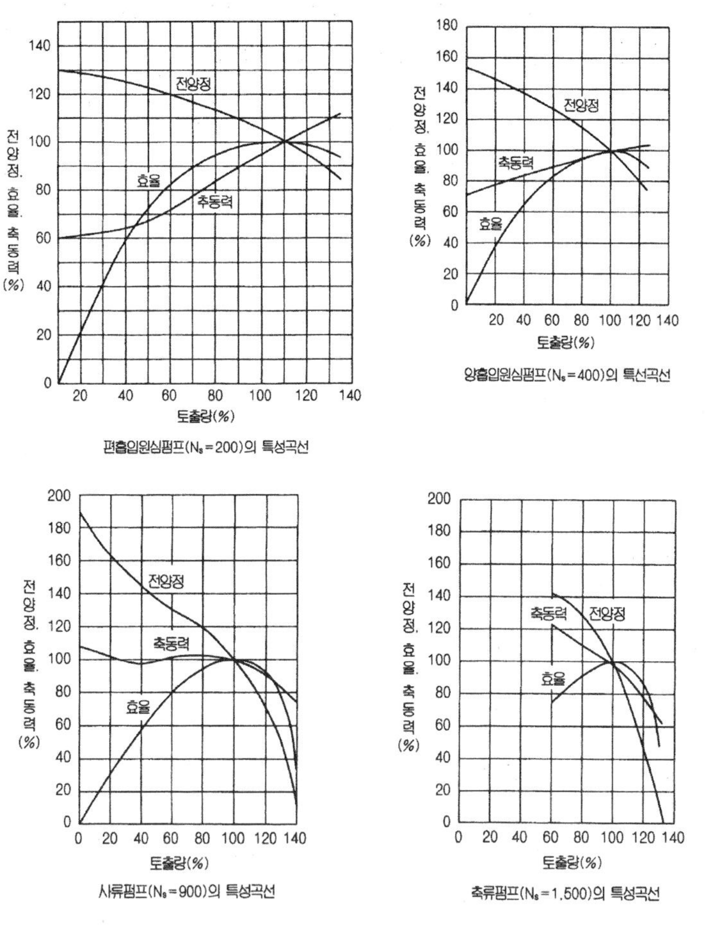

그림 6.5. 펌프의 형식과 특성곡선.

특성곡선의 형상은 N_s에 따라 정해지며, 펌프의 특성곡선은 양수장에서 펌프를 선택할 때 시스템 수두곡선(System head curve)과 함께 사용된다.

시스템 수두곡선은 총 동수두(TDH)와 양수량간의 관계를 나타낸 것으로 총마찰손실수두 H_F와 속도수두 H_V가 양수량의 함수이고 총정수두 H_L도 수위의 변화 등 여러 요인에 의해서 변동될 수 있으므로 통상 직선이 아니고 곡선이다.

표 6.2 펌프의 특성비교표

구분 \ 펌프	와권 pump	축류 pump	사류 pump
양 정 Q ~ H	Q에 대한 H의 변화는 적고, 체절양정은 실양정의 110~140%이다.	체절양정은 실양정의 250~300%이고, Q의 증가와 더불어 저하된다.	와권 Pump와 축류 Pump의 중간이다.
축 동 력 P_s	체절마력은 40~80%이고 점차 증가하여, 계점획을지나면 100~120%가 된다.	체절마력은 가장 높아 200~250%이고 점차 저하에서 계획점을 지나도 계속 저하한다.	Q의 변화에 불구하고 대체로 일정하다.
효 율 ɳ	Q의 변화에 대해서 효율 변화는 적다.	급상승, 급강하로서 선단은 뽀족한 맛이 있다.	와권 Pump와 축류 Pump의 중간이다.
흡입양정	Gavitation이 일어나기 어렵다.	Cavitation이 일어나기 쉽다.	축류형보다 유리하다.
운 전	체절운전이 가능하다. Q의 사용가능 범위가 넓다.	체절운전이 불가능하다. H의 사용가능범위가 넓다.	체절운전이 가능하나 장시간은 불가

6.7 비회전도(比回轉度, Specific velocity)

각각 치수가 다른 기하적으로 닮은 임펠러(Impeller)가 $1\,m^3/min$의 유량을 $1m$ 양수하는 데 필요한 축동력을 비회전도라 하며, 펌프의 최고성능을 나타내는 지표이다.

일반적으로 N_s와 Q, H 관계는 다음과 같다.

- 비회전도 N_s가 작을수록 수량은 적고 양정이 높은 펌프이다.
- 비회전도 N_s가 클수록 수량은 많고 양정이 작은 펌프이다.

$$N_s = \frac{C_Q^{1/2}}{C_H^{3/4}} = \frac{(Q/ND^3)^{1/2}}{(H/N^2D^2)^{3/4}} = \frac{NQ^{1/2}}{H^{3/4}}$$

여기서 N_s는 비속도, N은 회전속도(Rpm), Q는 유량(m^3/s), H는 수두(m)이다. 위 식의 관계를 보면 비교적 저유량으로 고수두를 발생시키는 펌프의 비속도는 작으며 원심형 펌프가 이에 속한다. 비교적 고유량으로 저수두를 발생시키는 펌프는 큰 비속도를 가지게 되며 축류형 펌프가 이에 속한다. 사류형(斜流型) 펌프는 중간정도의 양수율로 중간정도의 수두를 발생시키는 펌프로서 비속도는 원심형 및 축류형 펌프의 중간정도 값을 가진다.

6.8 펌프의 상사법칙

원심펌프에서는 외형이 비슷한 펌프에서 유사한 흐름 형태가 발생한다. 차원해석의 원리와 Buckingham에 의해 제안된 과정을 적용하여, 원심펌프를 포함한 회전동역학적 기계의 운전을 설명하는 3개의 무차원 Group을 유도할 수 있다.

$$C_Q = \frac{Q}{ND^3} \tag{6.1}$$

$$C_H = \frac{H}{N^2 D^2} \tag{6. 2}$$

$$C_P = \frac{P}{N^3 D^5} \tag{6. 3}$$

여기서, C_Q는 유량계수, C_H는 수두계수, C_P는 동력계수, Q는 유량, H는 수두, P는 동력, N은 회전속도, D는 임펠러(Impeller)의 직경이다.

유사한 흐름 형태가 발생하는 운전점을 관련점(Corresponding point)이라고 부르고, 식(6. 1), (6. 2), (6. 3)은 관련점에만 적용된다. 펌프 수두-용량곡선 상의 모든 점은 같은 속도 또는 다른 속도에서 기하학적으로 비슷한 펌프운전의 수두·용량곡선 상의 이점과 관련되어 있다.

직경이 변화되지 않은 상태에서, 또 다른 속도에서 동일한 펌프의 운전에 대한 식(6. 1), (6. 2), (6. 3)은 다음과 같은 관계로 유도된다.

$$\frac{Q_1}{Q_2} = \frac{N_1}{N_2}$$

$$\frac{H_1}{H_2} = \frac{N_1^2}{N_2^2}$$

$$\frac{P_1}{P_2} = \frac{N_1^3}{N_3^2}$$

상사법칙으로 알려져 있는 이런 관계들은 펌프의 용량, 수두, 동력에 대한 속도 변화의 효과를 결정하는데 이용된다. 이런 상사법칙을 활용하여 새로운 곡선을 작성할 수 있으며, 펌프특성곡선에 관한 속도변화의 효과를 얻을 수도 있다. 다시 요약하면 상기식은 다음과 같다.

$$Q_2 = Q_1 \left(\frac{N_2}{N_1} \right)^1$$

$$H_2 = H_1 \left(\frac{N_2}{N_1} \right)^2$$

$$P_2 = P_1 \left(\frac{N_2}{N_1} \right)^3$$

6.9 펌프의 시스템 수두곡선

양수장에서 펌프를 선택할 때는 시스템 수두곡선(System head curve)과 함께 사용된다. 이 시스템 수두곡선은 총동수두 TDH(Total Dynamic Head)와 양수량(Q)간의 관계를 나타낸 것으로, 최소시스템과 최소정두수(H_v)의 차가 양수량의 함수이고, 최대시스템(H_F) 수두와 최소시스템 수두와의 관계는 수위의 변화를 나타낸다.

습정의 수위변화 = 최대정수두(H_F) − 최소정수두(H_v)

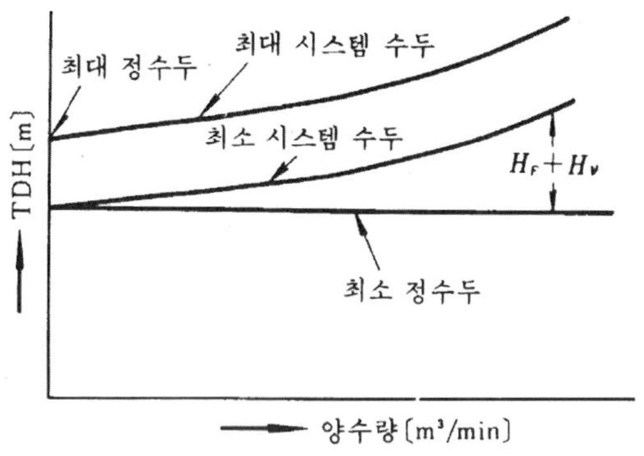

그림 6.6. 시스템 수두곡선.

6.10 시스템 수두 – 용량곡선

주어진 관로로 흐르는 다양한 유량에 대한 펌프 또는 펌프군의 필요한
수두를 결정하기 위해서는 먼저, 시스템 수두 – 용량곡선을 작성해야 한다.

이 곡선은 시스템 수두의 좌표적인 표현이며, 유량을 영(Zero)부터 최대
값까지 변화시킨 값을 수두에 대비한 좌표에 표시한다.

펌프의 회전속도를 고정하고 용량을 변화시키면서 관로 내의 용량과
총양간의 관계를 나타낸 곡선을 관로의 양정 – 용량곡선(System head –
capacity curve) 또는 관로의 저항곡선이라 하며, 펌프의 양정 – 용량곡선과
관로의 양정 – 용량곡선의 교점을 펌프운전점(Operating point)이라 한다.

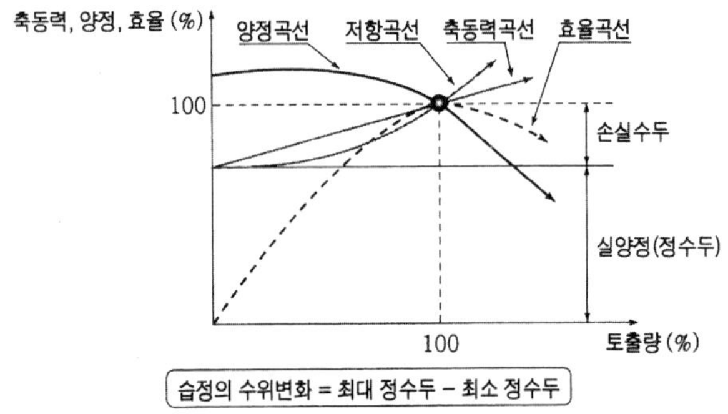

그림 6.7. 양정곡선과 저항곡선.

 펌프의 직렬 및 병렬

펌프 1대로 양정이나 양수량이 부족한 경우 급수에 있어 수압·수량의 변동이 요구되는 경우에 펌프 2대 이상을 직렬이나 병렬로 연결하여 운전함으로써 용량의 증가, 수압 및 수량을 조절할 수 있다.

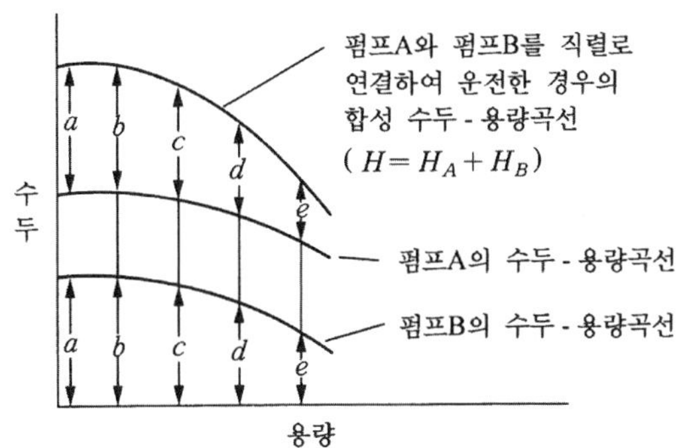

그림 6.8. 펌프의 직렬운전.

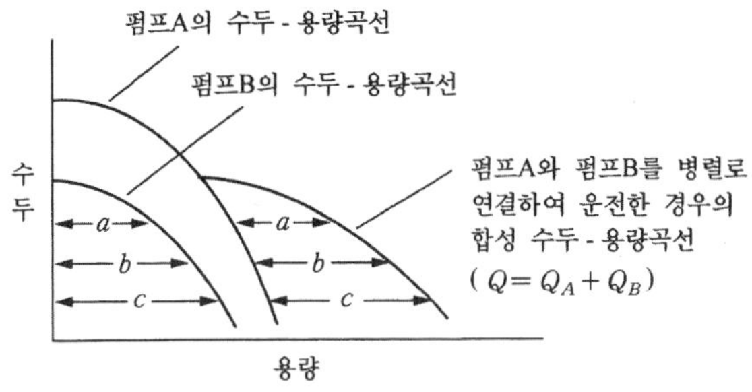

그림 6.9. 펌프와 병렬운전.

펌프의 직렬운전과 병렬운전에 따른 특성은 다음과 같다.

- 펌프의 병렬운전인 경우 펌프의 운전점은 단독운전시 양수량의 2배 이하이다.

- 펌프의 병렬운전은 양정의 변화가 적고, 양수량의 변화가 큰 경우이다.

- 특성이 서로 다른 펌프를 병렬운전할 때는 체절 양정만은 거의 같고 펌프의 특성은 하강곡선인 경우가 좋다.

- 특성이 전혀 다른 펌프의 병렬운전은 어렵기 때문에 펌프의 직렬운전의 경우 펌프의 운전점은 단독운전 경우의 양정을 2배로 하여 구한다.

- 양정의 변화가 크고 양수량의 변화가 적은 경우에 펌프의 직렬연결이 된다.

- 관로의 저항곡선의 구배가 급한 곳에 사용할 때에는 병렬운전보다 직렬연결이 유리하다.

6.12 수격작용

펌프의 관로에서 정전에 의하여 펌프가 급정지하는 경우 관로유속의 급격한 변화에 따라 관 내 압력이 급상승이나 급하강하는 현상을 수격작용(Water hammer)이라 하며, 문제가 발생되는 현상은 다음과 같다.

(1) 펌프에 일어나는 수격작용에 가장 문제가 되기 쉬운 것은 급정지 후 발생되는 현상이다.

  - 제1단계로 펌프의 정상운전(정전정류)

- 제2단계로 펌프의 브레이크 운전(정전역류)
- 제3단계로 펌프의 수차운동(역전역류)

(2) 수도 시스템에서는 펌프가압을 하는 긴 관에서 정전 등에 의해 펌프가 급정지하는 경우에 많이 일어난다.

- 펌프가 정지했음에도 불구하고 관로 중의 물이 관성력으로 전진하여 펌프부근에는 거대한 부압(負壓)이 발생한다.
- 일단 정지한 물이 역류해서 펌프 부근에 정압(正壓)을 일으 킨다.
- 펌프출구에 역지밸브가 없으면 펌프로 물이 역류해서 수차(水車)를 역전(逆轉)시킨다.
- 압력강하에 의해 발생하는 부압이 물의 증기압 이하로 되면 공동부가 나타나고, 이 공동부가 물로 채워질 때 높은 충격 압이 발생하여 관을 파손할 우려가 있기때문에 공기밸브를 필요로 한다.

따라서, 펌프의 설비계획에서 수격작용을 충분히 검토하는 것이 중요하며, 수격작용을 방지(防止) 또는 줄이는 데는 아래와 같은 방법이 있지만 수격작용의 정도에 따라 설비하기에 적합한 방법을 선택한다.

- 펌프에 플라이 휠(Fly wheel)을 붙여 펌프의 급격한 속도변화를 막고 급격한 압력강하를 완화한다.
- 토출측에 서지탱크(Surge tank)를 설치한다. 서지탱크에 의하여 그 하류측의 수격작용을 분리하여 끊어버리거나 압력상승을 흡수하고 압력강하에 대하여는 물을 공급하여 부압을 방지한다.
- 토출측에 일방향 서지탱크(One way surge tank)를 설치한다. 이는 압력강하때 필요한 충분한 물을 보급하여 부압방지만을 목적으로 하는 것으로 역지밸브(Cheek valve)에 의하여 평상시는 관로로부터 분리

한다. 서지탱크에 비교하면 소형이 경제적이다.

- 펌프의 토출측(吐出側)에 완폐 역지밸브를 설치한다. 이는 역류개시
  직후에 역지밸브가 급격히 폐쇄되지 않고 역류하는 물을 서서히 차
  단하는 방법으로서 주로 유압식으로 제어한다.
- 펌프에 역지밸브를 설치하지 않고 정전시는 토출측 밸브를 유압장
  치 등으로 자동적으로 완폐(緩閉)시킨다.
- 펌프 토출측에 급폐 역지밸브를 설치한다. 구경 300㎜이하에 이용된다.
- 토출측 관로에 안전밸브(Safety valve)를 설치한다.

6.13 맥동 현상

펌프는 토출압력과 토출량이 주기적으로 변동을 일으켜서 운전상태를
변화하지 않는한 그 변동이 지속되는 현상을 맥동현상(Surging 현상)이라
하며, 서징현상이 강할 때는 심한 진동과 진동음이 발생하고 운전이 불가
능하게 된다.

(1) 맥동현상의 발생원인
- 펌프의 양정곡선이 우향 상승구배일 때.
- 배관 중에 수조가 있거나 또는 기상 부분이 있을 때.
- 토출량을 조절하는 밸브의 위치가 수조 또는 기상 부분의 후방에
  있을 때.

- 펌프의 급정지 또는 관내 공동이 발생한 경우에 유발된다.

(2) 영향

- 소음과 진동 발생
- 압력계, 진공계 등 계기의 손상을 가져올 수 있다.

(3) 방지방법

- 펌프의 양정을 조절하여 양정곡선 상승부에서 운전되지 않도록 한다.

6.14 참고문헌

김가현(1999), 상하수도공학, 청운문화사, 94~126.

문형부(2008), 수리학, 신광문화사, 269~313.

윤오섭 외 6인(2001), 유해폐기물처리, 동화기술, 346~359.

윤오섭(1998), 폐기물처리기술, 동화기술, 527~540.

유태종 외 2인(2002), 상수도공학, 동화기술, 196.

이승원 외 1인(2007), 수질환경기사·산업기사 실기, 성안당, 387~400.

장준영(1992), 수질환경기사실기, 성안당, 4·29~4·50.

환경부(1997), 상수도 시설기준.

환경부(1997), 하수도 시설기준.

환경부(1995), 폐수종말처리시설의 설계, 3·1~3·30.

Andrew Chadwick and John Morfett, (1993), Hydraulics in Civil and Environmental Engineering, E & FN SPON.

Streeter V. L.,(1979), and Wylie E. B., Fluid Mechanics, McGraw-Hill.

WEF (1992). MOP 8, Design of Municipal Wastewater Treatment Plants.

WPCF (1977). MOP8, Design of Municipal Wastewater Treatment Plants.

6.1 다음 용어의 정의를 설명하시오.

   1) TDH(Total Dynamic Head)

   2) Lift head of pump

   3) NPSH(Net Positive Suction Head)

   4) Cavitation

   5) 특성곡선

   6) Ns

   7) System head curve

   8) System head – capacity curve

   9) Water hammer

   10) 맥동현상

6.2 펌프가 Cavitation을 일으키지 않기 위해서는 유효 NPSH 〉 필요 NPSH가 되어야 한다. 캐비테이션의 발생 조건, 현상, 방지대책을 기술하라.

6.3 펌프의 흡입관은 시공의 양부에 따른 양수능력에 좌우하므로 다음 사항에 주의해야 한다. 흡입관의 설치방법에 대하여 나열하라.

6.4 관수로를 흐르는 물은 일을 할 수 있는 능력을 갖고 있다. 단위시간에 행해지는 일을 동력(Power)이라고 하며, 보통 동력은 기계적 에너지의 의미로 사용되어 지고 있다. 관수로에 흐르는 물이 갖는 에너지를 동력으로 바꾸는

기계를 수차(Turbine)라 하고 역으로 동력을 가해서 낮은 곳의 물을 높은 곳
으로 퍼 올리는 기계를 펌프(Pump)라 한다. 펌프의 수동력, 축동력, 소요동
력에 대하여 피력하라.

6.5 펌프의 회전속도를 일정하게 고정하고 토출관의 밸브를 조절하여 펌프용량을
    변화시킬때 나타나는 양정(H), 효율(n), 축동력(P)이 양수량(Q)의 변화에 따
    라 변하는 관계를 각기의 최대효율점에 대한 비율로 나타낸(입력과 출력) 곡
    선을 펌프의 특성곡선(Characteristic) 또는 펌프의 성능곡선(Performance
    curve)이라 한다. 펌프의 양수량과 양정, 효율, 축동력 등의 관계를 곡선의
    관계로 도시하여 설명하라.

6.6 상사법칙으로 알려져 있는 관계들은 펌프의 용량, 수두, 동력에 대한 속도변
    화의 효과를 결정하는데 이용된다. 이런 상사법칙을 활용하여 새로운 곡선을
    작성할 수 있으며, 펌프특성곡선에 관한 속도변화의 효과를 얻을 수도 있다.
    상사법칙에 대하여 기술하라.

6.7 펌프 1대로 양정이나 양수량이 부족한 경우 급수에 있어 수압·수량에 변동
    이 요구되는 경우에 펌프 2대 이상을 직렬이나 병렬로 연결하여 운전함으로
    써 용량의 증가, 수압 및 수량을 조절할 수 있다. 응용방법을 기술하라.

6.8 펌프의 관로에서 정전에 의하여 펌프가 급정지하는 경우 관로유속의 급격한
    변화에 따라 관 내 압력이 급상승이나 급하강하는 현상을 수격작용(Water
    hammer)이라 한다. 수격작용의 원인과 대책을 나열하라.

6.9 펌프는 토출압력과 토출량이 주기적으로 변동을 일으켜서 운전상태를 변화하
  지 않는한 그 변동이 지속하는 현상을 맥동현상(Surging 현상)이라 하며, 서
  징현상이 강할 때는 심한 진동과 진동음을 발생하고 운전이 불가능하게 된
  다. 그 발생원인에 따른 대안을 제시하라.

6.10 펌프의 양정 – 용량곡선과 관로의 양정 – 용량곡선의 교점을 펌프운전점(Operating
  point) 이라 한다. 운전점의 설정방법을 설명하라.

찾아보기

(A)

AAP ; 177, 201
ABS ; 150
Adhesive farce ; 49
AGP ; 123, 128, 177, 178
AGP(algal growth potential) ; 177
Air sparging ; 190
Algae ; 123, 175, 202
Alkyl benzene sulfonate ; 152
Animal wastewater ; 140
APP ; 123
Arithmetical progression ; 216

(B)

Bacteria ; 76, 90, 118, 200
bacteria, ; 200
Bacteriophages ; 116
Basement drain ; 268
BI(biotix index) ; 122
Bicarbonate alkalinity ; 95, 100
Biodegradaton ; 190
Bioventing ; 190
BIP(biological index of pollution ; 122
Boring ; 233
BTEX ; 191

Bulk modulus of elasticity ; 48

(C)

Cabonate alkalinity ; 95
Capillary phenomenon ; 50
Carbonate hardness ; 92, 93
Cavitation ; 349
CEC ; 188
Centralization system ; 259
Chemical oxygen demand ; 74, 83
Cleaning ; 415
Coagulation ; 98, 286
Composting ; 190
Compressibilit ; 48
Concentration ; 121, 128, 270, 287
Cost benefit analysis ; 196
Critical deficit ; 156
Critical point ; 156
Cross connection ; 248, 287

(D)

Dehydrognase ; 36
Denitrification ; 200
Density ; 45, 166
Deoxygenation constant ; 75

Design period ; 213
Discharge ; 225, 275, 287, 325, 379
Discharge hydrograph ; 275, 287
DNAPL(dense nonaqueous phase
    liquid) ; 187
Domestic sewage ; 138
Domestic wastewater ; 138
Dynamic model ; 193

(E)
Elasticity ; 48
Endotoxin ; 108
Environmental evaluation
    system ; 196
Eutrophication ; 139, 147, 168, 169,
    176
Evaporation ; 29, 59
Exfiltration ; 268
Extraction ; 190

(F)
Fan system ; 258
Fecal coliforms ; 113, 128
Fecal sterols ; 108
Fecal streptococci ; 115
Filter garelly ; 233
Flush valve ; 249
Frequency of rainfall ; 269
Fungi ; 154

(G)
Geometrical progression ; 216
Green tide ; 175, 176, 201

(H)
Horizontal and vertical pump ; 423
HPC ; 117

Humine ; 63
Hydraulic machinery ; 423
Hydroxide alkalinity ; 95, 100

(I)
Incineration ; 190
Industrial waste ; 98, 139, 250
Infiltration ; 266, 267, 271
Intercepting system ; 258, 287
Ion exchange process ; 94

(J)
Junction well ; 235, 237

(K)
Kraus ; 47

(L)
Landfarming ; 190
Lift head of pump ; 425, 448
Lime－soda ash process ; 94
LNAPL(light nonaqueous phase
    liquid) ; 186
Logistic curve. ; 219
Logistic method ; 218

(M)
Matrix ; 196
Mesosaprobic ; 153

(N)
Natural attenuation ; 190
Net positive suction head ; 425, 426
Netwark method ; 196
Nitrification ; 76, 200
NPSH ; 425～428, 448

number, ; 419

(O)

Oligotrophic ; 170
Organic carbon ; 188
Osmotic pressure ; 105, 147
Overlay method ; 196
Oxidation pond ; 176

(P)

PAHS ; 187
Parallel system ; 259
PCB(poly chlorinated biphenyl) ; 141
Perpendicular system ; 258
pH ; 72~74, 77, 89, 95~100, 102,
103, 106, 107, 123, 134, 152, 155,
170, 175, 188, 245, 408~410,
414, 415
Plankton ; 171, 175, 179
Point of inflection ; 156
Point source ; 138, 140, 143, 201
Presure tank ; 246
Process of boiling ; 94
Propeller pump ; 423
Pump ; 190, 423

(R)

Radial system ; 259
Reconnaissance ; 260
Reynolds number ; 315
Ripple's method ; 229, 287
Rotifer ; 154
Run－off coefficient ; 271
Run－off mass curve ; 229

(S)

Sanitary sewage ; 250
SAR ; 105, 106, 128
Sediment oxygen demand ; 69
Self－purification ; 150, 201
Septic sewage ; 251
Shear stress ; 47
Slow sand filter ; 239
Sodium adsorption rate ; 105, 106, 128
Soil flushing ; 190
Soil vapor ; 190
Soil washing ; 190
Solidification/stabilization ; 190
Specicfic mass ; 45
Specific gravity ; 46
Specific velocity ; 437
Specific weight ; 45
Stage hydrograph ; 275
Storm sewage ; 250
Stratification ; 166, 201
Surface ; 49, 239, 309, 396
Surface tension ; 49
Surge tank ; 347, 419, 444
System dynamic method ; 196
System head curve ; 437, 440, 448

(T)

TDH ; 425, 437, 440, 448
Temporary hardness ; 92
Thermally enhanced ; 190
ThOD ; 87, 88, 128
Time of flow ; 270
TLm ; 121, 122, 128
TOC ; 88~91, 128
Total coliforms ; 112
Total dynamic head ; 425, 440, 448

(ㄱ)

가압여과 ; 304
가정법 ; 228
가정오수 ; 138, 264, 265
갈수위 ; 226
감소증가율법 ; 217
갑각류 ; 148, 154, 182, 270
강부수성 수역 ; 153, 155
강우강도 ; 269, 270, 273~287
강우의 빈도 ; 269
강우지속시간 ; 269, 270
개인하수도 ; 251, 287
개인하수처리시설 ; 251, 252
결정구조 ; 32, 33
경도 ; 91~94, 101, 102, 129, 134, 135,
　　　 224, 411
경험법 ; 228
계면 ; 163, 182, 185, 323, 324
계면활성 ; 182, 185
계획 1일 최대급수량 ; 221~223
계획 년도 ; 213
계획 오수량 ; 264
계획1일 최대오수량 ; 264, 265
계획1일 평균오수량 ; 264
계획구역 ; 250, 253, 254, 259, 262
계획급수구역 ; 214
계획목표 년도 ; 252
계획시간 최대급수량 ; 222, 223
계획시간 최대오수량 ; 264, 265, 279, 378
고분자 ; 155
고치탱크식 ; 245
고형화/안정화 ; 190
곰팡이류 ; 154
공공하수도 ; 251, 252
공공하수처리시설 ; 251, 252
공기분사 ; 190

공업용 수도 ; 210
공업용 수도사업 ; 212
공유결합 ; 30, 37
광역상수도 ; 210, 287
광역상수원 ; 210
교차연결 ; 248, 249
극성분자 ; 38
급수인구의 추정 ; 214
기압탱크식 ; 245, 246
기저시간 ; 276
기화열 ; 39
끓는점 ; 39, 43

(ㄴ)

남조류 ; 123, 170, 175~177
내독소 ; 108
냄새 ; 70, 123, 128, 154, 173, 175
네트워크법 ; 196
녹는점 ; 35, 39, 58
녹조 ; 123, 142, 155, 175~177
녹조류 ; 123, 142, 177
논리법 ; 218
농업 ; 41, 105, 146, 147, 172, 187, 210
농축 ; 105, 121, 139, 147~149, 180,
　　　 181, 189, 239
농축계수 ; 121
늪 ; 137, 168

(ㄷ)

단기모델 ; 193
단위중량 ; 45, 293, 294, 364
단일결합 ; 37, 38
대이온 ; 95
도표상 비교법 ; 217
독성물질 ; 77, 78, 84, 109, 179
독소 ; 111, 112, 176

조용덕

▎약 력

경원대학교 공학박사(환경공학전공)
상하수도 기술사
수질관리 기술사
현재) 에코하이텍 대표
　　　(주)건영이엔씨 기술이사
　　　경원대학교 겸임교수
　　　한국건설교통기술평가원 신기술 심사위원

▎주요 논문 및 저서

탄소나노튜브에 나노입자의 금속이 합성된 흡착제를 이용한 폐수처리장치
대사다능성에 의한 난분해성 인쇄폐수의 생분해 방법
무산소 활성오니공정을 이용한 폐수처리의 동력학적 해석 및 설계분석
철 전이금속이 담지된 분말활성탄을 이용한 후렉소잉크 폐수의 처리
호기성 공동대사작용에 의한 판지폐수처리 外

이상화

▎약 력

오하이오주립대학교 공학박사(화학공학 전공)
미국국립에너지연구소(NREL) 방문교수
미국 휴스턴대학교 교환교수
현재) 경원대학교 교수
　　　경원대학교 공학교육혁신센터 협력위원
　　　경기도 BNS센터 연구부장
　　　한국화학공학회 공업화학부분 운영위원

▎주요 논문 및 저서

응집 공정상에서 플럭의 성장 특성 고찰
원수의 pH에 따른 전기장 – 멤브란 파울링 효과 고찰
UV/TiO2 허니컴 반응기에서 페놀의 광산화 반응
응집침강조에서 고상응집제를 이용한 탁도와 인의 제거 특성 고찰
Ultrafiltration of Desizing Wastewater Containing PVA in Bench Scale Test
Remediation of petroleum – contaminated soils by fluidized thermal desorption 外

"하나뿐인 지구" 지구촌 경제재 물 환경치유

수질공학의 응용과 해설[1]

초판인쇄 | 2010년 2월 26일
초판발행 | 2010년 2월 26일

지은이 | 조용덕 이상화
펴낸이 | 채종준
펴낸곳 | 한국학술정보㈜
주　소 | 경기도 파주시 교하읍 문발리 파주출판문화정보산업단지 513-5
전　화 | 031) 908-3181(대표)
팩　스 | 031) 908-3189
홈페이지 | http://www.kstudy.com
E-mail | 출판사업부　publish@kstudy.com
등　록 | 제일산-115호(2000. 6. 19)

ISBN　978-89-268-0780-4 14530 (Paper Book)
　　　978-89-268-0781-1 18530 (e-Book)
　　　978-89-268-0778-1 14530 (Paper Book set)
　　　978-89-268-0779-8 18530 (e-Book set)

이담 Books 는 한국학술정보(주)의 지식실용서 브랜드입니다.

이 책은 한국학술정보(주)와 저작자의 지적 재산으로서 무단 전재와 복제를 금합니다.
책에 대한 더 나은 생각, 끊임없는 고민, 독자를 생각하는 마음으로 보다 좋은 책을 만들어갑니다.